河南省重点研发与推广专项（科技攻关项目）（232102111117，232102321101）联合资助出版

黄土高原气候变化与冬小麦
生产潜力时空特征研究

王冬林　著

中国农业出版社

北　京

内 容 简 介

　　气候对农业生产的影响越来越复杂，尤其是对于强烈依赖气候条件的旱作农业区而言。为了探究未来气候变化对黄土高原冬小麦生产力的影响，本书以经典农业气象学理论为基础，主要介绍了与农业生产密切相关的水、热、光、气、风等农业气候要素变化规律及其对潜在生产力的影响。本书的主要内容包括：研究对象与数据分析方法，基于遥感数据分析的农业气候资源的时空分异特征，黄土高原冬小麦生产力时空变化及驱动因素研究，基于APSIM模型的冬小麦增产潜力及其对气候年型的响应过程，气候变化对黄土高原冬小麦水分利用效率影响与经济性分析，评估不同气候情景下改变农业管理措施带来的产量变化和节水潜力。全书将理论与技术相结合，内容较为翔实，层次分明，具有较强的实用性。

　　本书可供从事气象与农业生产的技术人员参考阅读，同时也适合高等院校相关专业师生和科研人员在教学、生产和工作中查阅使用。

前言

    过去 50 年，受气候变化影响，黄土高原的气候资源发生了相应的变化，这一变化对该地区的粮食生产将产生深远的影响。在气候变化和未来不确定条件下，保证冬小麦产量稳定增长是中国小麦生产"十四五"发展规划的重要内容。气候实际影响作物生长过程和产量的机制十分复杂，必须深入开展冬小麦对气候变化的响应与适应性差异研究，才能更好地认识气候变化对冬小麦生产力的影响。目前，这方面的研究较为缺乏，利用 APSIM 模型模拟未来不同气候情景下农业气候资源的时空分异特征及冬小麦生产力时空变化特征，充分挖掘气候资源在时间序列和空间分布上与农业生产之间的影响关系，评估 SSP2‐4.5 和 SSP5‐8.5 两个情景下改变农田管理措施带来的产量变化和节水潜力，对探索适应未来气候变化的农田管理策略具有重要意义。

    本书针对黄土高原地区农业气候资源变化对农业生产的不利影响，以保证作物高产、适应气候变化为目标，基于历史气象和统计产量数据，建立了一组能够反映"气象—土壤—作物"关系的变式水分生产函数，将长期气候变化导致的农业生产可变性纳入考虑范围，研究旱作农田冬小麦生产对气候变化的适应过程和响应机制，为优化农田管理措施实现农业可持续发展提供理论依据和技术储备。本书具体包括：第 1 章介绍国内外有关气候变化与土壤水热变化过程、作物生产之间关系的研究现状；第 2 章介绍研究区域、数据来源和主要采用的研究方法；第 3 章基于 GIS 分析未来农业气候资源的时空分异特征及其对冬小麦生长指标的影响；第 4 章研究气候变化对土壤耗水与蒸散发、水分利用效率和产量经济性的影响；第 5 章模拟分析黄土高原冬小麦生产力的时空变化及驱动因素；第 6 章模拟未来气候情景下不同气候年型冬小麦产量时空分布及其对气候年型的响应；第7章在总结以上研究的基础上，提出研究存在的不足并展望未来气候与农业研究的发展方向。

　　本书由王冬林撰写并统稿。在编写的过程中，从专业要求出发，力求加强基础理论、基本概念和基本技术方法等方面的阐述。西北农林科技大学的冯浩研究员、李毅研究员和华北水利水电大学的仵峰教授对本书进行了系统地审阅，提出了许多宝贵的修改意见。感谢中国农业出版社闫保荣老师，在此表达诚挚的谢意。由于作者水平有限，书中难免存在不足之处，恳请读者批评指正。

目录

前言

1

绪　　论

1.1　研究背景及意义

随着全球气候变化这一严峻挑战的日益加剧，地球正经历着前所未有的环境变化，其中气候变暖和极端天气事件的频发尤为引人瞩目（焦鹏程等，2016；吉曹翔等，2018）。这些现象不仅打破了自然界的平衡，也对人类社会构成了巨大的威胁与挑战。在此背景下，《2000—2019年灾害造成的人类损失》这份由权威机构——联合国防灾减灾署（United Nations Office for Disaster Risk Reduction，UNDRR）编制并发布的报告，为我们提供了一个全面审视过去二十年间全球灾害状况及其对人类福祉深远影响的窗口。报告揭示了全球范围内灾害事件的分布规律、发生频率以及它们对人类社会造成的巨大损失。报告指出，在2000年至2019年这二十年间，全球共记录到了惊人的7 348起灾害事件，这一数字背后是无数生命的消逝、家园的破碎以及经济的重创。尤为值得注意的是，这些灾害事件中，与气候变化密切相关的占比高达91%，即近6 687起，这一数据不仅直观地展示了气候变化对全球灾害格局的重塑，也深刻反映了人类活动对自然环境造成的不可逆影响。这些气候灾害，包括但不限于洪水、干旱、热浪、飓风、野火等，它们在全球范围内频繁上演，不仅造成了巨大的物质损失，如基础设施的毁坏、农业生产的减产，还严重威胁到了人类的生命安全和健康，加剧了贫困与不平等现象，阻碍了可持续发展目标的实现。进一步细分至气象灾害类型，相较于1980—1999年这一时间段，洪涝灾害的发生频率显著增长，灾害发生数量是原来的一倍多，持续位居各类气象灾害之首；干旱灾害的发生次数亦有所增加，上升了29%，其波及范围广泛，影响了全球范围内约14.3亿人口；尤为值得关注的是，极端温度事件的增长更为迅猛，增幅超过200%，其中，热浪事件导致的死亡比例高达91%，凸显了极端气候事件的严峻性。对于我国，该报告指出，中国作为世界上受气象灾害影响最为严重的国家之一，在2000—2019年共经历了577起灾害事件，这一数字在全球范围内居于首位。历史数据分析显示，1961—2021年，中国境内的极端强降水事件呈现出增多趋势，特别是自20世纪90年代后期以来，极端高温事件的发生频率显著增加，这些变化共同推动了中国气候风险指数的持续上升。这些现象不仅重塑了自然界的生态平衡，更对全球农业生产构成了前所未有的挑战（肖晶晶等，2017；刘健，2019；张存杰，2022）。全球气候变暖的持续加剧，导致的不仅仅是温度的普遍升高，还伴随着气候分配模式的极度不稳定与不可预测性。这种变化如同双刃剑，对地球上的许多地区造成了深远的影响，其中土地和水资源首当其冲，面临着前所未有的压力与危机。土地退化、沙漠化现象日益严重，肥沃土壤的流失与盐碱化问题加剧，直接影响到农作物的种植基础与产量。同时，水源的短缺与污染问题也愈发严峻，不仅使可用于农业灌溉的水量减少，还降低了水质，进一步制约了农业生产的可持续发展能力（段观照，2017；赵丽华等，2023；李静和厉见波，2024）。气候变化与极端天气事件对作物生产力的影响是多方面的，直接体现为作物生产力的下降、气候敏感性的增强以及恢复能力的减弱，这些综合效应最终制约了粮食的总体产出。具体而言，气候变暖的直接负面效应可通过多个生理机制加以阐释：首先，作物生长期内的温度上升加剧了干热胁迫，这种胁迫抑制了作物的光合能力，干扰了碳的分配与积累过程（Eyshi Rezaei et al.，2015），同时促进了蒸腾作用和呼吸速率的增加，加速了植物体内水分的耗竭（Innes et al.，2015），从而限制了作物产量（Chaves et al.，2002）。在不考虑二氧化碳（CO_2）的施肥效应及人为适应性管理策略的情况下，气温每上升1℃，全球小麦的平均产量预计将减少约5.7%（Liu et al.，2016）。此外，作物关键生育期内遭遇的其他极端天气事件同样对生长发育构成直接威胁。例如，在小麦苗期，极端低温条件可能导致幼苗生长速度显著放缓，甚至引发枯萎现象；而在花期，霜冻事件的发生则会造成花朵不育，严重影响授粉与结实，进一步加剧了作物减产的风险（Fuller et al.，2007；Barlow et al.，2015）。这一系列连锁反应，无疑为未来农业的可持续性发展铺设了一条布满荆棘的道路，提出了前所未有的巨大挑战。农业，作为人类生存与发展的基石，其稳定与否直接关系到全球粮食安全、经济繁荣以及社会稳定（葛玉琴，2015；文倩，2019；娄诚，2019）。因此，如何在气候变化的背景下，保持并提升农业生产的可持续性，成了全球亟须解决的重大课题。此外，极端天气事件的频发与加剧，更是为这一挑战火上浇油。暴雨可能引发山洪暴发、河流泛滥，冲毁农田，淹没作物；长时间的干旱则会导致土壤水分严重不足，影响作物生长周期与产量；洪水过后，土壤肥力下降，病虫害滋生，进一步威胁到农业生产的恢复与重建；而强风暴、龙卷风等极端风灾，则可能直接摧毁农作物，破坏农业设施，给农民带来难以估量的经济损失（宋春晓，2018；程瑛等，2019；陈笑笑等，2022）。冬小麦作为重要的粮食作物，其种植周期通常跨越秋冬至次年春夏，通常于10月至11月期间播种，并于次年5月至6月期间收获。在冬季，冬小麦的生长速率显著减缓或进入休眠阶段，表现出对气象条件的相对不敏感性。然而，随着春季的到来，其生长活动迅速增多，同时对环境胁迫如干旱和低温的敏感度也显著提升。Lobell等人（2011）通过分析1980年至2008年的数据，揭示了全球小麦产量在此期间因气候变化而下降了2.5%。作为典型的冬季作物，冬小麦的生长发育过程深受温度变化的调控，尤其在其生育后期，高温事件对最终产量的负面影响较为显著。温度的升高能够加速小麦的生理发育进程，这一现象在Lobell等人（2012）利用遥感技术监测印度北部小麦生长的研究中得到了验证，其中极端高温（超过34℃）被证实能促使小麦提前进入衰老阶段。进一步地，Asseng

3

等人（2015）基于 30 种不同的小麦生长模型进行了综合分析，指出全球范围内，温度每上升 1℃，将导致小麦产量平均减少 6.0%，且这一影响随时间和空间分布的不同而展现出高度的变异性。Zhao 等人（2017）的研究则通过整合全球网格和站点作物生长模型的模拟结果、统计回归分析以及田间增温试验的实测数据，进一步巩固了上述结论。在不考虑 CO_2 肥效作用、农业适应性管理措施及作物品种改良等潜在缓解因素的前提下，他们发现全球平均气温每升高 1℃，将直接导致全球小麦平均产量减少 6.0%。因此，为了确保未来农业的可持续性，我们必须对当前及未来可能面临的多种影响因素进行深入且全面的研究。黄土高原，作为中国乃至世界上重要的农业区之一，因其独特的地理环境和气候条件，成了我国主要的冬小麦产地。这一地区冬小麦的稳产高产直接关系到国家的粮食安全和农民的经济收入（徐娜和党廷辉，2017；檀艳静等，2020）。研究该地区冬小麦生育周期内气候条件、累积温度、实际产量及气候产量的时空分布特性，并深入分析影响产量的各因素之间的相关性，能够为揭示区域内冬小麦产量变化规律提供有力支持。

气候变化，这一全球性的环境挑战，已经对许多区域主要作物总产量造成了不容忽视的不利影响（林而达和谢立勇，2014）。中国疆域辽阔，其农业气候资源的时空分布特征呈现出高度的复杂性。自 20 世纪 90 年代起，学术界广泛展开了跨越多重时空尺度的深入研究，旨在解析我国农业气候资源的动态变化。这些研究表明，随着全球气候变暖趋势的加剧，我国光照与水分资源的时空分布模式日益复杂多变，这一现象对农作物生产力构成了双重作用机制（杨晓光等，2011）。部分学者指出，通过调整作物播种期与熟制等现代农业技术手段，虽能在一定程度上缓解部分负面效应，然而，鉴于极端气候事件（如极端温度、干旱与洪涝灾害）的频发与加剧，单纯依赖农业管理措施难以完全弥补气候不利因素带来的损失（郭佳等，2019；崔读昌，1992；李萌等，2016）。据林而达等人（2006）的预测，若未采取有效应对措施，至 21 世纪后半叶，我国粮食总产量或将面临高达 37% 的减产风险。鉴于中国作为农业大国的地位，深入探索农业气候资源时空变化的特征，对于保障国家粮食安全具有不可估量的重要性与紧迫性。黄土高原地处半湿润区与半干旱区的过渡带，由冷湿向暖干转变的气候格局对该地区农业生产的各个方面产生了深刻而广泛的影响（李志和赵西宁，2013；吴乾慧等，2017）。作为中国典型的雨养旱作农业区，该区域的农业生产活动深度依赖于气候及多种气象因子的微妙变化。降雨量的多少、分布时段及强度，直接关乎土壤墒情与作物生长周期，而气温、湿度、光照等条件则共同塑造着农作物的产量与品质。《中国气候变化监测公报（2015）》指出，1961—2015 年中国年平均雨日呈现出明显的下降趋势，这一变化不仅影响了水资源的分布与利用，还加剧了农业生产的波动性。同时，极端气候事件的频发成为不可忽视的现象，对农业生产构成了严重威胁。以 2008 年 11 月至 2009 年 2 月为例，陕西、宁夏、甘肃等省份遭遇了长达 97d 的连续无有效降水天气，导致土壤干旱严重，40% 以上的小麦产区受灾，严重影响了当地粮食产量与农民生计。黄土高原地区，冬小麦作为关键粮食作物之一，其播种面积广泛扩展至 430 万 hm^2，占据了该地区粮食作物总面积的大约 40%，并且这一比例还在随着时间推移而逐年增加，呈现出明显的年代际增长趋势。冬小麦产量的波动，直接且深刻地影响着我国中西部地区的粮食供应稳定性与安全格局，是保障区域粮食安全不可忽视的重要因素（李军等，2001）。黄土高原地区本就面临水资源匮乏的严峻挑战，而气候变化又进一步加剧了水资源短缺的问题，据数据统计，最近几十年黄土高原地区的降水量整体呈波动式下降，下降趋势达 -7.51mm/10 年（$P > 0.05$）（晏利斌，2015；王万瑞，2018），将会严重影响冬小麦生产，威胁到该地区的农业生产和粮食安全。已有研究表明全球气候变化导致了该地区平均气温每 10 年上升 0.39℃，降水量变化存在空间差异（刘荔昀等 2019）。近年来，针对气候变化如何影响该地区冬小麦生产的问题，学术界采用了多样化的研究方法进行探讨，这些方法大致可归为两类：基于作物生长模型的途径与基于统计模型的分析方法。姚玉璧等人（2012）依托西峰农业气象试验站的实地观测数据，深入剖析了冬小麦生长发育过程及其穗干重对气候变化的响应机制，并进一步探讨了水分利用效率（WUE）的动态变化（姚玉璧等，2011）。研究发现，气候变暖虽导致冬小麦生育期缩短，但降水量的增加对产量及 WUE 产生了正面效应。尚艳等（2017）则运用相关分析、方差分析及趋势分析等方法，系统研究了黄土高原地区冬小麦产量变化对气候变化及品种更替的响应模式。丁奠元（2016）则采用 RZWQM2 模型，评估了气候变化背景下黄土高原冬小麦栽培措施的适应性调整策略。值得注意的是，最新研究已趋向于将作物模型与全球气候模型相结合，以预测未来气候变化对该地区冬小麦生产的潜在影响（Yang et al.，2020；Saddique et al.，2020；Zheng et al.，2020）。这些研究一致指出，未来气候变化可能导致该地区冬小麦产量增加 5% 至 10%。特别地，Saddique 等（2020）基于 APSIM 模型与全球气候模型的集成分析，确定了黄土高原杨凌站点在最优 WUE 条件下，适宜的灌溉水量范围为 90～132mm。此外，吴乾慧等（2017）利用黄土高原地区的历史气象数据，通过多元线性回归分析，揭示了 1960 年至 2015 年，冬小麦适宜种植区的平均海拔上升了约 321 米，且相较于 1960 年，2000 年的冬小麦可种植面积显著增加了 $13.23 \times 10^4 \text{km}^2$。孙昊蔚等（2021）进一步基于 APSIM 模型，评估了黄土高原冬小麦种植分布对未来气候变化的响应趋势，为区域农业适应性策略的制定提供了科学依据。

过去六十年间，黄土高原的气候资源因全球气候变化的显著影响而发生了深刻变化，这一连串的气候变迁不仅彻底改造了当地的自然生态面貌，还错综复杂地影响了该区域的粮食生产结构，对农业生产的稳定性和可持续性提出了前所未有的挑战。鉴于气候变化及未来诸多不确定因素的加剧，确保冬小麦产量实现稳定且可持续的增长已被明确置于中国小麦生产"十四五"发展规划的战略核心与关键议程之中。因此，深入剖析不同年代际间农业气候资源的空间分布特征，以及这些特征如何潜在地作用于冬小麦生产，对于科学制定适应未来气候变化趋势的农田管理策略而言，具有极其重要且深远的价值，是保障农业可持续发展的关键所在。

在农业气象学研究的广阔领域内，作物生长模型作为一项创新技术，在农业气象服务中扮演着关键角色。该技术能够精准地动态模拟作物的生长周期与产量形成过程，为预测作物生产潜力提供科学依据，并有效指导农田管理的实践操作（Mark et al.，2017；Élodie.，2017），从而推动农业生产的智能化与精细化发展。作物生长模型通过综合运用数学方法，并辅以经验和半经验公式，系统地刻画了作物生长发育过程对土壤水氮热条件、大气环境、遗传特性以及农业管理实践的复杂响应机制（高亮之，2004；曹卫星等，1998）。此类模型作为一种强大的系统分析工具，不仅能够预测和输出作物的关键生理参数，如物候期、产量、生物量积累、品质特征以及叶面积指数等，还能够评估农田生态系统中的温室气体排放指标（如 N_2O、CH_4 等）及土壤的物理化学性质变化（曹卫星，2003）。当前，作物生长模型的研究范畴已广泛覆盖多种作物类型，包括但不限于主要粮食作物如小麦、玉米、水稻、大麦和高粱；油料作物如大豆、花生和油菜；根茎类作物如土豆、甘薯和甘蔗；以及广泛种植的蔬菜作物如番茄、包菜和辣椒，乃至牧草作物如苜蓿等。据统计，针对特定作物开发的专用模型已超过 30 种，而能够模拟多种作物生长过程的通用模型亦达到 10 余种之多（薛林，2011），这些模型共同构成了现代农业科学研究与实践中不可或缺的技术支撑体系。其中，APSIM 模型在评估农业生产潜力方面展现出了广泛的适用性，特别是在考虑气候变化、土壤环境变异以及不同管理策略等多重因素影响的复杂情境下，该模型能够为农业生产潜力的精确估算提供有力支持。然而，现有的作物模型在模拟过程中，由于受到初始条件、土壤参数、作物参数以及气象因子空间分布的不确定性影响，加之获取相关资料的难度与局限性，其模拟结果的精度不可避免地受到了一定程度的制约（黄健熙等，2018）。此外，尽管结合了作物生长模型的预测功能与历史数据的深入分析,但在半干旱地区,由于气候资源分布的复杂性与作物生产实际之间的关联难以全面捕捉,预测结果中不可避免地存在较大的不确定性,难以精确反映两者之间的真实关系。如何反映气候变化的时空差异或突变年份,提高气象数据分布不均过程的输出精度,更加准确地反映气候资源分布与作物生长动态和产量之间的关系,建立一组描述其相关趋势变化的数学模型,为黄土高原地区作物生长模型的发展提供理论依据,是本书的一个重要内容。

IPCC 第五次评估报告《综合报告》深刻剖析了全球气候变化对未来农业生产的潜在影响,并明确指出,在应对多种可能的气候变化情景时,通过科学合理地调整与显著改进农业管理策略,全球小麦产量有望在接下来的几十年内,特别是至 2040 年这一关键时间节点,实现 8% 至 25% 的显著提升。这一预测不仅体现了农业技术创新与适应性管理在应对气候变化挑战中的重要作用,也为全球粮食安全提供了积极的展望。特别聚焦于黄土高原这一独特而复杂的生态区域,其气候条件多变,生态敏感性极高,加之降水分布极不均匀,给当地农业生产带来了巨大挑战。然而,正是这样的环境背景,使得优化农田管理措施成为该地区农业可持续发展的核心议题。通过引入耐旱作物品种、实施精准灌溉技术、推广有机肥料与生物防治,以及构建合理的轮作与间作系统等综合措施,不仅能够有效应对气候变化带来的不利影响,如干旱加剧、极端天气事件频发等,还能显著提升土壤质量,增强生态系统的稳定性与韧性。Chen 等(2017)及 Qi 等(2018)研究团队的研究成果进一步强调了这一点,他们指出,在黄土高原地区,优化农田管理措施不仅直接关系到作物产量的维持与增长,更是推动该地区旱作农业向更加绿色、低碳、可持续方向发展的关键驱动力。这些措施的实施,不仅能够提高农业生产效率,减少对环境的负面影响,还能促进农村经济的多元化发展,提升农民生活水平,为构建人与自然和谐共生的农业生态系统奠定坚实基础。

1.2 国内外研究进展及存在问题

1.2.1 气候变化与农业生产研究进展

1.2.1.1 气候变化与农业生产

在全球气候变暖的大背景下，气候因素对农业生产的影响日益错综复杂，特别是对于那些高度依赖特定气候条件的旱作农业区域而言，其受气候变化的影响尤为显著，挑战也随之加剧（Patrick et al.，2010）。深入剖析气象要素的变化特性及其如何作用于农业生产，对于准确预判未来气候演变趋势以及科学规划可持续的农业生产策略而言，具有极为重要的现实意义与指导价值（顾朝军等，2017）。IPCC 第五次评估报告（AR5）指出，不考虑 CO_2 的作用，温度和降水的变化将在 2050 年推高全球粮价 3% 以上。由于持续的高温少雨，美国中西部粮食主产区 2012 年经历了半个多世纪以来最为严重的特大旱灾，玉米和大豆等粮食作物预期产量锐减，对美国的经济发展产生了严重影响（宋莉莉和王秀东，2013）。气候变化对中国农业气候资源的影响主要表现在：伴随着温度的升高，积温增加，热量资源增加，北方增幅大于南方；光资源基本呈减少趋势，但存在区域差异；年降水变化复杂，具有明显的区域性差异，多呈减少趋势。中国开展的气候变化对农业生产的影响研究主要集中于农作物产量、种植制度及种植结构变化的影响，结果显示，农业种植区及种植制度分界线北移，暖干化对农业生产的影响弊大于利，种植结构需要科学调整（郭佳等，2019）。张欣雅等（2024）选取2000—2020 年粮食作物产量和播种面积数据，结合地理重心模型，分析气象要素、粮食作物产量和播种面积的时空变化特征，研究气候变化对 3 种粮食作物种植结构的影响。陶鑫庆（2024）通过日平均气温构建温度区间变量，以温度变化识别气候变化，探讨了气候变化对农业全要素生产率的影响。陈彦芳和丁美萍（2024）利用 1991—2022 年信丰县平均气温、降水量和日照时间观测资料，分析信丰县气候变化特征，并探究信丰县气象要素变化对农业生产的影响及对策。农业气象三要素中，作物生产潜力与降水的关系最为复杂。以降水这一气象要素为研究对象，国内外学者开展了大量研究。Vergni 与 Todisco（2011）在其研究中，深入分析了意大利中部地区降水与干旱指数的时空演变特征，并基于这一分析，对未来 50 年内的农业用水需求进行了预测性评估。研究指出，在此期间，作物耗水量预计将显著增加，增幅高达 30%，这一预测结果强烈暗示了该地区作物生产将面临严峻挑战，可能受到显著的不利影响，从而对农业生产的可持续性构成重大威胁。Bouroncle 等人（2019）在其研究中明确指出，年际间的气候变化对作物生长周期及最终产品质量产生了以负面影响为主导的广泛效应。邵清军等（2024）通过对白银市农作物生长期降水时空分布特征及其影响进行评估，得到了用 pearson-Ⅲ 分布较好地拟合的白银市农作物生育期在不同保证率下的降水量，降水保证率越低，与实际状况相差越大；降水保证率越高，与实际状况越接近。Yang 等（2020）研究表明黄土高原作物生产力受降水变化影响，在 RCP 情景下模拟小麦的平均单产下降了 1.7%～23.6%。近几十年来，黄土高原地区的降水量特征、空间分布格局及其长期变化趋势均发生了显著变动（段建军等，2009；张菁等，2021）。在此背景下，深入探究降水变化对黄土高原地区农业生产的具体影响机制与潜在后果，显得尤为迫切与重要。此研究不仅有助于增进对该区域气候变化与农业生产关系复杂性的理解，还能为制定适应性农业生产策略、保障区域粮食安全提供科学依据。

1.2.1.2　降水这一气象因子与农业生产

降水是自然水循环中至关重要的组成部分，它在维持地球表面水资源与大气层之间的微妙平衡中扮演着核心角色，同时对全球气候系统的稳定性和生态多样性产生深远影响。这一过程不仅确保了水的持续循环，还促进了气候的和谐，支持着地球上丰富多样的生命形态（韩熠哲，2017；何苏红等，2017；马振峰，2020）。作为大气中最具活力和多变性的要素之一，降水量的多少、分布及时空变化，直接关系到地表水资源的补给、生态系统的健康以及人类社会活动的方方面面（高峰等，2017；尹家波等，2021）。黄土高原，这片广袤而独特的地理区域，恰好位于我国半湿润气候区向半干旱、干旱气候区的自然过渡带，其地理位置的特殊性使其成了气候变化感知的"神经末梢"。因此，该地区的农业生产活动高度依赖于降水等关键气象因子的变化（丁奠元等，2018；赵福年，2019）。近年来，黄土高原地区气温不断攀升，降水量却呈现下降趋势，同时人类活动的广泛介入进一步加剧了这一变化。这些综合因素共同作用下，使得该地区降水的形成机制、空间分布以及转化过程均表现出显著的时空变异性，对区域生态环境和农业生产产生了深远影响（王万瑞，2018）。据统计，最近 60 年，黄土高原地区的降水量整体呈波动式下降，下降趋势达－7.51mm·decade^{-1}（$P>0.05$）（晏利斌，2015）。季节降水量也呈现不同变化趋势和强度，其中秋季降水减少速率最大，达到－3.56mm·decade^{-1}。气候变化，这一全球性的环境议题，正以前所未有的速度和规模引起国际社会的广泛关注。随着温室气体排放量的持续上升和地球系统内部反馈机制的复杂作用，气候变化的发展轨迹日益清晰，其最直接且显著的后果之一便是全球气温的普遍上升以及降水模式的深刻变化。这些变化不仅重塑了自然环境的面貌，也对人类社会，尤其是农业生产领域，构成了严峻挑战（赵鹏，2019；李柏贞，2021）。在黄土高原这一独特的地理区域，气候变化的烙印尤为深刻。"暖干"气候变化趋势已成为该地区不可忽视的现实，它意味着更加频繁和强烈的热浪事件，以及年降水量减少和降水分布不均的加剧。这种变化对黄土高原的生态环境和农业生产构成了双重压力（刘小平，2019；袁佩贤，2019；黄钰涵等，2023）。因此，深入研究降水等关键气象因子的变化规律及其对该地区常规种植作物（冬小麦）生长周期和生产潜力变化趋势的具体影响，不仅是对当前气候变化背景下农业可持续发展路径的深刻探索，更是对未来农业生产模式调整与优化、确保粮食安全战略实施具有不可估量的现实意义。

降水的年际波动与年代际变迁，以及这些变化中多雨期与少雨期的交替转换，对冬小麦的生产构成了深远而复杂的影响。这些降水特性的变化不仅直接关系到土壤水分的蓄存与释放，还深刻影响着冬小麦生长发育的各个环节，从播种初期的种子萌发，到生长旺季的养分吸收与光合作用，再到成熟期的籽粒灌浆与品质形成，每一步都紧密依赖着适宜的水分条件（浦玉朋，2019；Fang et al.，2023；Chen et al.，2024）。因此，研究降水等气象因子对冬小麦产量的影响规律并进行未来气候条件下的演算，不仅是对当前农业生产实践的迫切需求，更是对未来农业可持续发展道路的积极探索。它对于提出科学合理的农业管理策略、防患于未然、保障国家粮食安全具有重要的现实意义和深远的历史意义。以试验手段为主的研究，其结果往往是针对单个作物单个生产区，提出调整种植结构（Meisinger et al.，2015）、改变覆盖方式（Ali et al.，2018）、调整冬小麦播期（张悦等，2019）等方法以适应气候变化。随着研究方法的日趋完善，气候变化影响作物生产的研究逐步增多，在较大区域尺度和全球尺度上均有涉及（Lobell et al.，2008；杨轩等，2016）。Dettori 等（2017）模拟了气候变化对地中海地区小麦生产及物候期的影响，研究表明暖干气候对小麦的生产带来了极为不利的影响。Muluneh 等（2016）利用 AquaCrop 模型分析了气候变化对埃塞俄比亚干旱地区粮食生产的影响。Wang 等（2017）基于贝叶斯算法研究了1991—2012 年气候变化对作物物候期的改变及产量的影响。高爽等人（2023）运用 AquaCrop 模型，系统模拟了关中地区自 1978 年至 2017 年夏玉米生长周期内所需水分量、灌溉需水量、实际有效降水量以及玉米产量的变化趋势。同时，他们深入考虑了玉米生长各阶段对水分需求的差异性，进而详尽分析了作物需水量与同期降水量之间匹配程度的变化特性。张志良（2023）通过整合 DSSAT 模型与 27 种全球气候模式（GCMs）的预测数据，深入分析了我国东北地区马铃薯在预设的四种不同排放情景下，跨越五个特定时间段的物候期变化及产量形成过程如何响应于气候变化的影响。张方亮等人（2024）依据江西省自 1981 年至 2022 年的逐日气象记录及双季稻种植数据，对 DSSAT 模型进行了细致的参数调整与验证。随后，他们运用这一经过验证的 DSSAT 模型，深入剖析了江西省双季稻生长周期及产量在空间上的分布格局及时间序列上的变化趋势。为进一步探究气候变化的具体影响，研究还采用了 t 检验方法，精确区分了气候变迁对江西地区早稻与晚稻生长的不同影响程度及差异。黄土高原作为冬小麦的关键种植区域，同时也是气候变化影响显著的地区，深入探究降水波动如何潜在地影响冬小麦的生产机制，并据此制定适应气候变迁的农业管理策略，对于促进该地区农业的长期可持续发展具有至关重要的战略意义。

1.2.1.3 冬小麦时空分布提取现状

遥感技术作为一种新兴且迅速发展的科技手段，凭借其高效的时间响应、广泛的覆盖能力以及相对较低的成本优势，已经被广泛地采纳并应用于从微观到宏观各个尺度上的作物研究之中（丁潇，2014）；同时，遥感技术也为农业生产中大范围的农田作物监测提供了新的技术方法（Breiman 等；唐华俊等，2010）。经过几十年的发展，作物遥感识别已经取得了显著的进展，作物识别方法已经逐渐成熟并得到了广泛应用（王利民等，2018）。目前，作物识别方法主要包括：作物的物候特征识别、卫星影像的光谱特征作物识别以及多元数据融合识别（Feng 等；Wang 等，2011）。遥感分类算法可以根据是否需要训练样本分为监督分类和非监督分类（李菲菲等，2022）；对于冬小麦分布提取，常见的监督分类方法是随机森林（Random Forest，RF）分类算法、支持向量机算法（SVM）、最大似然分类法等（戴声佩等，2021；张朔川等，2021；姬梦飞，2022）；非监督分类方法主要有 K－means 算法、ISO－Data 分类算法等。

迄今为止，已有许多学者利用遥感影像跨越不同空间尺度，深入探索了冬小麦种植面积的监测、产量预估以及其对气候变化的响应等多个研究领域（王利军等，2021）。其中，王学团队凭借 MODIS EVI 时间序列数据及两张 TM 影像资料，成功构建了一个时序光谱曲线数据库，并据此制定了针对冬小麦的精准识别规则。这一创新方法不仅帮助科研团队重新绘制了华北平原地区从 2001 年至 2011 年间冬小麦种植面积的时空动态变化图景，还为后续相关研究提供了宝贵的参考与借鉴（王学等，2015）；邓荣鑫等以 MODIS 影像数据结合统计数据制定了冬小麦信息提取规则，进而对河南省 2004 年至 2013 年间冬小麦种植面积的时空变化进行了详尽地分析与探讨（邓荣鑫等，2019）。与此同时，余新华等团队则在总结前人研究成果的基础上，对 WOFOST 模型参数进行了优化，并训练了随机森林模型。通过将这一模型与 MODIS‐LAI 数据相结合，他们成功地对安徽省的冬小麦产量进行了估算。研究结果表明，SCYM 估产模型在预测冬小麦产量方面展现出了优异的性能与准确性（余新华等，2021）。孙昊蔚（2021）通过 APSIM 模型与 CMIP5 数据集，剖析了黄土高原地区在设定的两种不同情境下，冬小麦的历史产量、未来产量预测及其稳定性的变化趋势，研究有力证明了 APSIM 模型在精确估算冬小麦产量方面的卓越能力。另外，张荣荣等人（2018）则运用气候统计学的先进方法，细致研究了河南省主要粮食作物在其生长期内所经历的水热气候要素的时空分布规律，并进一步采用面板非线性回归模型，深入探索了这些粮食作物对于气候变化的敏感程度及其响应机制。

谷歌地球引擎（Google Earth Engine，GEE）被誉为业界的顶尖云计算引擎，是谷歌公司精心打造的一款遥感数据分析利器。该工具以其卓越的数据处理能力、深入分析功能、高效存储方案以及直观可视化效果而著称（Noel 等，2017）。当前，GEE 已发展成为全球领先的云端运算平台及地理信息处理器，专为遥感数据与地球观测数据的海量处理与分析而设计，展现了前所未有的技术先进性与实用性（张滔等，2018）。GEE 拥有海量的遥感卫星影像数据和强大的云端运算能力，它是分析和处理大规模遥感影像卫星数据的技术平台（裴杰等，2018）。不少遥感领域的研究学者借助 GEE 平台开展研究，Zhang 等人（2018）通过使用 Google Earth Engine 云平台和 Sentinel 遥感数据，对中国水稻主产区进行了制图研究；Hansen 等人（2013）利用 Google Earth Engine 平台，结合 Landsat 系列遥感卫星影像，对 2000—2012 年全球森林变化情况进行了分析，结果显示全球森林面积减少了约 230 万 km^2，而新增面积约为 80 万 km^2。基于 GEE 平台，郭新等人（2020）采用了 NDVI 重构增幅算法和光谱突变斜率，构建了关中地区冬小麦提取模型，经过实地调查，发现提取结果与数据在空间上的一致性精度达到了 93.4%。田海峰（2019）在 GEE 平台上成功地生成了中国主要产区 2018 年冬小麦分布数据，其空间分辨率为 10m，具有高度的准确性，总体精度高达96%。虽然 Google Earth Engine 在作物提取方面已经取得了一定的成果，但在国内文献中，其在遥感应用方面的巨大优势还未被充分发挥。

1.2.1.4 气候变化对土壤水分及产量的影响

气候与土壤水资源之间存在着紧密的相互关联。土壤中的水分含量及其在空间上的分布格局，在很大程度上受到气候因素的调控与影响。特别是在干旱地区，土壤水分的补给过程几乎完全依赖于气候条件，气候在这里扮演着至关重要的角色（Michael，et al.，2002；Cheng et al.，2018）。鉴于此，越来越多的科学研究正聚焦于揭示气候变化如何通过影响土壤水分消耗和植物蒸腾作用，进而引发作物产量变化的内在机制与过程。侯琼与乌兰巴特尔（2006）基于过去 40 年的气象数据以及近 20 年的土壤水分观测记录，深入剖析了内蒙古典型草原区域的气候变化趋势及其对土壤水分动态的影响。研究发现，决定土壤湿度变化的主要气象要素是降水量与蒸发量，其中温度通过调控蒸发过程间接作用于土壤湿度。蒸降差成为直观评估气候变化对土壤水分影响的关键指标。特别指出，随着气候变暖，蒸发作用显著增强，在降水量增幅有限

的情况下，这一变化加剧了土壤干旱化的趋势。方文松等人（2007）的
研究揭示，河南省在1981年至2005年这大约25年的时间里，土壤水
分含量与气温之间表现出极为显著的负相关性，而与降水量则呈现出极
显著的正相关性。进一步分析显示，河南省依赖自然降雨的农业区域
（即雨养农业区）的土壤水分含量呈现出明显的下降趋势。唐红艳等
（2009）的研究指出，在兴安盟的重要农业区域——突泉县，自1961年
至2006年大约25年间，各季节的土壤水分均呈现下降趋势，且这种下
降趋势似有加速之态。在众多环境气象因子中，温度和降水量对土壤水
分的影响最为显著。具体而言，春季土壤水分主要受温度波动的影响，
而夏季和秋季则更多地受到降水量的影响。基于此，研究预测，随着未
来气候的持续变化，兴安盟的半干旱农业区域的土壤水分将进一步减
少，农业干旱问题将趋于严峻，农业水资源也将面临更加紧张的局势。
钱海燕等人（2015）在探究不同气候年型下土壤剖面水分变化的研究中
发现，随着年降水量的增加，土壤水分的波动变化也表现得更为显著。
李宏伟等（2016）基于包头市固阳县1960年至2012年的气象数据及
1982年至2012年的土壤水分资料，分析了近31年来该地区的土壤水
分变化趋势，结果显示土壤水分显著下降，且秋季的下降速度尤为突
出。进一步地研究表明，土壤水分与温度之间存在负相关关系，而与降
水量则呈正相关。特别是在夏季，温度和降水量的变化对土壤水分的影
响最为显著。马武光（2019）的研究强调，0～5cm深度的表层土壤含
水量对气候变化的反应最为敏锐。此外，他还发现，在不同气候条件
下，随着土壤深度的增加，冬小麦的耗水量呈现出逐渐降低的趋势。倪
盼盼等（2017）指出，气候的恶化导致了土壤水分的严重匮乏，这一变
化不仅影响了冬小麦对土壤水分的吸收利用效率，还改变了土壤水分的
自然补给机制，最终导致了冬小麦产量的显著下降。Wang Yunqian 等
人（2018）的研究揭示，在中国干旱地区，降水对土壤含水量产生正面
影响，而温度则对土壤含水量产生负面影响。此外，研究还指出，降水
在土壤含水量变化中的贡献要大于温度。吴泽棉等人（2020）全面总结

了站点实地观测与微波遥感技术获取的土壤水分数据特征，并深入评述了当前农业干旱监测领域依据土壤水分构建的三大主要指标体系：一是基于长期土壤水分时间序列构建的干旱评估指标；二是融合土壤水分与土壤水力学参数的干旱监测指标；三是综合土壤水分等多源变量构建的复合型干旱监测指标。上述综合分析揭示，土壤水分的消耗显著受到不同气候年型的影响，从而展现出较大的变异性。因此，对气候变化条件下土壤耗水特征进行量化分析，有助于我们更深入地理解土壤水分的消耗与补充机制，并有效评估气候变化对作物产量的潜在影响。

冬小麦在中国作物中产量第三高，仅次于水稻和玉米（赵荣荣等，2023）。然而，冬小麦对于天气条件高度敏感（焦文慧，2021），容易受到气候变化的影响，因为它是一种全年作物，冬季休眠，春季和夏季活跃（Liu等，2007）。一些研究表明，气候变化有可能降低全球主要小麦种植区的冬小麦产量（王淳一等，2023）。此外，由于人口不断增长，粮食生产压力也越来越大（王宏宇等，2020），进一步研究冬小麦生产应对气候变化的机制是必要的，特别是与空间和时间的关系（Ma等，2023）。这对于维护我国的可持续发展和确保粮食安全具有重要意义（Xu等，2023）。黄土高原是我国冬小麦生产地之一（薛狮等，2023），在我国耕地面积进一步扩张的可能性很小而人口数量持续增长的背景下（吴宇哲和谷晨焯，2023），深入探究冬小麦产量与气候因子之间的关系、冬小麦产量变化特征对于维护国家粮食安全底线、提升国际竞争力以及推动农业可持续发展具有不可估量的价值。我国现有的对小麦产量的研究主要集中在黄淮麦区和长江中下游麦区（刘文茹等，2018；茹振钢等，2015；文新亚和陈阜，2011；Lu和Fan，2013；王学强等，2008；黄少辉等，2018），而对于这些地区小麦气候产量的研究相对较少。除此之外，学者们对于小麦的研究主要集中于县域尺度，如寿阳县、吉县（毕华兴等，2003；刘勤等，2009；张国宏等，2010）等，从全省角度评估小麦的气候产量的研究未见报道。本研究通过ArcGIS的地理探测器测得气候产量与研究区冬小麦生育期风速、生育期日照时间、生育期积温、生育期降水、NDVI、土壤类型、高程、坡度、坡向的相对重要性指数。然后利用 71 个气象站点上 1963—2018 年逐日气象数据，通过 ArcGIS 的空间分析功能，分析生育期降水、积温、实际产量、气候产量的时空变化特征。

1.2.1.5 研究农作物产量受气候变化影响的方法

气候变化对粮食生产的冲击，已急剧上升为全球范围内一个紧迫且错综复杂的议题，其严峻性不容忽视，且波及深远。此挑战以史无前例的广度和速度，撼动着农业生态系统的根基——即生产的稳定与可持续性，直接且严重地威胁着全球粮食安全。粮食产量的波动不仅深刻影响着亿万民众的日常生活饮食，更是全球经济稳定与持续发展的基石，其背后凸显了全球食物供应链脆弱性的严峻现实，揭示了这一体系在面对挑战时的敏感与易受影响性。面对这一严峻形势，国内外学术界与农业界纷纷行动起来，致力于探索气候变化如何影响作物产量，并寻求有效的应对策略，以期减缓或抵消气候变化带来的不利影响。目前，在探讨气候变化对作物产量影响的研究中，三大主流方法——田间实验法、数理统计法以及作物模型模拟法，均展现出不可替代的独特价值，各自在揭示影响机制、量化效果及预测趋势方面发挥着关键作用。田间实验法，作为探究气候变化与作物产量关系的最直接且基础的研究途径，它通过在实际农田环境中模拟或自然观测不同气候条件下的作物生长发育过程，直接获取了第一手、高度真实的实验数据。此方法不仅能够及时且直观地揭示气候变化如何影响作物的生长状态，还为后续的理论深化和模型构建提供了坚实且宝贵的实证依据，确保了研究成果的可靠性和实用性。数理统计法，凭借其卓越的数据处理与分析能力，已成为剖析气候变化与作物产量之间错综复杂关系的关键工具。从经典的线性回归法、主成分分析法，到前沿的灰色预测模型、APSIM（Agricultural Production Systems Simulator）模型及 ARIMA 模型等，这些统计与预测模型被广泛应用于作物产量影响因素的深入剖析与未来趋势的精准预测之中。它们不仅能够敏锐捕捉气候因子的细微变动对作物产量的潜在影响，还能通过预测未来气候的演变轨迹，为农业生产提供前瞻性的策略指导，助力农业领域的科学决策与可持续发展。

（1）田间试验法。在农业科学研究领域，田间试验作为连接理论研究与实际应用的桥梁，扮演着至关重要的角色。通过田间试验的直接观测，研究人员能够直接观测并收集到作物从播种至收获整个生长发育周期内的详尽数据，这些数据涵盖了作物的生长速率、生理指标变化、物候期进展以及最终产量等关键信息，构成了理解作物生长动态与产量形成机制的第一手资料。为了确保研究的针对性和深入性，研究人员在设计田间试验时，会根据具体的研究目标，人为地调控一系列关键的环境因子，如气象条件（包括温度、降水、光照强度及时长、风速等）和作物品种选择等。这种调控不仅有助于模拟未来可能的气候变化情景，还能揭示不同作物品种在特定环境条件下的适应性和产量潜力。为揭示气候变化影响作物产量的内在机制提供了最为直观且有效的途径。大多数研究是根据研究目的和需求设立独立的田间试验，如：何进勤等人（2018）针对连续 3 年使用马铃薯加工淀粉废水进行灌溉的农田土壤，选取青贮玉米作为试验作物，通过精心设计的田间试验，系统研究了多种施肥处理方案对这类特殊灌溉农田土壤肥力提升的效果以及对青贮玉米作物产量的具体影响。李恩惠等人（2020）通过实施田间试验，深入分析了小麦与苜蓿套种体系下作物产量的表现以及植株氮素含量的动态变化特征。该研究旨在揭示不同种植模式对土壤无机氮垂直分布格局的影响，并进一步探索在晋西南地区如何通过科学且高效的粮食作物与牧草套作模式，推动农田生态系统向绿色、可持续方向发展。周犇（2021）通过精心设计的田间试验，系统地评估了木霉生物有机肥处理在提升作物产量与品质、增强土壤肥力以及缓解连作障碍等多方面的综合效应。基于这些研究成果，他成功构建了一套成熟且完善的有机种植技术模式，专门用于提升设施蔬菜地的土壤地力，并有效防控连作障碍，为可持续农业发展提供了有力支持。田间试验所累积的观测数据，

19

作为作物对气候变化响应的直接且可靠的原始证据，其高精度与高可信度成为构建与验证作物生长模型不可或缺的参考基石。然而，此类试验往往伴随着显著的时间成本，成为限制长期跟踪研究深入进行的一大挑战。由于作物生长周期较长，且气候变化的影响往往需要在较长时间尺度上才能充分显现，因此，研究人员在进行田间试验时，多数情况下仅能聚焦于短期内的深入观测与分析，难以全面捕捉作物生长全周期及长期气候变化趋势下的综合响应。这种时间上的局限性，使得研究结论在预测长期趋势和制定长期适应性策略时可能存在一定的不确定性。此外，田间试验还面临着地域局限性、品种差异敏感性及管理实践依赖性的多重挑战。地域局限性体现在不同地区的气候、土壤、水文等自然条件差异显著，导致同一试验设计在不同地点的实施效果可能大相径庭。品种差异敏感性则是指不同作物品种在遗传特性、生长习性及对环境因子的响应上存在差异，使得试验结论在推广至其他品种时需谨慎验证。而管理实践的依赖性则强调田间试验的结果往往受到农民实际采用的耕作方式、灌溉制度、施肥策略等管理实践的影响，这些因素在不同地区、不同农户间差异较大，进一步增加了试验结论的复杂性和不确定性。

　　（2）数理统计法。统计分析方法在揭示作物产量在大尺度区域及长期时间轴上的变化趋势方面展现出强大的优势，成为探索气候变化如何影响作物产量的核心工具。众多研究通过这一科学途径，深入解析了区域温度、降水量等关键气象要素的长期变化轨迹，并量化了这些气象因子的波动对作物产量产生的具体效应，为农业适应气候变化提供了科学依据。Shammi Sadia Alam 等人运用多元线性回归模型进行了深入分析，其研究结果显示，不同气候因素对作物产量具有显著的正向或负向影响。具体而言，气温的上升被观察到对大豆产量产生了负面影响，导致产量下降；而降水量的变化则表现出对作物产量影响的双重性，既可能促使产量提升（增幅可达 17%），也可能导致产量减少（降幅可达 2%）。这些发现揭示了气候变化对农业生产的复杂影响机制。咨海霞等

20

人通过结合线性回归与非线性回归方法，精确量化了气候变化对作物产量的具体影响。研究发现，冬小麦的产量与降水量、平均气温以及相对湿度之间存在着密切的关联性。进一步预测表明，在新疆地区，未来气温的上升、降水量的增加以及太阳辐射的减少，均可能对冬小麦产量产生不利的负面影响。然而，值得注意的是，大气中 CO_2 浓度的变化则有望为冬小麦产量带来正面的促进作用。Om Prakash Sharma 等人针对得克萨斯州的季节性降水变化，分别在不采用和采用主成分分析法的情境下，进行了多元线性回归分析。研究结果显示，在作物生长的关键季节内，过度的降水实际上会对雨养谷物高粱的产量造成不利影响，导致减产现象的发生。吕金莹等人基于松嫩平原气象站长达66年的逐日气温、降水及蒸发量数据，综合运用了线性倾向估计法与突变检验特征分析法，深入剖析了该区域主要气候因子的突变特性。研究结果显示，松嫩平原的气候呈现出逐日变暖的趋势，而年降水量与年蒸发量则表现出较大的年际波动性。Osman Maysoon A. A. 等人采用相关性分析及多元线性回归（MLR）方法，深入研究了苏丹格达雷夫州过去35年间长期气候变量（包括温度和降水）对五种主要作物（高粱、芝麻、棉花、向日葵和小米）产量的影响，旨在明确气候因子与作物产量之间的关联机制。研究结果显示，所有选定作物的产量均与最低气温、最高气温及日平均气温呈现负相关关系，而年降水量则与作物产量呈现出极为显著的正相关关系。这一发现为理解气候变化对农业生产的影响提供了重要依据。贾永红等人通过运用相关性分析和逐步回归技术，系统地探究了不同年份间气象要素（包括温度、光照和降水）对春小麦生育期进程、农艺性状表现及最终产量的综合影响。研究结果显示，在众多气象因素中，生育期内的平均温度是对春小麦产量影响最为显著的因素，而降水量的变化则与春小麦的生长发育状况呈现出负相关关系，即降水量的增减对春小麦的生长发育产生了一定的抑制作用。总体而言，统计分析法凭借其操作简便、时间跨度广泛、地域覆盖全面以及信息承载量大的独特优势，在长时间序列和大范围空间尺度的数据分析中脱颖而出，成为当前探索气候变化及其作用于农作物生长发育效应的重要研究手段。然而，尽管该方法在解析气候变化与农作物关系方面展现出一定的价值，但其并非无懈可击，显著的短板之一在于对复杂现实情境的简化处理策略。这一策略在追求模型计算效率与操作便捷性的同时，不可避免地导致了对现实世界中纷繁复杂、相互交织的多因素系统的过度简化。此种简化处理策略的负面效应在于，它可能导致诸多潜在且关键的影响因素被忽视或低估。这些被忽视的因素可能在单独作用下并不显著，但在与其他因素的协同作用下，却可能对气候变化轨迹及其对农作物的具体影响产生重大而深远的影响。

（3）作物模型模拟法。作物模型是一个高度集成的复杂系统，它综合了作物生长发育的生物学规律、生产力评估理论，以及气候条件、土壤物理化学性质、作物品种特性等多维度因素。通过精心构建的一系列精确数学方程与模型，该系统能够动态地模拟并预测作物在不同环境下的生长与发育过程，为农业生产提供科学依据。自20世纪90年代起，随着跨学科知识的广泛交融与研究的持续深化，作物模型作为农业科研领域的核心工具，其重要性日益凸显，被广泛采纳于作物生长发育规律探索及未来趋势预测之中。当前，全球范围内众多学者正积极投身于作物模型的研究与应用之中，旨在通过这一强大工具更加深入地揭示作物生长的内在机制，进而推动农业生产管理的精细化与高效化，为农业可持续发展贡献力量。张玲玲等人借助 APSIM - Wheat 模型进行深入研究，结果揭示了在黄土高原地区，影响冬小麦潜在产量空间分布的关键因素为最高温度与总辐射量。这两项环境因子对于该区域冬小麦产量的地域性差异具有显著作用。尹晓燕等人创新性地融合了灰色预测模型与 ARIMA 模型，构建了组合预测模型，并成功应用于新疆维吾尔自治区棉花产量的年度数据预测中。通过短期预测实践，他们验证了该组合模型相较于单一时间序列模型，在作物产量预测上展现出了更高的精准度，彰显了多模型集成分析在提升预测性能方面的优势。Enkhjargal Natsagdorj 等研究团队在蒙古国实施了基于 ARIMA 模型的时间序列分析，旨在进行月度土壤湿度的预测。他们的研究发现，土壤湿度的变化与作物产量之间存在着显著的高相关性，这一发现为农业生产中土壤水分管理的优化提供了重要依据。常乃杰构建了过程模型（即 DNDC 模型），用以量化评估未来不同气候情景对作物产量的潜在影响。研究结果显示，在 RCP4.5 这一较为温和的气候变化情景下，春玉米农田通过实施秸秆还田措施，土壤有机碳的增长速度达到最高。而在更为剧烈的 RCP8.5 气候变化情景中，对于冬小麦-夏玉米轮作农田而言，增施有机肥策略则最能促进土壤有机碳的快速增长。这一发现为应对不同气候变化情境下的农田管理策略提供了科学依据。Houma Abdusslam A. 等人运用 AquaCrop 模型，针对雪兰莪州西北部地区的水稻灌溉规划，深入评估了气候变化背景下灌溉水稻的水分生产率。研究揭示，在预测的水资源、热量与碳循环综合作用下，水稻生长过程中的协同效应得到了显著增强，这一发现为优化灌溉策略、提升水稻生产适应性提供了重要参考。张思远通过应用 DSSAT‑CERES‑Wheat 模型，对春小麦在历史及未来不同时期的生长特征进行了模拟分析。研究结果表明，春小麦所经历的干旱状况与气象干旱之间存在着紧密的关联性。进一步分析指出，在 0～10cm 土层深度范围内，土壤水分亏缺指数（SMDI）是影响春小麦生长周期及最终产量的最为关键的干旱相关指标。Fernandes 等人利用 DSSAT CSM‑CROPGRO‑Soybean 模型，对基于当地土壤类型、播种日期及作物成熟组的雨养与灌溉条件下的大豆产量进行了模拟预测。研究结果显示，降水量是制约巴西大豆产量的主要气候因素。特别是在那些预计未来气候条件较为不利的区域，采用灌溉措施展现出了显著提升大豆产量的巨大潜力。王柯宇等研究团队采用 APSIM‑COT‑TON 模型进行模拟分析，并选取了 22 个全球气候模型（GCMs）以综合评估气候变化对棉花生长的具体影响。研究结果显示，在未来气候变化情境下，当辐射水平较高时，棉花产量有下降趋势；同时，年内总蒸散量呈现出增加的趋势，而灌溉需水量则有所减少。这些发现为制定适应未来气候变化的棉花种植策略提供了重要参考。作物模型，根植于作物生理学的深厚基础，以其高度的机理性和精准性著称，能够细致地模拟气候变化与作物之间的复杂交互作用，并据此对未来作物的生长轨迹及发育趋势做出可靠预测。该模型的应用范围极为广泛，能够灵活适应不同地域条件与作物种类，深入剖析各种环境场景下作物产量的细微差异。然而，在将作物模型作为研究气候变化与农作物相互作用重要工具的同时，我们必须深刻认识到其复杂性所伴随的应用挑战。作物模型的构建与运行，本质上是对农作物生长过程中众多复杂机制的数学抽象与模拟，这一过程要求模型能够精准地捕捉并反映环境因子（如气象条件）、土壤基质特性、作物遗传特性（具体参数如生长周期、光合效率等）以及人为田间管理措施等多个维度之间的相互作用与动态变化。因此，模型的高效与准确运行，高度依赖于全面且精确的数据支持体系。首先，气象条件作为影响作物生长发育的首要外部因素，其数据的全面性和精确性对模型预测结果至关重要。这要求数据不仅需覆盖广泛的地理区域和时间跨度，还需具备高分辨率的时空特性，以准确反映不同区域、不同时段内气候条件的细微差异及其对作物生长的具体影响。其次，土壤作为作物生长的基础介质，其数据同样不可或缺。土壤的水分含量、质地结构、养分状况及微生物群落等特性，均对作物根系发育、养分吸收及抗逆性产生深远影响。再次，作物品种的具体参数也是模型运行的重要数据之一。不同作物品种在生长周期、生长速率、光合作用效率、抗逆性等方面存在显著差异，这些差异直接影响到作物对气候变化的响应能力及最终产量。最后，田间管理的详尽措施也是不可忽视的因素。灌溉制度、施肥策略、病虫害防治等管理措施的实施，能够显著影响作物的生长环境和生长状态，进而影响其产量和品质。

（4）数理统计法和作物模型模拟法结合。李秀美等人综合运用了指数平滑法与邓氏灰色关联分析模型，对烟台地区苹果生长全周期中的气象条件与其气候产量之间的关系进行了深入系统地研究。研究结果表明，在诸多气象因素中，风速与气温是对苹果气候产量构成主要影响的两大要素，而相比之下，日照时数对气候产量的影响则显得较为微弱。

这一发现为优化烟台地区苹果种植的气象条件管理提供了科学依据。Hamed Raed 等人首先采用时间序列回归模型，在国家宏观层面对作物产量的变异性进行了全面评估。紧接着，他们通过实施严谨的逐步选择程序，精心构建了一个函数模型，旨在精准识别并筛选出对大豆产量具有决定性影响的最优输入变量组合。研究结果表明，除了降水这一传统重要因素外，生长季节早期的最低与最高温度、季节末期的最低温度以及土壤湿度等环境因素，均被证实为显著影响美国大豆产量的关键因子。Mallik Piyashee 等人精心构建了一个生产单元面板数据集，该数据集集成了月度的茶叶产量数据以及与之紧密相关的气候变量信息，并在此基础上进行了详尽的统计分析。为了展望未来，他们进一步借助多种碳排放情景下的气候模型进行预测分析。通过对季节变化特征的深入剖析，研究发现，夏季及季风季节期间的高温环境对茶叶产量构成了显著的负面影响；相反，冬季较高的温度以及夏季和冬季恰到好处的降水条件则对茶叶产量的提升起到了积极作用。尤为值得注意的是，预测分析显示，在极端碳排放情景下，季风气候的特征变化可能导致茶叶产量呈现出减少的趋势，这一发现为茶叶产业应对未来气候变化挑战提供了重要的参考依据。韩智博在研究中采用了 GLUE 方法，对 CERES - Maize 模型进行了全面而精细的参数校准与验证流程，其核心关注点在于玉米的物候期预测及产量评估。通过这一系列深入分析，他揭示了一个重要发现：未来大气中 CO_2 浓度的预期上升，将对玉米产量产生积极的推动作用。这一结论为理解气候变化对农作物生产潜力的影响提供了新的视角。

1.2.2 气候变化的时空分异特征及产量差时空分布规律

温度、降水及太阳辐射等核心气候资源，是农作物健康生长与高产形成过程中不可或缺的自然条件，它们对特定地区农业生产的整体绩效起着决定性作用。这些气候因子的波动直接影响着农作物的生长周期长短、生理活动的活跃程度以及最终产量的高低，因此在评估农业生产潜力及规划有效管理策略时，必须将这些因素纳入重点考量范畴，以确保农业生产的稳定性和可持续性（Yu et al.，2014）。潜在产量是指在完全理想化的环境条件下，某一特定地区作物能够实现的产量理论上限。这一假设构建了一个场景，其中作物的生长发育过程主要受益于当地优越的太阳辐射和温度等自然气候条件，而完全排除了水分匮乏、养分缺失以及病虫害等一切可能的限制因素的不利影响。因此，潜在产量代表了该地区作物生产能力的最高理论水平（Lobell et al.，2009）。然而，在现实的农业生产环境中，由于气候条件的频繁波动、当前农业生产技术的局限性以及多种实际制约因素的交织影响，作物产量往往难以触及潜在产量的理想高峰。尤其是当我们将关注的目光投向水分供给与养分条件这两大直接关乎作物生长命脉的关键因素时，即便在理论假设中杂草与病虫害已得到有效控制，作物的实际产量也往往只能达到其生产潜力范围内的一个较为实际且可实现的水平，这一水平虽不及潜在产量的巅峰，却更加贴近农业生产实践中的真实状况（Rabbinge and Rijsdijk，1983）。通过在作物模型内嵌入多样化的限制因子模拟方案，我们能够精确模拟出不同产量水平下的作物表现，进而绘制出特定区域内作物各级产量的空间分布图景及其随时间演变的动态规律。这一过程深刻揭示了该区域作物产量增长的核心瓶颈，为优化区域资源分配策略、实施科学粮食生产指导提供了不可或缺的决策支持。此外，它还对促进农业生产的可持续发展、确保粮食安全具有深远的意义，是推动农业现代化转型和绿色发展的重要力量。

黄土高原地区，由于其独特的温度、降水、太阳辐射等气候资源分布以及地形的显著变化，展现出了强烈的空间异质性特征。为了更精准地指导农业生产，我们可以依据农作物生长所必需的关键气象条件（温度、水分）的相似性以及地形地貌的特定模式，将该地区细化为多个具有鲜明特色的农业气候区域。这样的划分有助于深入理解各区域农业生产的独特条件和潜力，为制定差异化的农业管理策略提供科学依据。在同一气候区内，鉴于作物所处的生长环境具有高度相似性，冬小麦的生长习性、生理响应以及所需的适宜栽培管理措施也表现出明显的一致性。基于这一特点，在运用作物生长模型对冬小麦进行多层次产量潜力模拟的过程中，我们可以采用统一的作物品种参数和管理措施设置体系，以确保模拟过程的一致性和模拟结果的精确性与实用性，从而为农业生产实践提供更加科学合理的指导。本研究在全球产量差评估系统中的 GYGA-ED (Global Yield Gap Atlas Extrapolation Domain) (Wart et al.，2013) 法划分的气候区基础上，综合分析了研究区冬小麦生育期内需要的有效生长积温（GDD）、干旱指数（平均年降水量/年平均蒸腾量）和 DEM，在保持了县界完整性的前提下，将黄土高原冬小麦种植区划分为 4 个农业气候区（Ⅰ、Ⅱ、Ⅲ 和 Ⅳ）。各区的划分标准如下：①Ⅰ区，此区冬小麦生长积温≥0℃，小于 3 791℃；干旱指数介于 2 696~4 791；DEM 介于 1 400~3 963mm。②Ⅱ区，此区冬小麦生长积温≥0℃，介于 3 792~4 829℃；干旱指数介于 3 894~4 791；DEM 介于 1 000~1 400mm。③Ⅲ区，此区冬小麦生长积温≥0℃，介于 4 830~5 949℃；干旱指数介于 3 894~4 791；DEM 介于 221~1 000mm。④Ⅳ区，此区冬小麦生长积温≥0℃，介于 3 170~4 829℃；干旱指数介于 2 696~4 791；DEM 介于 550~2 000mm。

1.2.3 作物模型的研究与发展

1.2.3.1 作物物候期研究进展

作物的生长周期，从种子播撒至果实成熟的每一个发展阶段，共同构成了作物的物候期。这一周期细分为两个关键阶段：首先是营养生长阶段，此阶段作物主要专注于根系的扩展、茎干的伸长以及叶片的繁茂，为后续的生长发育奠定物质基础；接着是生殖生长阶段，此时作物进入繁殖期，专注于花朵的绽放、果实的形成以及种子的成熟，完成其生命循环中的重要使命。值得注意的是，作物生长期的长短不仅受其自身遗传特性的调控，还深受其生长环境中气候条件的影响，这些外部因素共同塑造了作物的生长轨迹与最终产量。通常情况下，晚播的作物由于遭遇冬季的低温环境，其生长发育过程会相对缓慢，整个生育期会延长；相反，在春夏季节播种的作物，由于气温回暖，生长条件更为有利，因此发育速度较快，整个生育期也相对较短。在众多外部环境变量中，气象因子以其独特的方式对作物的物候期施加着最大且最直接的影响。追溯至 18 世纪，法国杰出的植物学家 Reanmar（1973）率先揭示了植物生长发育过程中的一个重要规律——积温法则。这一法则明确指出，当环境温度超过某一特定阈值时，作物的生长发育速率将与温度之间呈现出一种线性的正相关关系，即温度上升，作物的生长速度也随之加快。随后，学术界进一步深入探索，提出了作物生长发育速率与温度之间更为复杂的非线性函数关系模型，这些模型包括但不限于抛物线函数、Logistic 函数、正弦函数以及高斯函数等，它们以不同的数学形式精准地刻画了作物生长对温度变化的敏感性（高亮之等，1992）。随着计算机技术的飞速发展，这些函数关系被巧妙地应用于作物生长发育模型的构建之中。例如，Moss 等人（1997）创新性地采用了基于生理尺度的恒定模拟方法，成功解决了不同作物品种生育期预测中的计算难题，为作物生育期的模拟与预测领域奠定了坚实的理论基础与技术框架。严美春等（2000）学者通过建立小麦物候期模型不仅深入模拟了小麦生长过程中至关重要的春化作用阶段，还细致地考虑了光周期对小麦发育的调控作用，以及小麦对温度变化的敏感性。尤为值得一提的是，为了更直观地表达温度与小麦生长发育之间的复杂关系，他们巧妙地采用了两段线性函数来简化描述温度与热效应之间的动态联系，这一创新方法极大地提升了模型的实用性和准确性。吴文斌（2009）等通过高斯函数拟合法对海量的遥感数据进行了深入挖掘与分析。这项研究不仅揭示了我国作物第一生长季在过去二十年间的总体变化趋势，还明确指出这一关键生长期呈现出明显的提前趋势。这一发现不仅为理解全球气候变化对农业生产系统的影响提供了宝贵的实证依据，也为未来农业生产的规划与管理提供了科学的参考和指导。

28

目前对作物物候期受气候变化影响的研究众多，多项研究表明，在20世纪50年代至21世纪初这近半个世纪的时间里，我国北方及黄淮海地区作为主要的冬小麦种植区，其冬小麦的全生育期普遍呈现出缩短的趋势。这一现象主要归因于光热资源的变化，这些变化对冬小麦的生长发育产生了不利的影响（王斌等，2012）。同时，春季物候现象也显著提前，这一变化与温度波动密切相关，显示出温度对春季作物生长发育的显著影响（车少静等，2005）。此外，我国北方大部分水稻种植区域的物候也明显提前，进一步印证了气候变化对作物生长周期的广泛影响（樊晓春等，2007）。邓振镛等（2007）人的研究深入探讨了气候变暖对作物种植结构的深远影响，明确指出我国作物种植布局因气温上升而发生了显著变化。具体而言，全国范围内多熟制种植模式的适用范围得以扩大，其北界线明显北移。这一变化导致春播作物的播种期提前，进而延长了其整个生育期。相反，对于越冬作物而言，则出现了播种期相对推迟、生育期相应缩短的趋势。近五十年间，我国东北三省地区的玉米、水稻及大豆三大作物在生育期内面临的温度和降水条件均呈现出下降趋势，这一变化为在该地区种植中、晚熟品种提供了热量上的可行性，促使了这些品种的种植界线北移（刘志娟等，2009）。同时，在新疆地区针对棉花播种区的研究中，气候变化被发现显著影响了棉花的生长发育周期。具体表现为北疆棉区的发育期提前，成熟期则相对延后，从而延长了棉花的总生长期（李迎春等，2011）。而在淮北地区，棉花生育期与温度之间的关系表现为总体上的适宜度提升，但水分的适宜度则呈现出由南向北逐渐降低的趋势，揭示了不同区域棉花生长对气候变化的差异化响应（王晓喆，2012）。近十年来，针对我国玉米物候期的多项研究表明，玉米种植区域的物候特征发生了显著变化。结果显示，除了东北春玉米播种区外，我国其他主要玉米播种区的播种期普遍提前，平均时间范围为1～5d。在成熟期方面，北方地区的玉米出现了成熟推迟的现象，而其他玉米种植区域的成熟期则呈现不同程度的提前。进一步观察整个生育周期，黄淮海区和云贵高原地区的玉米生育期明显缩短；华南地区和西北地区则相对稳定，生育期长度基本保持不变；而其余区域的玉米生育期则出现了不同程度的延长（翟治芬等，2012；Dowswell 等，1996；陈学君等，2009）。已有学者通过研究预测发现，未来我国平均气温每上升 1℃，将直接导致木本植物的春季物候期提前 3~4d，同时秋季物候期也会相应推迟 3~4d（张福春，1995）。在玉米物候期的模拟分析中，金之庆等人利用 CERES-Maize 模型结合 GCMs（全球气候模型）生成的不同气候情景，进行了详尽的预测。结果显示，在多种气候情景下，东北春玉米区、黄淮海夏玉米区以及西南玉米区的玉米生育期均展现出缩短的趋势。特别地，东北春玉米区对大幅度的温度升高反应尤为敏感，而黄淮海地区的夏玉米品种则展现出了对高温环境的良好适应性（金之庆等，1996）。对作物物候期的深入研究，使我们能够更清晰地理解温度、水分等关键气象因子如何影响作物的生长发育过程。这一认识不仅加深了我们对作物生长规律的理解，还为未来制定更加科学合理的种植策略、优化种植布局及时间安排提供了坚实的理论依据和参考，从而有助于提升农业生产的效率与可持续性。

1.2.3.2　作物生长动态模拟及产量预报

作物生长动态模拟，作为农业信息技术领域的璀璨明珠，是计算机技术、系统科学智慧与作物科学精神的完美融合。其核心流程始于对作物全生命周期生长发育过程的深入探索与详尽调研，随后是对海量数据的精心梳理与深度剖析。基于这些宝贵的信息，科学家们构建出精准的数学模型，并运用数学模拟的方法，将环境因子与作物在各成长阶段的复杂交互关系动态地呈现出来。这一过程不仅构建了一个生动的数学模型，更赋予了它预测与指导农业生产实践的强大能力，使得我们能够更加科学地理解并优化作物生长环境，促进农业生产的可持续发展（高峰等，2010）。尽管我国在农作物生长动态监测领域已经掌握了多样化的技术手段，但在确保监测过程能够连续且实时地进行方面，仍存在一定的不足。这种监测上的间断性和非即时性，不可避免地限制了我们精确评估作物生长状况及其年度生产潜力的能力，影响了农业生产管理决策的科学性和准确性（张红卫等，2010）。此外，在气象条件评估方面，当前的量化水平及动态追踪效率尚需加强。这一现状制约了我们对气象因素如何实时、精确地影响农业生产的全面把握能力，进而影响了我们制定有效应对策略的及时性和准确性（王石立、马玉平，2008；熊伟等，2005）。当前，产量预测领域主要依赖于较为简单的统计方法（孙九林，1996），而对于产量与气候变化之间复杂响应关系的深入研究及报道则相对匮乏。令人振奋的是，近几十年来，以数字模拟为核心的作物生长模型研究领域取得了令人瞩目的飞跃性进展。这些模型巧妙融合了作物生理学、生态学、农业气象学及土壤学等多学科的前沿知识与研究成果，构建了一个既定量又动态的模拟框架。这一框架不仅深刻揭示了作物生长发育过程中内在机制与外部环境之间错综复杂的关系，还为实现精确模拟与深入阐释提供了强有力的工具（张佳华等，2000；杨轩等，2016）。自 20 世纪 60 年代末期开始，农作物生长模型领域步入了繁荣发展的黄金时代，期间涌现了诸如 TBLSHAW、DSSAT、SWAP 等一系列杰出的模型系统。国内外学者纷纷投身于这些模型的研究与应用热潮中，他们巧妙地将这些模型整合应用于模拟作物生长周期及预测产量的过程中，取得了丰硕且意义重大的科研成就。这些成就不仅极大地深化了人类对作物生长发育内在机制的认知，更为农业生产的实际操作提供了坚实的科学基础和技术导向，有力推动了农业生产的现代化进程（Yang 等，2012；姚宁等，2015；冯绍元等，2012）。王志强等人（2008）通过运用 EPIC 模型，对气象因子对作物影响的敏感性进行了深入剖析，揭示了该研究领域已达到相对成熟的阶段。然而，他们也指出，在应对气候阶段性变化及极端气候事件对农作物生长影响的探索上，尚需进一步加深研究力度与广度。与此同时，DNDC 模型——一个聚焦于农业生态系统中碳（C）和氮（N）生物地球化学循环的模拟工具，已被成功推广至农田管理研究之中（Li 等，2019）。除此之外，RZWQM 模型在农业环境科学领域的广泛适应性已经得到了充分验证，凸显了其模拟根系中水分、养分及热量动态变化过程的卓越效能（Malone 等，2014）。Ma 与 Lajpat（2003）在他们的文章综述中阐述了农业生态系统分析所依赖的数学建模方法所蕴含的复杂性，特别指出了实际农业生产过程与多变气象条件之间错综复杂的关系。在模型构建的实践中，为了减轻计算负担，研究者通常需要对复杂的现实系统进行必要的抽象化处理并引入假设条件，这虽促进了模型的建立，但也意味着模型对作物生长与气象条件之间关系的反映存在一定的局限性，难以实现降水分布细节及作物生长动态的实时、高精度的监测与追踪。尤为关键的是，气象因子作为直接影响作物产量波动的核心要素，在当前的模型中往往难以达到精确的输出水平，这一挑战显著制约了作物生长模型在预测精度和实用性上的进一步发展。因此，未来的研究方向应聚焦于增强模型的精确性与实时响应能力，以期更加精准地模拟并预测作物生长过程如何响应气候变化的复杂动态，为农业生产的科学管理提供有力支持。

1.2.3.3 降雨数学模型

随着全球气候变化的加剧，气候与农业生产之间的复杂互动关系日益凸显，成为影响粮食安全与农业可持续发展的关键因素。在这一背景下，如何深度挖掘并有效利用日益增长的庞大气象数据资源，以科技手段提升农业气象预报的精准度和科学性，成了农业气象模型研究领域的核心焦点与亟待解决的关键难题（黄杰飞，2017）。气象数据以其海量、多样、高冗余及低价值密度的特性著称（刘丽香等，2017），这些特性使得传统数据分析方法在处理速度与效率上捉襟见肘，难以快速捕捉并解析数据中的关键信息，从而限制了农业气象预报的时效性和准确性，成为传统农业气象模型创新与发展的主要瓶颈。为应对这一挑战，我国近年来已投入巨额资金，超过千亿元人民币，致力于构建和完善气象监测系统，力求构建一个覆盖广泛、数据丰富、精度高的气象信息资源网络，为包括农业在内的国民经济各领域提供强有力的数据支撑。这一举措不仅体现了国家对气象事业的高度重视，也为农业气象模型的创新发展奠定了坚实的基础。面对海量气象数据的处理与应用挑战，探索并实施创新性的数据分析方法和技术成为推动农业气象模型进步的关键路径。通过引入大数据、人工智能、机器学习等先进技术，实现对气象数据的高效整合、智能分析与精准预测，为农业生产提供更加科学、及时的指导，成为当前农业气象研究的重要趋势。特别是针对降水这一直接影响作物生长发育和最终产量的关键气象要素，深入研究其时空分布规律、变化特征及其对作物生长周期的具体影响机制，对于提升农业气象服务的针对性和实用性具有重要意义。本研究正是基于这一背景，聚焦于降水要素，通过综合运用现代数据分析技术和农业气象学原理，深入剖析降水对作物生长发育全过程的复杂影响，旨在揭示降水与作物产量之间的内在联系，为农业气象预报模型的优化提供科学依据。通过本研究的开展，我们期望能够显著提升农业气象服务的精确度和实用性，为农业生产提供更加精准、高效的决策支持，进而推动农业现代化进程，保障国家粮食安全与农业可持续发展。

黄土高原，是典型的依赖雨养的农业区域，本研究特别将焦点锁定在降雨这一主要降水形态对农业生产的具体影响上。通过选用与该地区气候条件高度匹配的数学降雨模型，本研究旨在深入剖析降雨分布模式如何精细地调控农业生产过程，这一探索不仅具有深远的理论指导意义，更在实际农业生产管理中展现出迫切的应用价值。紧跟并深入理解国内外降雨模型研究的最新动态与未来发展趋势变得至关重要。值得注意的是，相较于国内，国外在降雨模型研究领域的探索起步较早，并积累了丰富的研究成果与坚实的学术基础。在这一领域，Bell（1987）作为先驱，巧妙地融合了卫星遥感技术的尖端优势，开创性地构建了降雨分布的时空随机模型。这一模型凭借其卓越的高精度特性和广泛的实用性，成功绘制出贴近自然状态的降雨时空分布图，实现了对各地降雨量精确到点的计算。这一创新不仅极大地丰富了降雨预测的手段，也为农业生产管理中的灌溉决策、作物布局等提供了坚实而科学的依据。在此基础上，Cameron 及其团队（2000）迈出了重要一步，他们引入了经过精心优化的随机降雨模型，旨在实现对极端降雨场景更加精确与细致的模拟，从而进一步提升了预测与应对极端天气事件的能力。紧接着，Rebora 等人（2006）提出了一种创新的统计学降尺度模型，该模型巧妙融合了过滤后的自回归技术，构建了一个高效且精准的降雨量预测框架。随后，Gaume 等人（2007）针对此模型展开了全面而深入的验证工作，确保了其在各种实际应用场景下的准确性和可靠性，为降雨预测领域的发展注入了新的活力。相较于国际上的快速发展，国内在降雨模型研究领域的步伐稍显迟缓。不过，Yang 等人（2019）的研究工作为这一领域带来了显著的突破，他们针对国际上广泛应用的 ITU - R 降雨模型在估算降雨率时常见的过高预测问题，进行了卓有成效的改进。基于英国丰富的气象数据资源，Yang 等深入剖析了雷达观测下的降雨量数据及其复杂多变的时空分布特征，最终成功研发出一个优化模型，该模型在时间与空间维度上均能实现降雨量的高精度预测与输出，为国内降雨模型研究的发展贡献了重要力量。为增强降雨量数据的精确度，我们针对 Yang 所构建的降雨模型进行了参数的本土化校准，旨在生成更加贴近黄土高原实际降雨情况的数据集。这一调整不仅为本研究中后续的模型构建与验证流程奠定了坚实的数据与技术基石，还凸显了当前研究的一个重要方向：即深入探索该降雨模型在黄土高原独特气候与地理环境条件下的适用性，并据此制定相应的优化策略，以进一步提升模型在该地区的预测能力和应用价值。

1.2.3.4 作物模型研究

20 世纪初，科学家们便踏上了探索气候变化与农作物产量之间微妙而深远联系的征途。这一领域的研究，不仅关乎粮食安全与农业可持续发展的全球议题，也深刻影响着人类社会的经济结构与生活方式。随着科技的飞速发展和研究工具的日益精进，科学家们不再局限于传统的观察与实验方法，而是广泛采纳了气候模拟模型这一前沿技术，结合遍布全球的实地观测数据，构建起了更为精细、全面的分析框架。这一框架如同放大镜，揭示了气候变化如何通过温度、降水量、大气中二氧化碳浓度等多个维度的变化，复杂而精细地调控着各类农作物的生长周期及产量构成，展现出一幅幅动态变化的生态画卷。在这一背景下，弓开元等（2020）的研究工作尤为引人注目。他们聚焦于世界屋脊——青藏高原这一独特的地理环境，利用该区域丰富的农业气象数据，对 DSSAT‐CERES‐barley 模型进行了细致的本地化校正。这一模型的优化，使得科学家们能够更为精确地模拟青稞作物在过去四十年间的生长周期变化及其在光照和温度条件下的潜在生产能力。通过将模拟结果与实地统计的产量数据进行比对分析，弓开元等不仅计算出了理论产量与实际产量之间的差距，还运用先进的数学与统计手段，深入剖析了气候变化对这一差距形成的内在机制。研究结果显示，在青藏高原这一广袤而复杂的地理区域内，气候变化对农作物产量的影响呈现出显著的地理差异。低海拔地区由于气候变化更为剧烈，其光温生产潜力受到了显著的波动影响，而高海拔地区则相对保持稳定。这一发现不仅为理解气候变化对农作物产量的地域性影响提供了重要依据，也为制定区域性的农业适应策略提供了科学支撑。尤为值得注意的是，尽管面临气候变化的挑战，青藏高原的青稞产量在过去三十年间总体上却呈现出增产的趋势。这一成就的背后，离不开青稞品种的持续优化和栽培管理水平的显著提升。然而，研究也揭示了另一个不容忽视的事实：尽管整体产量差有所缩小，但在除拉萨、日喀则等少数站点外的广大地区，产量差依然显著存在。这一发现不仅提醒我们，未来在青藏高原实现农业可持续发展的道路上仍面临诸多挑战，也预示着这些地区蕴藏着巨大的增产潜力，亟待通过科技创新与科学管理进一步挖掘。随着信息技术与农业科学的飞速发展及其日益紧密的融合，农业信息技术作为现代农业的重要驱动力，正以前所未有的速度改变着传统农业的面貌。在这一背景下，地理信息系统（GIS）凭借其强大的空间数据处理与分析能力，成了农业信息技术领域的璀璨明珠。它不仅为农业生产的空间布局提供了精准的工具，还极大地促进了作物生长变异性的深入研究，使得农业生产管理更加智能化、精细化。Li 等（2021）及其研究团队的前瞻性工作，通过巧妙地将种植系统模型（CropSyst）与 GIS 技术相结合，成功搭建了一个区域尺度的作物产量模拟框架。这一创新不仅克服了单一模型在区域预测中的局限性，还通过整合两者的优势，实现了从微观种植系统到宏观区域产量的无缝对接，为农业生产的科学规划与决策提供了坚实的数据支撑。该框架的应用，显著提升了决策制定的精准度和效率，为农业生产的可持续发展注入了新的活力。与此同时，AYDI 等（2016）的研究则聚焦于橄榄作物的种植区域优化问题。他们采用科学严谨的方法，通过全面对比推荐种植区域与实际情况，并综合考虑气候、土壤、水资源等关键因素，深入剖析了推荐区域的适宜性。这一研究不仅为橄榄作物的种植布局提供了科学依据，还进一步探索了扩大生产潜力的有效途径，为农业产业结构调整和优化升级提供了宝贵经验。在鲁东南山区小麦种植的研究中，朱秀红（2019）更是将 GIS 技术的应用推向了新的高度。她不仅系统地分析了气候、地形、土壤等自然因素对小麦种植的影响，还创新性地引入了层次分析法，为各影响因素科学分配权重，实现了影响因素的量化评估。此外，她还充分考虑了河流分布、土地利用类型等人文地理要素，运用 GIS 技术绘制了五莲县小麦种植的精细化综合区划图。该区划图不仅直观地展示了小麦种植适宜性的空间分布特征，还为当地农民和政府决策部门提供了科学的种植指导和政策建议，有力推动了农业生产的精准化和高效化。丁永康（2022）等研究团队运用地理探测器模型，对降水量、温度、植被类型、土壤类型、海拔等自然因素，以及土地利用类型、人口密度、GDP 等人为因素进行了系统的统计分类与分析，深入探讨了这些因素对归一化植被指数（NDVI）变化的影响程度。研究结果显示，在降水量处于464.73～500.03mm、温度维持在 15.14～15.23℃、海拔 3～133m、人口密度 551.36～2 059.96 人/km^2、GDP 水平为 1 756.77～7 507.15 元/km^{2}的条件下，且以栽培植被、初育土及耕地为主要特征的区域，对植被的生长尤为有利。

APSIM 模型，凭借其在精准评估农作系统生产潜力及深刻量化农业管理措施对气候变化复杂响应方面的卓越表现，已经赢得了国内外学术界的广泛赞誉与深入研究，包括但不限于 Yang 等（2018）和 Chimonyo 等（2016）在内的众多学者，均对其给予了高度评价。APSIM 模型之所以能够成为农业科学研究领域的重要工具，关键在于其模块化设计的先进性与灵活性，其核心构成精心构建了作物、土壤及管理这三大相互依存、相互影响的关键模块。在管理模块中，该模型聚焦于农业生产的实际操作层面，通过精细设置播种时间、施肥方案、灌溉策略以及病虫害防控等农业管理活动的控制参数，实现了对农业生产全过程的精准模拟。这种高度定制化的管理能力，使得 APSIM 能够反映不同农业实践对作物生长和产量的直接影响，为优化农业管理策略提供了科学依据。与此同时，作物模块作为 APSIM 的另一大支柱，致力于详尽描述和模拟各种作物品种的独特生理生态特性参数，如光合作用效率、温度敏感性、水分需求等。这一模块通过集成最新的作物生理学和遗传学研究成果，确保了模型在预测作物生长发育历程和最终产量时的准确性和可靠性。无论是传统作物还是新兴作物品种，APSIM 都能提供量身定制的模拟方案，满足多样化的研究需求。此外，APSIM 模型还具备强大的中长期资源管理实践模拟能力，能够综合考虑气候变化、作物品质变化、生长环境差异以及农业管理策略调整等多重因素的相互作用。通过构建复杂的动态模拟系统，AP-SIM 能够预测在不同情境下作物的生长发育轨迹、产量变化趋势以及资源利用效率，为制定科学合理的农业发展规划和应对气候变化策略提供了强有力的支持。它不仅为评估农业系统生产潜力和优化农业管理策略提供了精确的工具，还为应对气候变化挑战、保障全球粮食安全做出了重要贡献。Gaydon 等的研究成果进一步印证了 APSIM 模型在农业科学研究中的重要地位，预示着其在未来农业可持续发展中将发挥更加关键的作用。

目前，APSIM 模型已在全球众多国家和地区得到广泛应用，不仅促进了农业科学研究与实践的深度融合，还是指导各国在复杂多变的降水条件下探索并实施高效农业管理措施、提升农业生产效率的重要指南。Innes 等人（2015）针对澳大利亚新南威尔士州的小麦产量进行了气候影响评估，研究结果显示，生长季节内的降雨量对小麦生产具有显著的正面效应。具体而言，当生长季节的降雨量相较于平均水平减少5％至45％时，小麦的平均单位产量将减少约15％。与此同时，在北非地区，Bahri 等人（2019）的研究利用 APSIM 模型揭示了小麦生产在适应气候变化方面的巨大潜力。他们通过模拟分析，指出尽管气候变化对该地区的小麦生产构成了严峻挑战，但通过精细化管理和技术革新，如调整播种时间、改良作物品种、优化灌溉制度以及引入保护性耕作等措施，可以有效提升小麦的产量和适应能力，确保农业生产的可持续发展。这一研究成果为非洲北部乃至全球类似气候区域的农业应对气候变化策略提供了科学依据和实践范例。在我国，APSIM 模型同样展现出了强大的适用性和应用价值。特别是在黄土高原地区，周少平等（2008）、孙昊蔚等（2018）以及张玲玲等（2019）的研究团队，通过一系列验证与实验，逐步确认了 APSIM 模型在模拟该地区冬小麦生产过程中的准确性和可靠性。这些研究不仅验证了模型在复杂环境条件下的适用性，还揭示了不同农业管理措施对冬小麦生长发育和产量的具体影响，为当地农民提供了科学的种植指导和决策支持。

鉴于农业生产过程与气候条件之间存在着错综复杂且动态变化的关联性，这种关系涉及多种生物物理和化学过程，使得直接模拟其全部细节在现实中极为困难且计算成本高昂。因此，在构建用于预测和评估农业系统响应气候变化的模型时，研究者们通常不得不采取一系列科学且必要的简化处理策略。这些简化处理旨在通过合理的假设和参数化方法，捕捉作物生长与气候之间最关键、最核心的相互作用机制，从而实现对这一复杂系统行为的近似模拟（Ma 和 Lajpat，2003）。然而，这种简化处理虽然提高了模型的计算效率和实用性，但也在一定程度上增加了对气候变化影响进行定性和定量分析时的复杂性和不确定性，要求研究者们在解释模型结果时保持谨慎，并充分考虑潜在的偏差和局限性。在此背景下，He 等人（2015）的研究工作尤为引人注目。他们巧妙地运用了 APSIM‐WHEAT 模型——一个专门用于模拟小麦生长和产量的农业系统模型，针对黄土高原这一特定且生态条件复杂的地区，深入探讨了气候与品种变化对冬小麦物候期与产量的综合影响。通过精细设置模型参数，结合当地的历史气候数据和不同小麦品种的生理特性，He 等人成功模拟了在不同气候情景下冬小麦的生长周期、关键物候事件以及最终产量的变动情况。这一研究不仅定量评估了气候变化（如温度上升、降水模式变化等）对作物生长的直接和间接影响，还揭示了作物品种选择作为重要农业管理措施之一，在缓解气候变化负面影响、提升农业生产稳定性方面的潜力。更重要的是，He 等人的研究为深入理解农业管理措施如何适应并有效应对气候变化的挑战提供了宝贵的意见和建议。他们通过模型模拟发现，通过选择适宜当地气候条件的小麦品种、调整播种时间、优化灌溉制度等管理措施，可以显著增强作物对气候变化的适应性和韧性，从而保障粮食生产的持续性和稳定性。将农作物生产因长期气候变化而产生的变异性纳入研究考量之中，为解答本研究核心问题之一——"精准量化降水变化如何影响作物生长周期及最终产量"提供了宝贵的思路与方向。本书作者在之前的研究中发现，不同降水年型农田农业管理措施对作物生长及产量的影响也不同（王冬林等，2017），只是进行了试验结果的定性分析，没有从作用机理和长期效应方面展开进一步的研究。只有深入研究降水变化要素实际影响作物生长过程和产量形成的机制，才能全面有效地评估降水变化条件下农田农业管理措施对冬小麦生产的长期影响，并据此利用模型方法优化农业管理措施。

国外研究已揭示出在地方与区域尺度上，气候变化对作物产量产生的显著影响。这些研究不仅局限于气候因子的单独作用，而且深入剖析了过量降水这一关键要素与作物减产之间的复杂关联，揭示了极端降水事件如何通过土壤水分饱和、根系呼吸受限、病害加剧等多种途径导致作物减产。同时，研究者们还利用逐年降水数据，评估了水库管理策略在调节水资源分配、缓解旱涝灾害及优化作物灌溉方面对作物产量的积极影响，强调了水资源综合管理的重要性。此外，研究还细致地区分了不同季节降水变化对作物生长发育不同阶段的差异化影响，为制定季节性适应策略提供了科学依据。在国内，粮食生产预测作为保障国家粮食安全的重要环节，已广泛采用时间序列分析方法，这些方法包括 ARIMA 模型、季节性分解法、机器学习算法等，它们在预测精度上不断取得突破。为了进一步提升预测的准确性，研究者们构建了组合预测模型，通过融合多种预测方法的优势，有效减少了单一模型带来的误差。同时，随着气候模式的多样化发展，国内研究开始将多种气候模式数据纳入预测体系，以更全面地考虑未来气候变化的不确定性。在作物生长环境监测方面，国内研究尤为关注作物土层水分的动态变化，通过高精度传感器和遥感技术，实现了对作物生长关键期水分状态的实时监测，进而深入分析了不同降水年型中（如丰水年、平水年、枯水年）降水对作物产量的具体作用机制，为精准农业管理提供了有力支持。然而，尽管国内外研究在气候变化与作物产量关系方面取得了诸多成果，但当前大部分研究在分析时间序列数据时仍倾向于简化影响因素，忽略了多因素间相互作用的复杂性。这种简化处理可能限制了研究结论的普适性和深度。因此，未来研究应更加注重构建多因素综合作用的分析框架，综合考虑气候、土壤、作物品种、农业管理实践等多种因素的交互影响，以获得更为全面和准确的作物产量预测。对于 APSIM 等农业系统模拟模型而言，它们在中短期预测中已经展现出了强大的能力，但在进行长时间序列分析时，可能会面临模型适应性下降、误差累积等问题。为了克服这些挑战，建议探索组合模型的应用，即将 APSIM 模型与其他类型的预测模型（如统计模型、机器学习模型）相结合，通过模型间的优势互补，进一步提升作物产量预测的精准度。这样的研究方向不仅有助于更好地应对气候变化的挑战，也为实现农业可持续发展提供了有力的科技支撑。

1.2.4 适应气候变化的农业管理措施

（1）农业覆盖措施。农业覆盖技术，作为一种集高效能与多用途于一体的农田管理创新手段，其深远影响远远超越了表面应用的范畴，而是蕴含着更为广泛且深远的价值和意义。此项技术显著地提升了地温，为作物根系构建了一个温暖且宜人的生长环境，加速了其生理代谢速率，促使作物提前迈入生育期，并在此过程中有效累积了更多生长所需的积温，助力作物健康成长。同时，该技术还展现出了卓越的保水效能，通过有效遏制土壤表层水分的直接蒸发，确保了土壤湿度持续稳定在作物生长的理想区间内，这对于作物在关键生长阶段获得稳定且充足的水分至关重要，特别是在干旱及半干旱地区，这一特性更显其珍贵，为作物的稳定高产奠定了坚实的基础。农业覆盖技术的应用形式多样且广泛，主要包括地膜覆盖（涵盖传统覆膜方式、垄沟特定覆膜以及创新的砂封覆膜技术）、农业废弃物的再利用（如干草、秸秆、作物残茬、玉米芯等自然材料的覆盖）以及砂石覆盖等多种策略。每种形式均以其独特的方式，为农田管理带来了显著的效益。

秸秆覆盖是一种高效的农业管理实践，在增强气候条件下的水分入渗方面表现出卓越的优势。其优势根源在于秸秆覆盖层对降雨事件的复杂正面效应，这些效应综合作用于土壤表层及其内部结构，有效促进了雨水向土壤深层的渗透，从而提高了土壤的水分保持能力和作物的可利用水资源含量。得益于秸秆在农业管理中的保护作用，土壤侵蚀和地表径流现象显著减少（Döring et al. ，2005；Prosdocimi, et al. ，2016），这一效果延长了水与土壤之间的接触时间（庄晓辉，2018），进而有效地促进了气候资源的蓄积与利用。吕凯等（2020）的研究进一步揭示了一个重要发现：气候条件下的水分入渗能力与秸秆农业管理的实施量之间存在着显著的正相关关系。当前，多数研究肯定了秸秆农业管理对气候变化的积极响应（刘继龙等，2019），指出其有助于土壤水分的保持及作物产量的提升。然而，Wang 等（2018）的研究则揭示了秸秆覆盖在增强土壤贮水能力的同时，对水分利用效率及作物产量的提升作用并不明显。在探讨秸秆农业管理对农田生态系统影响的广泛研究中，尽管已取得诸多进展，但一个显著的共性问题在于研究多集中于降雨量或降雨强度等单一气候因素的考量，而忽视了更为复杂的气候环境因素。这种研究视角的局限性，限制了我们对秸秆农业管理在多变气候条件下实际效能的全面认知与评估。

地膜覆盖技术主要通过增强土壤水分保持能力、优化土壤物理性状以及提升土壤养分的有效供应提高了气候资源的利用效率（Li 等，2019）。长期实施地膜覆盖措施，即连续多年应用，被证实对作物产量的稳定增长具有积极促进作用（Liu 等，2011）。为了深入探究地膜农业管理措施下小麦增产的内在机制，杨俊峰（2005）开展了一项研究，对比了覆膜与未覆膜处理下小麦植株的有机物积累量及其转运特性。研究结果表明，地膜覆盖显著促进了小麦的光合作用效率，有利于光合产物的生成，并进一步加速了有机物从叶片等营养器官向籽粒的转运过程，从而促进了小麦产量的提升。先前的研究往往将地膜简单地视为农业管理的一个层面（Arriaga et al.，2011），主要强调其对气候的屏障效应，而忽略了气候因素在这一管理层内部的再分配过程。然而，在采用地膜农业管理的情况下，气候因素（如降水）转化为地表径流后，进一步被土壤吸收利用为作物水分的机制，与无地膜覆盖的裸露土壤相比，存在显著差异。因此，综合考虑土壤初始含水率、气候强度等多重因素的影响，深入研究地膜农业管理如何改变气候水分的入渗过程，对于优化农业水资源管理和提升作物生产效率具有极其重要的意义。为了更全面地理解气候变化背景下地膜农业管理对冬小麦生产的长期影响，我们进一步开展评估工作，旨在科学阐述地膜农业管理措施如何响应气候变化，并具体探讨这些响应如何作用于冬小麦的产量，以期为未来农业实践提供理论依据和指导。

砾石覆盖对气候水分入渗过程的影响受到农业管理策略及砾石层中石块颗粒粒径的双重作用（Kemper et al.，1994）。具体而言，随着农业管理程度（如砾石覆盖百分比）的提升，气候水分的截留量也相应增加（Guo 等，2010）。此外，砾石颗粒的粒径越小，其对气候水分的拦截效果越显著，这进一步证明了砾石粒径对水分管理的重要性（Li 等，2005）。本书作者于 2013—2016 年进行的田间试验也得到了同样的结论，即砾石农业管理面积越大，截留雨水的能力越大（王冬林等，2017）。鉴于砾石农业管理在抑制土壤蒸发、蓄存水分、保持土壤湿度以及提升粮食产量方面的显著效果，该技术在全球范围内，特别是在气候资源相对匮乏的地区，已被广泛研究并应用于农业生产实践中（Tsutomu，et al.，2004；Qiu 等，2014）。然而，尽管这些研究揭示了砾石农业管理的积极效果，但其背后的具体影响机制尚待深入探究与明确阐述。蒋志云等（2010）借助降雨模拟实验手段，精准测定了农业管理层对雨水的截留量，并进一步运用定量分析方法，深入探讨了截留雨量与该农业管理层几何特性、降雨强度以及降雨持续时间之间的复杂关系。彭红涛（2016）首次提出雨水桥的概念来解释气候在农田表面的重新分布，并以此为框架，系统地探究了砾石农业管理在截留气候资源方面的内在机制。值得注意的是，砾石农业管理对气候变化的响应过程极为复杂，加之气候本身在时间和空间上的多变性和不确定性，更是加剧了这一响应过程的难以预测性。过往的研究多侧重于通过实验手段来探讨砾石农业管理的效应，然而，在面对未来气候变化的新情境下，关于砾石覆盖如何响应这一变化及其对作物产量产生的长期影响机制，尚存在显著的研究空白。因此，针对这一领域开展更为深入和系统地研究，显得尤为必要且迫切。

（2）种植模式。鉴于过去数十年间高耗水农业模式的快速扩张是导致地下水资源过度开采的主要原因。科学家们普遍认同，在区域范围内实现地下水资源的可持续利用，关键在于调整并优化作物的种植模式，以此作为核心策略来应对当前的水资源挑战。已有科学家团队利用田间试验的手段，系统地评估了多种作物种植模式在作物产量及水资源消耗特性上的差异，以期为优化农业水资源管理提供科学依据。张敏等在华北平原通过田间定位试验评估了粮棉薯、粮棉油及粮油这3种种植模式替代麦玉模式的可行性。试验结果显示，相较于麦玉模式，这些替代模式在土壤水分管理方面展现出优势，具体表现为土壤贮水量普遍保持在较高水平，且土壤水分变化率相对较低。综合考虑粮食安全保障与水资源高效利用，粮油模式被认定为最优的替代种植模式。郭步庆等通过比较华北地区不同种植模式发现冬小麦-夏玉米一年两熟常规模式具有产量优势，但水分利用率较低，对地下水消耗较大，不利于农业可持续发展；春玉米一年一熟模式有助于地下水恢复，但产量降低太多。刘明等通过在华北平原吴桥试验站进行田间试验对比不同种植模式经济效益和耗水量，研究指出一年两熟种植模式经济效益最高，但净消耗地下水达到耗水量的27%。虽然田间定位试验通过设置不同的试验处理可以真实反映不同种植模式下的作物产量、耗水规律和水分利用效率等，但往往试验时间尺度较短（一般为2～3年），不能整体评估过去几十年作物种植模式对水资源带来的累积影响。

（3）水肥配比。水肥对作物的耦合效应可产生三种不同的结果或现象，即协同效应、顺序加和效应和拮抗效应。协同效应也称耦合效应，即水、肥两个体系或两个以上体系相互作用、相互影响、互相促进，其多因素的耦合效应大于各自效应之和。水肥对作物的耦合效应可分为协同效应、顺序加和效应和拮抗效应，其中协同效应又称为耦合正效应，即水肥之间互相促进，两个或多个因素间的耦合效应大于各自效应之和，属于李比希协同作用类型。顺序加和效应指水、肥两个体系或两个以上体系的作用等于各自体系效应之和，则体系之间无耦合效应。拮抗效应指水、肥两个体系或两个以上体系相互制约、相互抵消或者一个体系中各因素相互抵消，各因素耦合效应之和的最终结果为负效应或拮抗效应。其耦合效应类型为拮抗类型，相应的限制因素为拮抗限制因素类型。

华天懋在1992年的研究中提出在土壤水分不足的情况下，施用普通化肥或有机肥都可提高小麦土壤水分生产效率，达到以肥促水的效果，且普通化肥小麦土壤水分生产效率影响大于有机肥。徐秋明在1991年做了一系列关于小麦水肥耦合的实验，他提出在田间进行充分灌溉情况下，在小麦分蘖期前施用化肥可促进冬小麦早春分蘖，分蘖期时土壤中氮含量快速下降，于抽穗期降至最低。Landivar等认为非充分灌溉使作物受到土壤水分胁迫导致作物减产，充分灌溉有利于作物产量提高。小麦干旱胁迫不利于小麦植株对氮素的吸收，随灌溉量和灌溉次数的增加，小麦开花前后植株对氮素的吸收量显著增加，非充分灌溉情况下，易导致所施化肥与有机肥中氮元素以铵态氮形式挥发损失，且灌溉水量过高易导致硝态氮深层淋溶污染地下水；灌溉水量过高易导致硝态氮深层淋溶污染地下水。纪耀坤在2022年的研究中指出有机肥施用过多导致土壤养分不足，导致土壤中有机质含量较高但氮磷钾等元素过少影响小麦正常生长发育。吴其洋和薛刚（2023）通过理论和实证研究分析了水肥耦合对小麦土壤理化性质和土壤肥力的影响，认为控制灌溉和肥料施用通过水肥耦合的协同效应，不仅显著提升了小麦产量，而且有效地实现了水资源与肥料的节约利用，达到了增产与节水节肥的双重目标。

1.2.5 农业管理措施对冬小麦生长发育的影响

农田管理的核心功能在于有效遏制或应对由非生物（如气候极端、土壤条件不佳）及生物（如病虫害、杂草竞争）因素引发的作物减产风险，从而充分挖掘并释放作物内在的遗传产量潜力。采取科学合理的耕作策略，能够积极促进小麦根系的苗壮生长，优化小麦植株间的光照分布状况，进而提升小麦的光合作用效率，有效延缓其衰老过程，保障高产与优质。栽培技术对小麦产量与品质的形成过程，以及整体生产的稳定性，均发挥着直接且关键的作用。小麦栽培措施主要是通过耕作、水肥等农艺措施以及改变外界环境以全面影响并优化小麦根部吸收、茎秆支撑、叶片光合、穗部发育等关键生理过程。它促进了光合产物的有效积累与转运，为小麦产量与品质的提升奠定了坚实基础。在此过程中，栽培技术致力于最大化地发掘并利用自然赋予的光照、温度、水分及空气等宝贵资源，同时确保生产资料的合理配置与高效利用，从而激发小麦的生长潜能，实现生产力的最大化。王静静等（2021）针对苏北地区黏土地上的稻茬小麦进行了深入研究，结果显示，相较于单一的旋耕处理，采用深翻耕后结合旋耕的耕作方式显著促进了小麦苗期的生长。该耕作方式使得小麦的株高增加了 0.4～2.5cm，茎基宽度增宽了 0.02～0.05cm，叶龄也提前了 0.03～0.16d。此外，这种耕作方式还有效地促进了小麦次生根的生长与发育，为培育健壮的幼苗创造了有利条件。赵红香（2021）在黄淮海地区的研究中指出，相较于旋耕，翻耕更能促进小麦苗期的根系发育，具体表现为根毛数量增多且长度增加，根系表面更为平滑，这样的根系形态对植株的整体生长具有积极影响。而李升东等人（2021）针对华东地区冬小麦与玉米轮作模式的研究则表明，通过调整耕作方式，可以有效挖掘并利用当前高产品种的增产潜力。其中，少耕播种技术的应用，显著改善了多穗型小麦群体内部的光照分布，使得中下部叶片能够获得更充足的光照，进而提升了这些叶片的净光合速率，为小麦的高产奠定了良好的基础。周正萍等（2021）在江苏省进行的试验分析显示，无论是长期连续的免耕种植模式，还是仅在小麦种植季节实施免耕，均能有效降低作物茎秆的重心位置，从而提升茎秆的机械强度与质量，显著增强植株抵抗倒伏的能力。此外，免耕结合秸秆还田的做法还有助于促进生育后期倒数第三片叶（倒三叶）的叶宽增加，进而扩大后期的叶面积，为作物在生长后期进行更高效的光合作用提供了极为有利的条件。

除考虑休闲期耕作外，播种方式作为另一关键要素，通过调整耕层的物理结构，对小麦的生长发育过程施加了一定的影响。小麦的播种方式直接关系到其出苗的速率与一致性，这一环节进而深刻影响着植株后续的生长发育状况及最终产量，是生产过程中十分重要的一环（刘冲等，2020）。播种方式的差异显著地影响了小麦的个体生长特性以及种群的整体结构，特别是在对光能资源的利用效率方面，不同播种方式下，植物对光能资源的利用能力不同，这一差异直接关联到干物质的累积效率与养分的转运机制，最终导致了小麦产量与品质上的明显区别（田欣，2019）。常规条播是小农户常用的播种方式之一，在常规播种条件下，若基苗密度过高，则会引发单株小麦所占的养分空间缩减，从而限制单位面积内有效穗数的显著提升（孙中伟，2011）。与传统播种方式相比，沟播技术在一定程度上缓解了传统方法带来的多重不利影响，它通过优化耕作结构以及显著改善植物生长的关键环境因素——包括光照、温度、水分、空气流通及土壤微生物生态，为小麦的生长营造了一个更加适宜的生态条件。这种环境上的优化进一步促进了小麦的生长速度和发育质量，从而有助于提升小麦的产量和品质（祁皓天等，2020）。适宜的播种方式对于激发小麦根系的健壮生长至关重要，它能增强根系对水分的吸收效率，进而促进地上部分植株的苗壮成长。这一方式有效调和了单株生长与群体生长之间的资源分配矛盾，助力构建更加均衡合理的群体结构，最终实现产量的增加与经济效益的提升。同时，合理的行距设置对小麦单株的生长空间产生积极影响，改善了群体的冠层微环境。适当加宽行距可以减少单株间的营养竞争，为小麦个体提供更充足的生长资源，促进个体发育的同时，也优化了群体结构，提高了整体的群体质量和最终产量（郑飞娜等，2019）。传统种植方式下，由于相邻单株间的株距设置过密，植株间竞争激烈，单株所能获得的营养面积受限，这不利于植株的健康成长与发育，最终限制了小麦的籽粒产量。相比之下，探墒沟播技术展现出了显著优势，它能够确保良好的出苗率和出苗均匀性，促进小麦分蘖数的增加、株高的提升以及有效穗数的增多，从而有效推动产量的提升。此外，与常规条播相比，沟播方式更有利于小麦在冬季前形成壮苗，并维持均匀的出苗状态，显著减少了缺苗和断垄现象的发生。这一优势在小麦生育后期尤为明显，表现为干物质积累量的显著增加、孕穗至成熟阶段群体分蘖数的增多以及分蘖成穗率的提高，最终实现了小麦产量的显著提升（张洁等，2020）。

小麦种群结构的规模在其个体生长发育过程中对资源的高效利用起着至关重要的作用。衡量小麦群体结构大小的核心指标包括基本苗数、总茎数、穗数以及群体干物质重量。这四个要素不仅塑造了群体的整体特征，还深刻影响着小麦单株的生长发育状况，具体表现为对单株株高、次生根数量、叶龄进程、分蘖发生量以及单株干物质积累的显著影响。在小麦的正常生长环境中，通过科学调控基本苗的数量，能够确保小麦在营养生长阶段充分吸收并利用外界的有利环境因素，为生殖生长阶段穗部的养分需求奠定坚实基础，进而实现增产目标。适宜的播种量设计，则有助于小麦高效利用水分、养分以及光能资源，促进单株小麦的健壮发育与群体生长的均衡，有效协调小麦个体、群体与生长环境之间的和谐关系，最终达成高产的种植目标（史晓芳等，2017）。

播种量作为生产要素之一，其可以强烈地影响作物生长期间对环境资源的利用，如光、水和营养物质，进而影响作物自身的生长及植株内部的代谢状况，这也是最终造成产量差异的因素。小麦营养生长阶段主要受播种量大小的影响，生育早期植株生长发育、株高、叶面积等受播种量显著影响，进一步对小麦群体透光性产生影响，从而影响到产量。合理的种植密度在小麦生产中扮演着至关重要的角色，它不仅能够有效缓解个体植株之间因资源竞争而产生的矛盾，还能构建出一个既不过于拥挤也不过于稀疏的小麦群体结构。这样的结构不仅优化了小麦的生长环境，还极大地促进了小麦的光合作用效率，使得小麦能够更充分地利用光能进行光合作用，进而积累更多的干物质，为提高小麦的产量奠定了坚实的基础。值得注意的是，小麦的最大茎蘖数通常会随着群体密度的增加而逐渐增加。然而，当密度过高时，虽然茎蘖数增多，但其中包含了大量无效分蘖，这些分蘖不仅不能转化为有效穗，反而还会消耗大量的养分，导致养分利用效率下降，成熟期的成穗率降低，最终造成种子资源的极大浪费。相反，在较低的种植密度下，虽然总茎蘖数相对较少，但由于资源分配更加合理，每株小麦都能得到充分的生长空间和养分供应，因此成穗率较高，最终能够实现较高的产量水平。此外，播种量作为决定小麦种植密度的关键因素，对旱地冬小麦植株的生长发育情况具有显著影响。它不仅直接决定了小麦的出苗率和群体结构，还会间接影响生育后期的籽粒灌浆及氮素代谢过程，从而对小麦的产量和品质产生深远影响。

播种量在小麦生长过程中，特别是在越冬期以及返青期至拔节期，对群体茎数的调控作用显著。随着播种量的增大，群体茎数呈现出逐步增加的趋势。然而，有效穗数的变化则呈现出一个先增后减的拐点现象，即初时随播种量增加而增加，但达到某一临界值后，继续增加播种量反而会导致有效穗数减少。同时，这一过程中还伴随着分蘖率的下降（闫书波等，2017）。Hiltbrunner 等人（2007）指出，通过增加播种量，可以有效优化小麦冠层结构，进而提升其生物产量。然而，在高播种量条件下，虽然小麦在拔节之前能迅速达到较高的种群密度，但这也伴随着后期植株消亡率的显著提升，且这种负面效应随着播种量的增加而加剧，最终对种群的整体质量产生不利影响（于振文，2003）。吴鹏等（2021）的研究则进一步揭示了播种量对小麦生长特性的影响，他们发现播种量对小麦幼苗个体的直接影响有限，但在提升群体质量方面效果显著。在低播种量情况下，单株小麦能够获得更为充足的资源，群体内部竞争减弱，水、肥、光、空气、热等生长条件均处于较优状态，有利于小麦的营养生长与生殖生长。然而，随着播种量的增加，小麦灌浆率出现明显下降，进而导致粒重显著降低（Xu 等，2013），这表明过高的播种量可能不利于小麦的最终产量与品质。在小麦种植中，若采用低密度播种策略，虽然能够促使每个小麦个体获得良好的发育，但单位面积内的小麦穗数会显著减少，同时田间的高蒸发率使得小麦植株面临严重的水分短缺问题，从而限制了其个体优势的充分发挥。相反，当播种量增加时，虽然小麦种群数量上升且水分流失相对减少，但过高的种群密度导致了田间遮阴现象，降低了群体的光合速率，加速了叶片的衰老过程，最终使得千粒重和每穗的籽粒数量明显减少（王之杰等，2001）。适宜的种植密度能够确保小麦生长过程中充分利用光能，促进健壮苗株的形成，其中，株高作为评估小麦生长状态的一个直观且重要的指标，能够直接反映植株的生长状况。适度增加播种量通常不会对小麦的出苗率和单株成穗率产生显著影响。然而，随着播种量的逐步提升，小麦群体的密度也相应增加。若播种量过低，会导致小麦群体数量不足，进而限制了对水分和养分的有效利用，显著减少群体干物质的积累。相反，过高的播种量虽然增加了小麦的群体数量，但会抑制分蘖的发生，最终导致小麦整体的干物质总量反而下降。因此，合理控制播种量对于优化小麦群体结构、提高产量至关重要。

传统观念中，增加播种量常被误认为会加剧生育前期土壤水分与肥料养分的消耗，进而可能引发后期养分匮乏、植株早衰及产量下降等问题。然而，科学调控播量实际上能够优化小麦群体的动态发展，通过确立最适基本苗数与质量，有效提升小麦的产量与品质。过往研究表明，过高的基本苗数会促使小麦分蘖激增，却牺牲了冠层的光能利用效率，显著减少了花后干物质的累积。传统的冬小麦高产栽培策略倾向于早播与低密度播种，同时辅以大量肥料与水分投入，以刺激单株生长。此模式下，植株往往展现出大叶面积与丰富的次生根，但上部大叶片却阻碍了下层叶片对太阳辐射的有效吸收，加速了叶片衰老，进而降低了辐射利用效率、冠层总光合作用及整体生物量（杨永安，2010）。低播量策略相较于高播量，在小麦种群的空间布局上展现出更为显著的合理性。这种合理性主要体现在两个方面：一是通过减少个体间的竞争，为每株小麦提供了更为宽裕的生长空间，使得叶片能够充分展开，接收到更多阳光，从而有效提升了叶片的光合效率；二是避免了因群体密度过大而导致的通风不良和光照不足问题，延长了小麦的籽粒灌浆期，使得小麦有更充足的时间来积累养分，显著增加了每穗的粒数和千粒重。这两方面的共同作用，使得低播量条件下的小麦在各生育阶段的干物质积累量均实现了显著提升。李晓航与马华平（2019）针对特定小麦品种"新麦29"的深入研究，进一步强化了这一观点。他们的实验结果显示，随着播量的增加，小麦成熟期的干物质积累量确实呈现出递增的趋势，但与此同时，也伴随着籽粒灌浆效率下降、氮素代谢过程受阻等负面效应。这一发现不仅揭示了播量对旱地冬小麦生长发育的直接影响，还深刻揭示了其对后续籽粒灌浆、氮素代谢等关键生理过程的深远影响，为小麦生产的科学管理和优化提供了有力的理论支持。

1.3 研究内容和方法

1.3.1 数据来源与研究区概况

通过中国气象数据共享网（https：//data.cma.cn/）下载黄土高原 31 个国家气象站点的逐日气象数据。这些数据涵盖了多个关键气象要素，具体包括每日的最高气温、最低气温、相对湿度、降雨量以及日照时数等，为气象研究及相关领域的应用提供了宝贵的数据支持。黄土高原冬小麦历史产量数据通过中国统计官网（http：//www. stats. gov. cn/）下载。同时，查阅黄土高原各省、市的统计年鉴及农村统计年鉴，获取尽可能完善的冬小麦覆盖试验资料及产量数据。本书作者前期收集了一部分黄土高原冬小麦种植结构、种植面积和覆盖面积等资料，发现冬小麦种植区的覆盖面积相对稳定，但受降水变化的影响有逐年增加的趋势。

1.3.2 数据分析与研究方法

1.3.2.1 地理探测器

因子探测法是一种依托空间分析技术的手段，其核心在于评估自变量（如气候因素等）与因变量（如气候产量）在空间分布特性上的差异程度，进而深入探讨两者间是否存在统计上显著的关联性以及背后可能存在的因果作用机制。在空间分布上展现出相似性，这强烈暗示了该自变量在驱动地理要素空间格局变化过程中扮演了关键角色，即其发挥了显著的影响作用。用 q 值度量，表达式为：

$$q = 1 - \frac{\sum_{h=1}^{L} N_h \sigma_h^2}{N \sigma^2} = 1 - \frac{SSW}{SST} \qquad (1-1)$$

$$SSW = \sum_{h=1}^{L} N_h \sigma_h^2 \ , \ SST = N \sigma^2 \qquad (1-2)$$

式中，$h=1$，2，…，L 为变量 Y 或因子 X 的分层（Strata），即分区或分类；N_h 和 N 分别为层 h 和全区的单元数；σ_h^2 和 σ^2 分别是层 h 和全区的 Y 值的方差。SSW 和 SST 分别为层内方差之和和全区总方差。q 值的值域为 [0，1]，q 值越大表示自变量 X 对因变量 Y 的解释力越强。

交互作用探测器，作为一种跨领域的高效分析工具，其核心使命在于深刻剖析并量化评估在社会科学、医学及环境科学等多个广泛领域内，多个自变量如何以复杂交织、协同作用的方式共同影响某一特定因变量。该工具的应用，极大地增强了我们对变量间错综复杂交互效应的洞察能力，为科学探索与决策制定提供了坚实的支撑。具体而言，它可以评估当因子 X_1 和 X_2 共同作用于因变量 Y 时，它们的影响是否增强或减弱，或者说这些因子对 Y 的影响是否独立，是否相互不影响。评估的方法是，我们首先分别计算两种影响因子 X_1、X_2 对 Y 的 q 值，然后计算当这两个因素交互时（即在 X_1 和 X_2 两个图层相互重叠之后所形成的新的多边形分布）对 Y 的影响，并计算其 q 值。最后，我们对比这三种 q 值的大小。由于比较结果的不同，因子之间的交互作用可以细分为以下几种情形（图 1-1）。

我们选定 2018 年的各项关键要素作为典型案例，利用 GIS 地理探测器，对研究区域内冬小麦的多个关键生态与气候因子——包括生育期内的降水量、积温、风速、日照时间，以及地理特征如高程、坡度、坡向，还有植被覆盖情况如 NDVI 值，乃至土壤类型等共计 9 个方面，进行了深入细致的定性分析。这一分析旨在揭示并探讨这些不同影响因子对冬小麦气候产量的具体影响程度，进而为制定科学合理的种植策略、

图示	判据	交互作用
	$q(X_1 \cap X_2) < \mathrm{Min}(q(X_1), q(X_2))$	非线性减弱
	$\mathrm{Min}(q(X_1), q(X_2)) < q(X_1 \cap X_2) < \mathrm{Max}(q(X_1), q(X_2))$	单因子非线性减弱
	$q(X_1 \cap X_2) > \mathrm{Max}(q(X_1), q(X_2))$	双因子增强
	$q(X_1 \cap X_2) = q(X_1) + q(X_2)$	独立
	$q(X_1 \cap X_2) > q(X_1) + q(X_2)$	非线性增强

● $\mathrm{Min}(q(X_1), q(X_2))$：在 $q(X_1)$，$q(X_2)$ 两者中取最小值　◆ $q(X_1)+q(X_2)$：$q(X_1)$，$q(X_2)$ 两者求和

■ $\mathrm{Max}(q(X_1), q(X_2))$：在 $q(X_1)$，$q(X_2)$ 两者中取最大值　▽ $q(X_1 \cap X_2)$：$q(X_1)$，$q(X_2)$ 两者交互

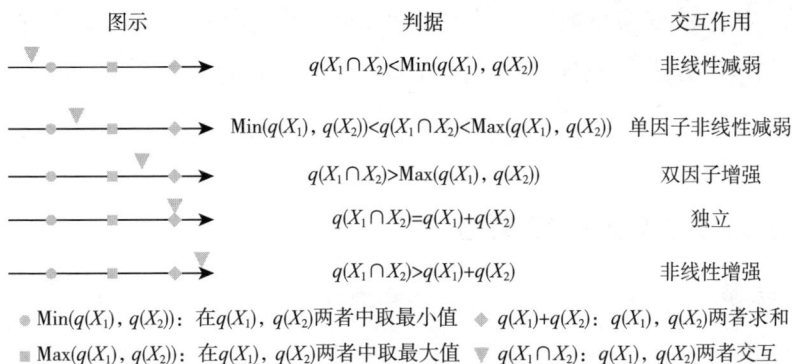

图1-1 地理探测器交互分析结果

促进产量提升提供坚实的理论支撑与实践指导。

1.3.2.2 小波分析

小波分析，又被称为多分辨率分析技术，是指具有振荡特性、能够快速衰减到零的一类函数。于 20 世纪 80 年代发展起来的小波分析技术同时在时域和频域上具有良好的局部化功能特性。它能够出色地揭示出元素在不同时间尺度上所展现的周期性变化规律。在本文的研究中，我们特别采用了 Morlet 小波分析方法，针对山西省的气象因子进行了深入分析，并成功计算出了它们的小波系数以及小波方差，从而为理解这些气象因子的时间变化特性提供了有力的数学工具。

对于给定小波 $\Psi(t)$，将时间序列 $f(t) \in L2(R)$ 中的连续小波变换为：

$$W_f(a, b) = |a|^{-\frac{1}{2}} \int_{-\infty}^{+\infty} f(t) \overline{\Psi}\left(\frac{t-b}{a}\right) \mathrm{d}t \qquad (1-3)$$

式中，a 为反映小波周期长度的尺度参数；b 是反映随时间并行的并行参数；$f(t)$ 为 $\Psi(t)$ 的复共轭函数；$W_f(a, b)$ 为小波变换系数。由于时间序列在实际应用中往往是离散的，故采用上式的离散形式：

$$W_f(a, b) = |a|^{-\frac{1}{2}} \Delta t \sum_{k=1}^{N} f(k\Delta t) \overline{\Psi}\left(\frac{k\Delta t - b}{a}\right) \qquad (1-4)$$

小波变换系数图为 $W_f(a, b)$ 的二维等值线图，以 b 为横轴，a 为

纵轴。从小波变换系数图中得到时间序列的变化特征。对时域 a 的小波变换系数平方进行积分得到小波方差,计算公式为:

$$Var(a)\int_{-\infty}^{+\infty} |W_f(a, b)|^2 \mathrm{d}b \qquad (1-5)$$

1.3.2.3 其他数据源及预处理

采用 Microsoft Excel 软件进行数据处理及绘制 1964—2018 年冬小麦生育期内降雨和积温的折线图,以及 1978—2018 年冬小麦产量的折线图。

采用反距离加权插值方法(Inverse Distance Weighting,IDW)在 ArcGIS 软件中对上述各气象要素、不同层次产量进行插值。

采用气候产量分离中的 3 年滑动平均法,将冬小麦产量分解为:①由技术进步、农业政策、物质投入的增长而引起的作物产量的增长,它反映了一定历史时期的社会经济技术发展水平,称为时间技术趋势产量,简称趋势产量;②由于气象条件的差异造成作物产量的波动,相应的产量称为气象产量,它反映气象波动对产量的影响;③由随机因子影响的随机误差项产量(为不可控因素,一般可忽略不计)。其公式如下:

$$Y = Y_\omega + Y_t + \varepsilon \qquad (1-6)$$

式中,Y 为作物实际产量,Y_ω 为趋势产量,Y_t 为气候产量,ε 是受随机因素影响的产量误差。

采用变异系数分析研究区域各地气候产量的变化幅度。变异系数 CV 为均方差与均值的比值,反映不同观测序列的离散程度。变异系数的计算公式如下:

$$CV = \frac{\sqrt{\dfrac{1}{n}\sum_{i=1}^{n}(x_i - \bar{x})^2}}{\bar{x}} \qquad (1-7)$$

式中,x_i 为第 i 年的要素值,$\bar{x}$ 为要素多年的平均值。

第2章

研究区域及方法

2.1 研究区域及数据

黄土高原位于 32°—41°N，107°—114°E，地处中国西北地区的中部，在行政上包括山西、宁夏、陕西、河南、甘肃、内蒙古和青海等 7 个省（自治区），下辖 44 个市（州），大部分地区覆盖深厚的黄土层，是中国旱区农业的典型区域。由于地处温带大陆性季风气候区的边缘，受东南季风的影响较小，大陆性和季风不稳定性更加显著，夏季和秋季高温多暴雨，冬季和春季寒冷干燥多风沙。全年总降水量少，空间分布不均，且降水多集中于夏季，降水的强度大，因此黄土易受暴雨冲刷，形成沟壑纵横地貌，也造成了黄土高原干旱缺水与水土流失并存，农业生产环境脆弱，实际生产能力较低（Zhang et al.，2014；赵艳霞等，2003）。

本研究致力于多层次、深入地剖析黄土高原区域冬小麦的生产潜力，采用模拟场景，全面模拟并前瞻性地预测了在各种条件下冬小麦可能达到的产量潜力。因此，我们选定黄土高原地区的冬小麦主要种植区域作为研究范围，具体涵盖了山西省、陕西省、甘肃省、青海省、宁夏回族自治区、内蒙古自治区以及河南省的部分地区。由于黄土高原独特的气候条件与地形地貌，冬小麦生产在空间布局上呈现出显著的差异性。鉴于农作物生长对气象条件及地形的高度敏感性，我们基于作物生长所依赖的关键气象参数（包括温度、降水、光照等）的相似程度，并结合地形地貌的多样性，将黄土高原进一步细化为若干个各具特色的农业气候区。在同一农业气候区内，鉴于冬小麦所经历的温度、降水、光照等关键生长环境因子具有高度相似性，我们可以合理推测，这些区域内的冬小麦将展现出相似的生长特性，比如相似的生长发育周期、需水量和养分吸收规律等。相应地，针对这些生长特性的栽培管理方式，如灌溉制度的设定、施肥策略的制定以及病虫害防治的措施等，也会体现出一定的共通性和相似性。因此，在运用作物生长模型进行冬小麦多层次产量潜力的模拟过程中，为了简化分析流程并增强模拟结果的精确性，通常会在同一农业气候区内统一采用特定作物品种的参数和相应的管理参数。这种做法旨在更准确地反映该区域内冬小麦的实际生产潜力和管理需求，使模拟结果更加贴近实际情况。本研究在全球产量差评估系统中的 GYGA‐ED (Global Yield Gap Atlas Extrapolation Domain) (Wart et al. ，2013) 法划分的气候区基础上，综合分析了研究区冬小麦生育期内需要的有效生长积温（GDD）、干旱指数（平均年降水量/年平均蒸腾量）和 DEM。

黄土高原的地势自东南向西北逐渐抬升，其地形地貌极为丰富多样，囊括了山地、丘陵、平原、黄土塬、黄土台塬、广袤沙漠及草原等自然景观，其中低山、丘陵与塬地尤为突出，构成了区域的主要地貌特征。在地理布局上，该高原的西部主体由黄土高塬沟壑区占据，北部则是风沙地貌、干旱草原与高地草原相互交织的复杂区域。中部地区随着地形的波动起伏，形成了独特的黄土丘陵沟壑景观；而东南部，地形逐渐过渡到以土石为主的山区。从更广阔的地理视角审视，黄土高原地处多重地理过渡带的交会枢纽，它不仅是东部平原丘陵向西部巍峨高山与广袤高原的自然过渡带，也是南部渭河阶地逐步融入北部风沙丘陵地带的分界之处。尤为重要的是，该区域还见证了从东南方向的半湿润温带气候向西北方向的半干旱中温带气候的渐变过程，充分展现了其作为自然地理过渡地带的独特地位与复杂性。

在土壤分布上，黄土高原自南向北至西北方向，土壤类型发生

了显著变化。在耕作区域，淋溶土成为主导类型，其深厚的土层与
优异的耕性特性，为水分与养分的有效循环与利用提供了良好条
件。转向山地丘陵地带，钙层土与初育土则广泛分布，这些土壤类
型主要支撑着草地与耕地的土地利用模式。黄土平原，作为黄土高
原上农业活动的核心地带，以其独特的自然条件成为旱作农业的理
想之地。这里，旱作农业占据主导地位，滋养了丰富多样的农作物
种类。冬小麦与夏玉米以其卓越的产量与适应性，成为该地区农业
生产的两大支柱，对保障区域粮食安全与经济发展起到了至关重要
的作用。

　　选取该研究区域内具有代表性的部分气象站点，对其逐日气象数据
进行了全面而细致的初步整理工作。基于这些宝贵的数据资源，绘制了
1958—2012 年降水量和平均气温变化趋势（图 2 - 1）。

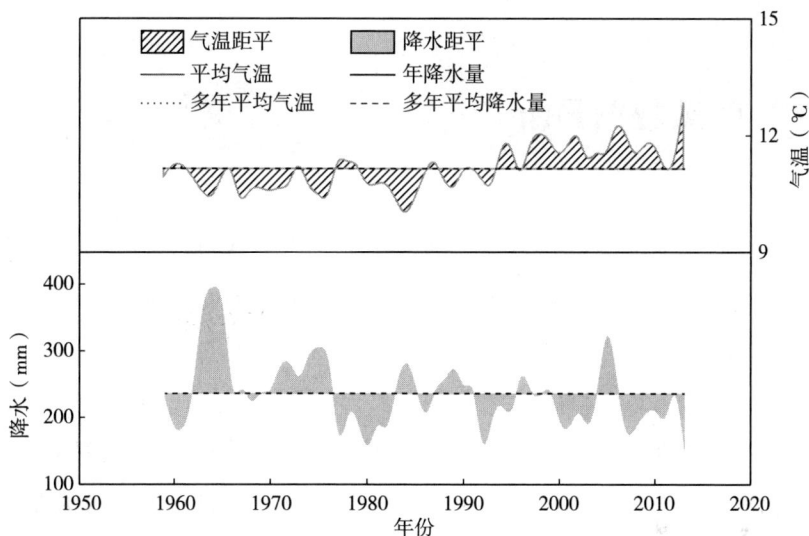

图 2 - 1　黄土高原部分站点近 50 年降水量和平均气温的变化

　　结合历年统计数据，我们可以清晰地观察到黄土高原冬小麦产量整
体呈现出稳定提升趋势（图 2 - 2）。

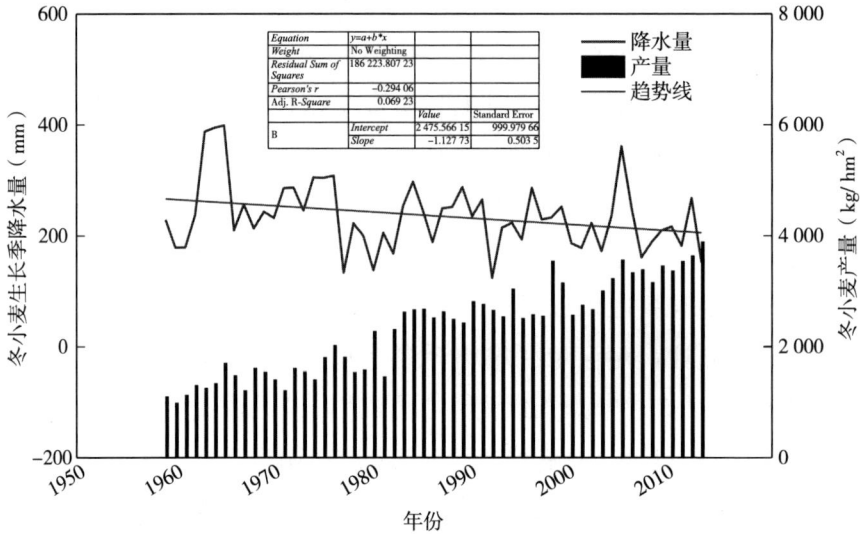

图 2-2 黄土高原部分站点 1958—2012 年冬小麦生长季平均降水量与产量

2.2 遥感数据分析

　　自从遥感技术被引入农业领域后，历经数十载的广泛研究与实际应用，该技术已蜕变成为驱动农业进步不可或缺的关键力量，其影响力之深远，不仅体现在对农业生产方式的根本性变革上，更在于它如何深刻地塑造了作物生长管理的未来图景。尤为显著的是，在构建及优化作物生长模型的过程中，这些模型的核心涵盖了统计模型与半经验模型，遥感技术展现出了其独特且难以替代的重要价值，为农业生产的精准管理与效率提升提供了强有力的技术支持。这一科技进步不仅显著提升了农业生产管理的效率与精确度，还为确保全球粮食安全、促进农业可持续发展构筑了坚实的科技基石。当前，在遥感信息技术与作物生长模型融合应用的领域，国内外研究主要聚焦于两种核心方法：驱动法与同化法，它们各自以其独特的思路和技术路径推动着农业遥感监测与估产的进步。驱动法，作为一种直观且高效的方法论，其核心思想在于直接将遥感观测所得的数据或经遥感技术提取的关键参数（如叶面积指数、植被覆盖度等）直接整合至作物生长模型之中，以此作为模型运行的关键驱动力，从而实时、动态地引导模型模拟作物生长过程的演进。这种方法能够迅速反映作物生长环境的变化，提高模型对实际生长条件的响应速度和准确性。相比之下，同化法则是一种更为复杂但精度更高的融合策略。它深受最小二乘法原理的启发，通过构建一套精细的代价函数体系，将遥感观测结果与作物生长模型的模拟输出进行反复对比与校验。在这一过程中，同化法利用优化算法对模型内部参数进行调整和优化，以期使模型模拟结果与遥感观测数据达到最佳拟合状态。这种方法的优势在于能够充分利用遥感观测的高时空分辨率优势，对作物生长模型进行精细化的校准与验证，从而提高作物长势监测、灾害预警及产量预估的精度与可靠性。图 2-3 为遥感技术在气候变化对农业生产影响研究中的应用。

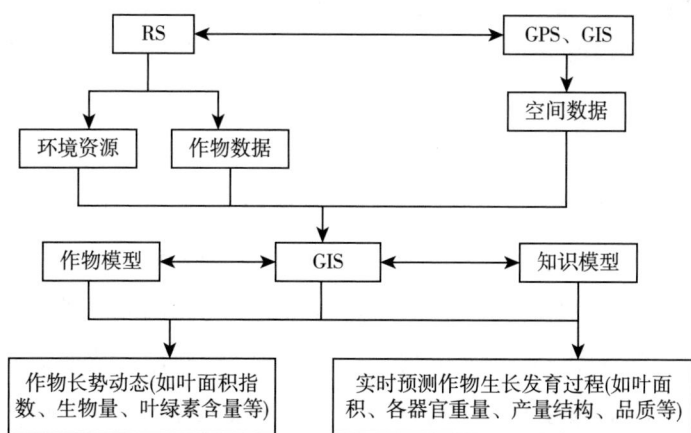

图 2-3　遥感技术在气候变化对农业生产影响研究中的应用

卫星遥感技术，凭借其在快速响应、广域覆盖、高精度量化、客观中立、时效性强及动态跟踪等方面的卓越性能，已牢固确立为现代农业管理体系中不可或缺的核心利器。在大规模作物种植区域的生长态势监测与产量预测方面，卫星遥感技术展现出了其独一无二的卓越优势。该技术突破了地理界限，能够对广袤农田实施无死角、高精度的全景扫描，精确捕捉作物生长周期内每一个细微阶段的动态变化。这不仅为农业管理者提供了即时、准确的决策信息，还极大地推动了农业生产向智能化、精细化方向迈进，实现了管理效能的显著提升。

将遥感信息技术与作物生长模型深度融合并协同应用，是加速推进农业管理向智能化、精细化转型的关键步骤。此耦合策略不仅构建了遥感观测数据与作物生长模型之间的无缝桥梁，实现了两者间的高效信息交换与互动，还依托模型对遥感数据的深入剖析与高效利用，成功破解了作物生长监测与产量预估领域内的一系列技术难题。具体而言，通过遥感数据直接驱动作物生长模型，能够精确模拟作物全生命周期中对光照、温度、水分等关键环境因子的动态需求变化，进而实现对作物生长状态的即时跟踪与精准评估。此外，结合同化技术的模型参数优化策略，更是大幅提升了产量预测的精度与可信度，为农业生产的规划、管理与决策提供了更为坚实的数据支撑与科学依据。

在 ArcGIS 软件中，我们采用了高效且广泛应用的反距离加权插值方法（Inverse Distance Weighting，IDW）来对多种气象要素（如温度、降水量、湿度等）以及不同层次的作物产量数据进行空间插值处理。IDW 插值法基于一个直观且合理的假设：即某一未采样点的预测值主要受其周边最近距离的若干个采样点数据的影响，且这种影响随着距离的增加而逐渐减弱，具体表现为贡献权重与距离成反比关系。在实施过程中，ArcGIS 的 IDW 工具会自动识别并分析输入数据中的采样点位置及其对应的属性值。随后，针对每一个需要插值估算的未采样点，IDW 算法会依据这些点与周围已知采样点之间的实际距离，智能地为每个采样点分配一个权重系数。这一权重分配机制遵循一个基本原则：随着距离的增加，采样点对未采样点预测值的贡献（即权重）会逐渐减小，从而确保了那些在空间上最为接近的采样点对最终预测结果产生最大的影响。通过这种方式，IDW 能够生成一个连续且平滑的插值表面，该表面能够准确反映气象要素或作物产量在空间上的分布特征。相较于其他插值方法，如克里金插值（Kriging）、样条插值（Spline）等，反距离加权插值法（IDW）在计算上更为直接且高效，特别适用于数据量较大且对计算速度有一定要求的场景。在本研究中，为了精确描绘并表达气象要素与作物产量数据在区域尺度上的空间分布特征，我们采用了分辨率为1km的空间插值栅格数据集。这一精细的栅格分辨率旨在确保所生成的空间栅格数据能够捕捉到研究区域内微小的空间变化，为后续的空间分析提供坚实的数据基础。利用这一空间栅格数据，我们能够进一步提取县级空间尺度的气象要素和产量数据，进行空间分析，揭示其背后的影响机制。

反距离加权插值方法的表达式如下：

$$Z = \frac{\sum_{i=1}^{n} Z_i \times W_i}{\sum_{i=1}^{n} W_i} \qquad (2-1)$$

式中，Z 为插值点的要素值；Z_i 为要素在第 i 个站点的实测值；W_i 为第 i 个站点的权重值。

本研究拟推演一组反映作物生长动态指标和作物生产力与降水分布潜在关系的函数方程，构建降水-作物生长-生产力数学模型。本研究中降水主要指降雨这种形式。降雨本身是一个概率事件，具有统计学规律，我们可以计算每日降雨量，见公式（2-2）：

$$\sigma = \sqrt{\frac{1}{M}\sum_{i=1}^{M}(x_i - \mu)^2} \qquad (2-2)$$

2.3 小波分析方法

小波分析的应用与其深厚的理论研究相辅相成，共同推动着这一领域的发展，并在科技信息产业中取得了显著且引人注目的成就。电子信息技术是六大高新技术中重要的一个领域，它的重要方面是图像和信号处理。现今，信号处理已经成为当代科学技术工作的重要部分，信号处理的目的就是：准确的分析、诊断、编码压缩和量化、快速传递或存储、精确地重构（或恢复）。从数学的角度来看，信号与图像处理可以统一看作是信号处理（图像可以看作是二维信号），在小波分析的许多应用中，都可以归结为信号处理问题。对于时不变信号（时不变系统），傅里叶分析确实是理想工具，因为它能将信号分解为频率分量，从而在频域清晰揭示其稳态特性。但是在实际应用中的绝大多数信号是非稳定的，而特别适用于非稳定信号的工具就是小波分析。

小波分析又称多分辨率分析，擅长反映元素在不同时间尺度上的变化周期（Ghaderpour et al.，2023）。本文采用 Morlet 小波分析方法计算了山西省气象因子的小波系数和小波方差。

对于给定小波 function$\Psi(t)$，将时间序列 $f(t) \in L2(R)$ 中的连续小波变换为：

$$W_f(a,\ b) = |a|^{-\frac{1}{2}} \int_{-\infty}^{+\infty} f(t) \overline{\Psi}\left(\frac{t-b}{a}\right) \mathrm{d}t \qquad (2-3)$$

式中，a 为反映小波周期长度的尺度参数；b 是反映随时间并行的并行参数；$\Psi(t)$ 为复共轭函数；$W_f(a,\ b)$ 为小波变换系数。由于时间序列在实际应用中往往是离散的，故常采用上述方程的离散形式，即：

$$W_f(a,\ b) = |a|^{-\frac{1}{2}} \Delta t \sum_{k=1}^{N} f(k\Delta t) \overline{\Psi}\left(\frac{k\Delta t - b}{a}\right) \qquad (2-4)$$

小波变换系数图为 $W_f(a,\ b)$ 的二维等值线图，以 b 为横轴，a 为纵轴。从小波变换系数图中可以得到时间序列的变化特征。

对时域 a 的小波变换系数的平方进行积分得到小波方差，计算公式为：

$$Var(a) \int_{-\infty}^{+\infty} |W_f(a,\ b)|^2 \mathrm{d}b \qquad (2-5)$$

2.4 APSIM 模型参数设置与验证

2.4.1 土壤参数

土壤，作为植物生长不可或缺的生态环境基石与支撑农作物生产的物质基础，其质量状况对作物的生长态势、最终收获的产量、产品品质的高低以及作物从土壤中汲取各类养分的效率具有直接且深远的影响。优质的土壤结构特性，如良好的通气性与强大的保水保肥能力，共同构建了一个适宜植物根系茁壮成长的理想环境，这样的环境有利于植物根系呼吸顺畅、水分与养分得到高效利用，进而推动植物的健康生长与全面发育。土壤模块是 APSIM 模型的核心，这是 APSIM 模型与其他模型最大的区别，降水等气候要素和管理措施也是通过影响土壤水分状况来影响作物生长的。土壤数据来源于各农业气象观测站点的长期监测记录以及中国科学院水土保持研究所的专业研究与测量数据，包括容重、pH、全氮含量、有机质含量、田间持水量和凋萎系数等。这些详尽且全面的土壤数据，不仅构成了深入理解与分析作物生长环境不可或缺的基石，还在模型调优的关键环节扮演了至关重要的角色。在构建与优化作物生长模型的过程中，这些数据作为核心输入变量，能够指导模型参数的精细调整，从而显著提升模型模拟作物在不同土壤类型及条件下生长动态与产量预测的准确性。

土壤数据主要来自国际土壤信息网站 ISRIC（https://data.isric.org）。主要包括 $0 \sim 150 cm$ 土层土壤容重（BD）、萎蔫系数（$LL15$）、田间持水量（DUL）、土壤有机碳含量（SOC）、土壤全氮含量、土壤pH 等。

图 2-4 为试验布置及田间管理示意图。

表 2-1 为试验站点土壤信息。

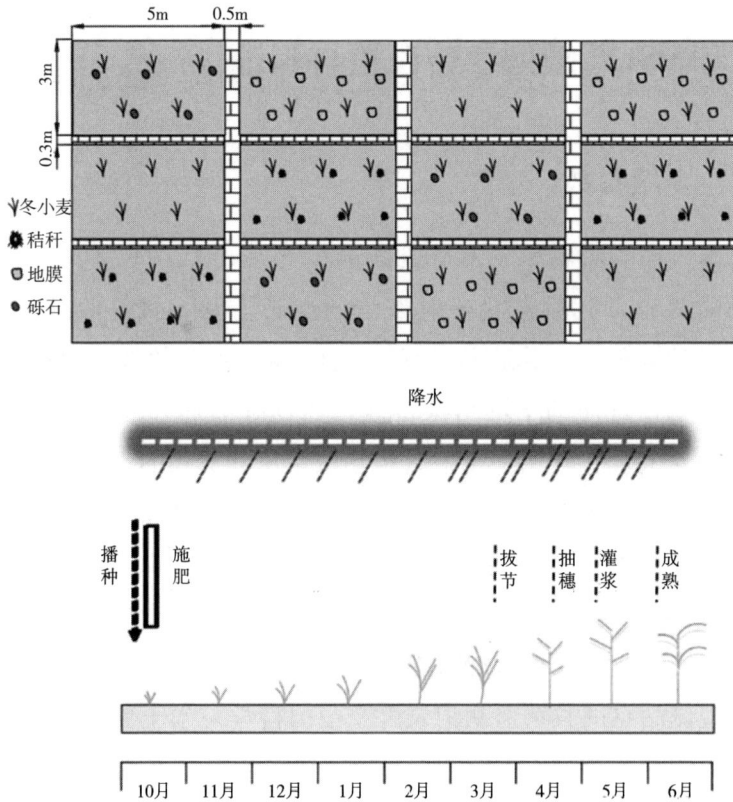

图 2-4 试验布置及田间管理示意图

表 2-1 试验站点土壤信息

					土壤颗粒组成（%）			
供试土壤初始信息 pH 为 8.4、8.5								
土层深度（cm）	BD（g/cm³）	K_s（mm/d）	θ_{fc}（%）	SOM（g/kg）	黏土	泥土	砂土	土壤质地
0～20	1.5	960	22.9	11.5	21.2	44.0	34.8	壤土
20～40	1.6	456	24.8	10.8	20.7	42.6	36.7	壤土
40～60	1.7	168	24.0	10.2	22.1	44.2	33.7	壤土
60～80	1.7	192	21.4	6.8	23.0	44.8	32.2	壤土
80～100	1.6	168	24.4	6.1	22.8	43.7	33.6	壤土

64

表 2－2 为田间试验测量指标、方法。

表 2－2　田间试验测量指标、方法

测量指标	测量频率	测量方法
土壤水分	每 7d 一次 降雨发生后连续 5d 加密监测	土钻法、TRIME 测定
土壤 CO_2	每 7d 一次 降雨发生后连续 5d 加密检测	密闭静态暗箱法； 气相色谱仪（Agilent 7890A）
土壤有机碳、N/P/K	播种前、收获后	按规定要求取土样进行分析检测
株高和叶面积指数	每 20d 一次， 拔节至抽穗期每 7d 1 次	直尺和游标卡尺、冠层分析仪 （SunScan2000）
地上部生物量	每 20d 一次， 拔节至抽穗期每 7d 1 次	水洗、烘干称重
作物产量	成熟期测量	小区单打单收
降雨等气象因子	每天	杨凌气象站提供

2.4.2　作物品种参数

本研究所用到的作物数据主要来自前人已发表的文献资料与品种推广网站（http：//202.127.42.47：6006/Home/BigDataIndex），确定了研究区各省份代表性冬小麦品种及其相关数据，包括播期、开花期、成熟期、种植密度、施肥灌溉、产量等。黄土高原七省份小麦主要品种见表 2－3。

表 2－3　黄土高原七省份小麦主要品种及名称

序号	省份	小麦主要品种
1	甘肃	晋麦 47、普冰 151、兰天 134、兰天 32、陇鉴 386、晋麦 54、陇鉴 114
2	宁夏	兰天 26 号、陇育 5 号、宁冬 16 号、陇中 3 号
3	青海	京 411、兰天 15 号、中麦 175、青麦 4 号、陇中 3 号
4	山西	晋麦 109、临麦 5311、云麦 766、烟农 1212、济麦 44、金麦 919、品育 8155、运旱 1392、长 6794、太 1305

（续）

序号	省份	小麦主要品种
5	陕西	陕 558、西农 979、小偃 22 号、铜麦 6 号、高优 503
6	内蒙古	京旺 10 号、石麦 15 号、宁冬 11 号、宁冬 326、宁冬 10 号、CA0493
7	河南	中麦 175、普冰 9946、晋麦 47

本研究模型输入参数以小堰 22 为代表，具体参数如表 2-4 所示。

表 2-4 小堰 22 品种参数

参数名称	定义	单位	取值范围
vern_sens	春化指数	—	0~5
photop_sens	光周期指数	—	0~5
tt_start_grain_fill	灌浆期的积温	℃·d	200~900
tt_flowering	开花期的积温	℃·d	60~180
tt_floral_initiation	始花期的积温	℃·d	250~800
tt_end_of_juvenile	出苗到拔节的积温	℃·d	200~600
max_grain_size	最大谷粒重	g	0.02~0.06
grain_per_gram_stem	每茎的谷粒重	g	10~40
potential_grain_filling_rate	潜在灌浆速率	g/(grain·d)	0.001~0.005
potential_grain_growth_rate	谷物开花到灌浆的潜在增长率	g/(grain·d)	0.000 5~0.001 5

2.4.3 APSIM 模拟方法

（1）APSIM-Wheat 模型参数设置。未来气候情景下的冬小麦产量变化趋势及潜在产量由调参验证后的农业生产系统模拟模型 APSIM-wheat 模拟预测。本研究通过试验数据，对模型中的关键参数进行了细致的调整与验证。在模拟过程中，我们假设了一个简化的场景，即在未来各个时间段内，作物品种保持不变，同时采用 2013 年至 2016 年近三个生长季实际播期的平均值，作为未来模拟时段内的基准播期。此外，在管理参数的设定上，本研究严格遵循了实际田间试验中的最优或标准做法，包括土壤管理、养分投入等关键环节的精细化处理。这些参数的设定不仅体现了现代农业管理的先进理念，也确保了模拟环境能够最大限度地贴近实际生产条件，从而提高了模拟结果的实用性和可靠性。值得一提的是，本研究特别针对旱作雨养条件进行了专项设置。在干旱和半干旱地区，水资源短缺是制约农业生产的关键因素之一。因此，在模拟过程中，我们完全排除了任何形式的灌溉措施，以更真实地反映这些地区冬小麦生产所面临的自然挑战和潜在风险。这一设置不仅有助于揭示气候变化对旱作农业系统的具体影响，也为制定适应性农业生产策略提供了重要的参考依据。

(2) 气候资源变化趋势。各气象指标随时间的变化趋势用气候倾斜率表示。采用最小二乘估计（LS）估计气候趋势率，即建立时间与各要素的一元线性回归方程（沈琪等，2007）。

$$\hat{x}_i = at_i + b, \ t = 1, 2, 3, \cdots, n \qquad (2-6)$$

式中，t_i 代表年份，$\hat{x}_i$ 表示每个气象指标的值，a 表示方程的回归系数，b 代表截距以 $10a$ 作为气候倾斜率，即该指标 $10a$ 的变率，如果大于 0 表明随着时间的增加而增加，否则，它会减小。采用显著性检验，$P < 0.05$，趋势显著，$P < 0.01$，趋势极显著。

(3) 模型验证。APSIM 模型运行主要需要气象数据（逐日最高、最低气温、降水量、总辐射等）、土壤数据（土壤类型、田间持水率、凋萎系数、容重、土壤有机质含量和土壤碳氮比等）、栽培数据（品种类型、播期、播量、播深等）、田间管理措施数据以及试验点的经纬度和海拔高度等。在模型中设置输出变量为产量和各生育期作物生长指数（株高、叶面积指数、地上部生物量），输入变量为全生育期及各个生育阶段的降水量、需水量和蒸散量等。其中，气象数据来自前期的数据收集工作，土壤参数来源于试验布设前的实测数据，作物参数来源于试验测定，并用调参法调参，田间管理参数来源于试验记录。APSIM 模型运行和操作步骤见图 2-5。

随后，通过计算历史实测数据与模型模拟数据之间的偏差统计量来评价模型的模拟拟合度，评价指标通常包括相关系数 R 或决定系数 R^2、

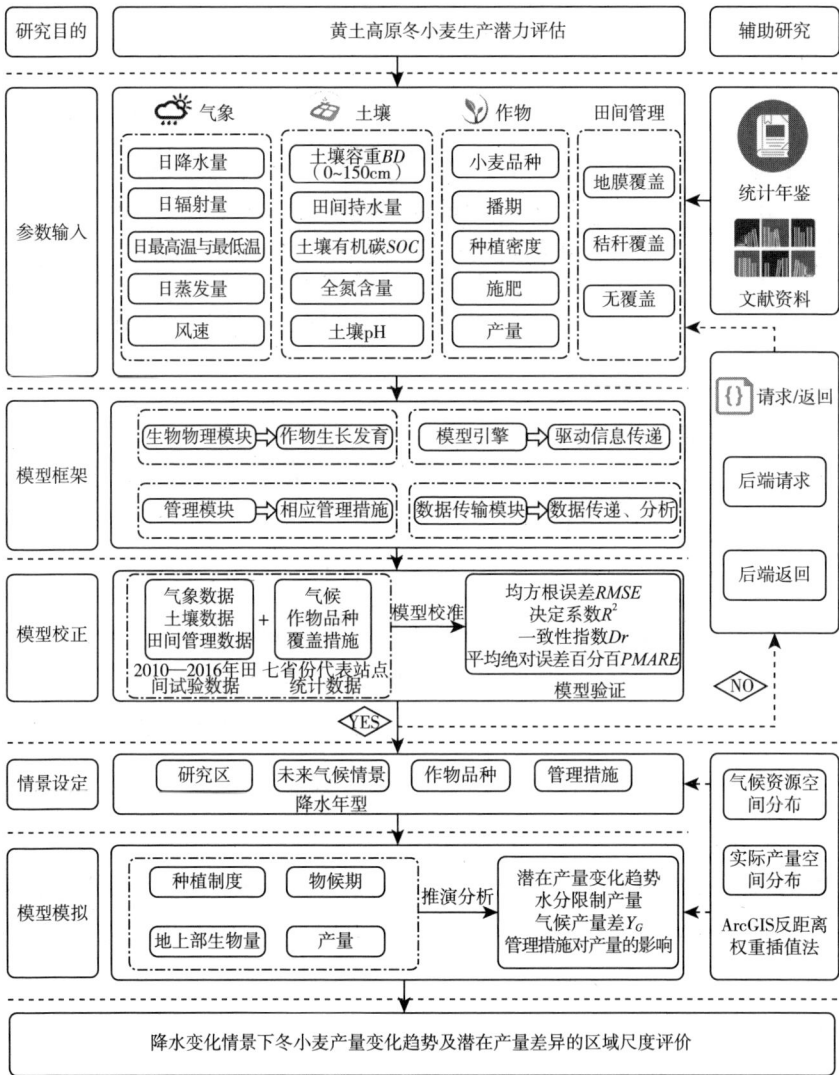

图 2-5　APSIM 模型模拟示意图

均方根误差 RMSE、归一化均方根误差 NRMSE、模型有效参数 ME、一致性指数 D 等。结合研究团队在陕西长武、甘肃天水、内蒙古河套等多个具有代表性的黄土高原地区针对不同覆盖措施（如地膜覆盖、秸秆还田等）实施的广泛实地研究数据，我们进一步细化和完善了这些覆盖措施在 APSIM 模型中的参数设置与模拟逻辑，以确保模型能够更准确地反映实际农业生产中的复杂情况。在此基础上，结合黄土高原 72 个气象站的气象数据资料以及可以调查搜集到的土壤数据，利用同一套作物及田间管理参数，温度设置取该地区多年平均气温，对不同降水情景下各覆盖措施在黄土高原地区的应用进行区域模拟，初步评价不同覆盖措施在黄土高原的适应性，提出冬小麦生产对降水变化的响应模式，探索该地区既能保证作物产量、又能应对气候变化的覆盖调控措施。

2.5 基于地理探测器的相关性分析

地理探测器，这一前沿的空间分析工具，最初由中国科学院地理科学与资源研究所的杰出研究者王劲峰教授及其团队开创性地提出，标志着我国在地理信息技术领域的重大突破。地理探测器凭借其精准捕捉地理要素间相互作用及空间分布差异的能力，在短时间内便从众多分析工具中脱颖而出，成为主流地理分析模型中的佼佼者。其应用范围之广，几乎涵盖了地理学研究的每一个角落，从微观尺度的土地利用变化监测到宏观层面的全球环境变化分析，均能看到地理探测器的身影。在环境影响因子的精细化分析领域，地理探测器犹如一把锋利的手术刀，能够深入剖析气候变化、环境污染等复杂环境问题的内在肌理，揭示出各影响因子之间的相互作用关系及其对环境系统整体状态的贡献度。这一能力为科学家提供了前所未有的视角，帮助他们更加准确地把握环境变化的规律，为制定有效的环境保护政策提供了科学依据。同时，地理探测器在植被变化驱动力研究方面也展现出了巨大的潜力。通过量化分析自然因素（如气候、土壤条件）与人为因素（如土地利用变化、农业活动）对植被覆盖变化的综合影响，该模型为生态保护与恢复策略的制定提供了强有力的数据支持。这不仅有助于我们更好地理解植被生态系统的动态变化过程，也为实现生态系统的可持续管理提供了宝贵的参考。

本文借助 ArcGIS 地理探测器进行山西省冬小麦产量影响因子相关性分析。

2.5.1 基于地理探测器的单因子探测

如表 2-5 所示，2018 年各因子对山西省冬小麦实际产量按照影响力从大到小的顺序排列，依次为：生育期风速（0.304 8）、生育期降水（0.304 1）、生育期积温（0.301）、生育期日照时间（0.254）、高程（0.138）、土壤类型（0.074）、NDVI（0.034）、坡向（0.012）、坡度（0.008）。在这 9 种影响因子中，生育期风速、生育期降水、生育期积温、生育期日照时间的解释力相对较大，而坡向、坡度对于实际产量的影响力相对来说比较小。

2018 年各因子对研究区冬小麦气候产量按照影响力从大到小的顺序排列，依次为：生育期日照时间（0.264）、生育期降水（0.219）、生育期风速（0.217）、生育期积温（0.201）、高程（0.109）、土壤类型（0.058）、NDVI（0.031）、坡向（0.014）、坡度（0.008）。在这 9 种影响因子中，生育期日照时间、生育期降水、生育期风速、生育期积温的解释力相对较大，而坡向、坡度对于气候产量的影响力相对来说比较小。

表 2-5 山西省冬小麦产量影响因子单因子分析

因子	生育期风速	生育期日照时间	生育期积温	生育期降水	NDVI	土壤类型	高程	坡度	坡向
实际产量	0.304 8	0.254	0.301	0.304 1	0.034	0.074	0.138	0.008	0.012
气象产量	0.217	0.264	0.201	0.219	0.031	0.058	0.109	0.008	0.014

2.5.2 基于地理探测器的多因子探测

图 2-6 通过直观的形式，深刻揭示了农业生产中两大关键因子：生育期降水与生育期积温，及其与其他气候环境要素之间的复杂交互作

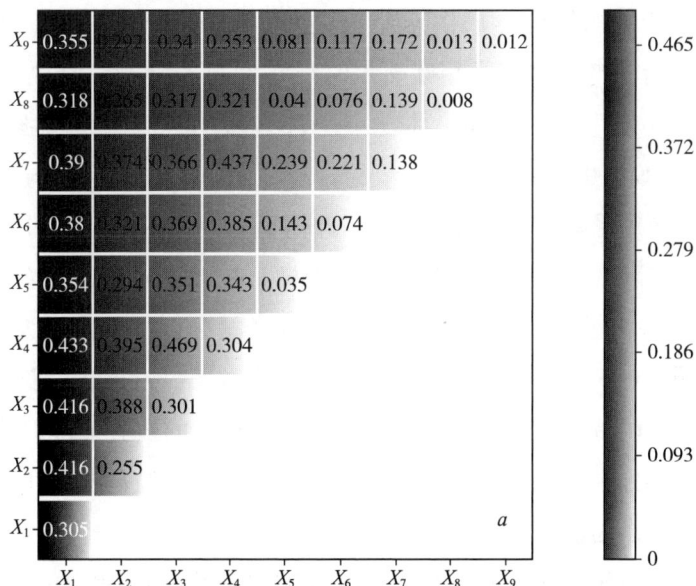

X_1：生育期风速 X_2：生育期日照时间 X_3：生育期积温
X_4：生育期降水 X_5：$NDVI$ X_6：土壤类型 X_7：高程 X_8：坡度 X_9：坡向
（a）实际产量

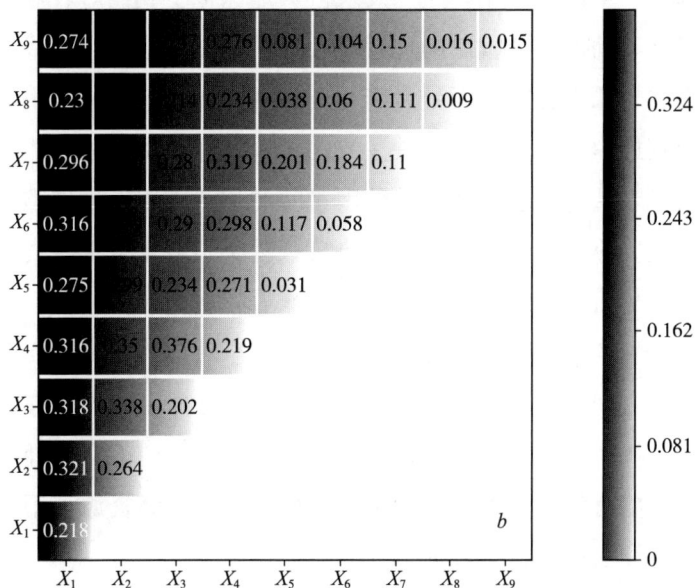

X_1：生育期风速 X_2：生育期日照时间 X_3：生育期积温
X_4：生育期降水 X_5：$NDVI$ X_6：土壤类型 X_7：高程 X_8：坡度 X_9：坡向
（b）气候产量

图 2-6 交互探测结果

用对作物产量的影响。该图示不仅展示了单一因子对产量的直接影响，更强调了当这些因子相互交织时，它们对产量的综合效应往往远超各自独立作用时的总和，体现了一种显著的"双因子增强"现象。在图 2-6（a）中，针对实际产量的分析显示，生育期降水与生育期积温的交互作用系数高达 0.465，这一数值显著，意味着两者协同作用对提升作物实际产量的贡献极为重要。同样，在图 2-6（b）气候产量的分析中，这一交互作用系数虽略低于实际产量分析中的值（为 0.376），但仍表明其对于气候波动下作物产量变化的显著影响，进一步证实了降水与积温在调节作物生长环境、优化生产条件中的核心地位。

进一步分析，当全面审视包含生育期降水、积温在内的九大环境要素间的综合作用机制时，研究揭示出这些环境要素之间普遍存在着一种积极的协同与相互增强的关系。这种关系构成了一个错综复杂且动态变化的网络效应，每一个要素的细微变化都可能通过直接或间接的方式，对整个系统产生深远影响。这一发现极大地深化了我们对农业生产系统内在复杂性和动态平衡机制的理解。它强调了在农业生产实践中，各个环境要素并非孤立存在，而是紧密相连、相互影响，共同作用于农作物的生长发育过程。因此，仅仅关注或优化单一环境因子，往往难以达到预期的效果，甚至可能因忽视其他因素间的相互作用而导致整体效果的减弱或失效。鉴于此，农业管理与决策过程必须转变思维方式，从传统的单一因素分析向系统思维转变。这意味着在制定农业政策、选择种植作物、规划生产布局以及实施田间管理等各个环节时，都需要全面评估各环境要素之间的相互依赖与影响，考虑它们之间的协同效应和可能存在的冲突，从而制定出更加科学合理、具有前瞻性的综合管理策略。只有这样，才能有效应对农业生产中的不确定性，提高资源利用效率，保障粮食安全和农业可持续发展。

第 3 章

基于遥感数据分析农业气候
资源的时空分异特征

3.1 未来气候情境下农业气候资源变化特征

3.1.1 基于遥感数据分析农业气候资源变化

（1）黄土高原。本研究对 1961—2015 年影响冬小麦产量的几个重要气象因子进行了分析。为了更直观地展现这些气象因子在空间上的变化特征及其对冬小麦产量的具体影响，采用了 ArcGIS 10.2 软件绘制了多个气象因子的空间分布图，为农业生产实践提供了宝贵的空间信息支持。

其中，降水量在空间分布上差异性明显，总体呈现东南多、西北少的趋势。展开来说，黄土高原东南部的汾渭盆地和晋南、豫西黄土丘陵区年降水较为充沛，降水量在 600~750mm。而位于黄土高原西部和西北部的宁夏、内蒙古黄河沿岸地带、鄂尔多斯高原西部以及甘肃靖远—景泰—永登沿线等地区，年降水量则相对较少，一般在 150~250mm。在降水变化趋势上，黄土高原不同地区也呈现出不同的特点。根据近年来的观测和研究，黄土高原东南部河谷平原与西北部宁夏平原及河套平原一带的降水有减弱趋势，而黄土高原东北部丘陵区的降水则有增加趋势。这种变化趋势可能与全球气候变化、大气环流调整以及局部地形地貌等多种因素有关。积温分布图揭示了黄土高原地区气候特征的一个重要方面，即热量资源的分布格局。可以知道，存在两个显著的积温聚集区域，它们分别位于山西的西南部与陕西、甘肃两省交界的地带。这两个区域由于地形、海拔及大气环流等多重因素的综合作用，成为黄土高原上积温条件最为优越的地段，为农业生产和作物生长提供了得天独厚的热量资源。进一步观察发现，积温的峰值出现在河南省的三门峡站，这里不仅地理位置优越，还受益于适宜的气候条件，使得热量累积达到了整个黄土高原地区的顶点，为农作物的快速生长和高产提供了有力保障。而与之形成鲜明对比的是，青海省星海站记录的积温则是图中最低点，反映出该区域因海拔高、气候寒冷而面临的热量不足挑战，对农业生产构成了一定限制。另外，归一化植被指数（Normalized Difference Vegetation Index，NDVI）是衡量地表植被覆盖状况和生长活力的关键指标，黄土高原的 NDVI 值自西北向东南方向呈现出逐渐增大的趋势，这一变化不仅揭示了植被覆盖度的空间差异，也深刻反映了区域内绿色植物生长状况的好坏。尤为引人注目的是，黄河中游地区的 NDVI 值较高，表明该区域植被覆盖度良好，生态系统相对健康，这与该区域较为充沛的降水分布密切相关，体现了降水对植被生长的重要促进作用。因此，结合 NDVI 与作物模型进行作物产量预测，成了一种科学且有效的手段。通过监测 NDVI 的动态变化，可以及时了解作物生长状况，评估其受环境因素影响的程度，进而结合作物生长模型，预测不同区域的作物产量。这种方法的应用，为黄土高原地区农业生产的科学管理、资源优化配置以及灾害预警提供了重要支持。

图 3-1 和表 3-1 分别为 SSP2-4.5（简称 S245）和 SSP5-8.5（简称 S585）气候情景下 1961—2100 年不同时期 3 种农业气候资源在冬小麦生育期的变化特征，这对于冬小麦的生长、发育及最终产量预测具有至关重要的影响。可以看出，2016—2100 年研究区冬小麦生长期降水年际波动较大，线性趋势不明显，但总体呈轻微下降趋势，S245 情景下生长期降水减少速率为－2.38mm/10 年，S585 情景下为－2.74mm/10 年。这一趋势强烈暗示了未来气候变化情景下，研究区冬小麦生长所需的水分条件或将面临严峻挑战，可能对作物的生长周期、水分利用效率及最终产量构成不利影响。与此同时，S245 和 S585 情景下，研究区冬

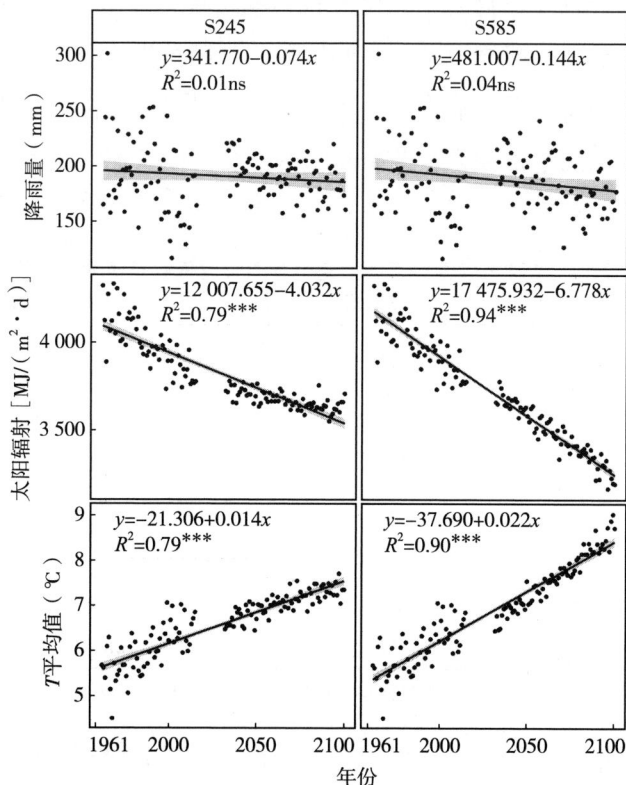

图3-1 2种气候变化情景下冬小麦生育期内3种农业气候资源变化趋势

小麦生育期年太阳总辐射呈负增加趋势，分别达到$-37.61\text{MJ}/\text{m}^2/10$年和$-73.80\text{MJ}/\text{m}^2/10$年，对于依赖光合作用进行生长发育的冬小麦而言，这一趋势在理论上构成了不利因素，因为它预示着作物可利用的光能资源减少，可能限制光合作用速率，进而影响生物量的积累和最终产量。然而，值得注意的是，光合作用效率及作物生长还受到多种环境因子的综合影响，包括但不限于温度、水分状况及土壤养分等，因此，降水减少与太阳辐射降低对冬小麦生长的净效应还需进一步通过多因素交互作用分析来明确。此外，图中还揭示了研究区年平均气温呈上升趋势，S245和S585分别为$0.13℃/10$年和$0.26℃/10$年，这一趋势是全球变暖在区域尺度的具体体现，对冬小麦的生长周期、病虫害发生频率

75

及分布范围，以及作物的生理生态特性均可能产生复杂而深远的影响。例如，温度升高可能缩短冬小麦的休眠期，延长生长季，但同时也可能加剧病虫害的发生，影响作物健康。此外，高温还可能通过影响光合作用和呼吸作用的平衡关系，改变作物的能量分配策略，进而影响其产量潜力和品质。

表 3-1　2 种气候情景下冬小麦生育期农业气候资源的模拟趋势

SSP-RCP	年代	降水 (mm)	STDEV	太阳辐射 [10^2MJ/($m^2 \cdot d$)]	STDEV	日均气温 (℃)	STDEV
	2030s	202.14	16.83	37.19	0.39	6.73	0.21
SSP2-4.5	2050s	189.75	15.10	36.70	0.37	7.08	0.19
	2080s	186.21	15.66	36.36	0.41	7.33	0.18
	2030s	197.85	22.29	36.71	0.55	6.85	0.21
SSP5-8.5	2050s	186.81	26.73	34.83	0.78	7.57	0.27
	2080s	174.77	21.17	33.12	0.73	8.35	0.29

注：SSP 和 RCP 分别指共享社会经济路径和典型浓度排放路径。

（2）山西省。本文选择山西省作为我们的代表研究区域，这一选择基于多方面的考量与综合评估。从地理位置上看，山西省雄踞于中国黄土高原的东部，作为黄土高原这一独特地理单元的重要组成部分，其地理位置的优越性不言而喻。山西省地势复杂多变，山川纵横，地貌类型丰富多样，加之土壤类型广泛分布，从肥沃的黄土到多样的其他土壤类型，共同为冬小麦的种植提供了得天独厚的自然条件与丰富的土壤资源。这种自然地理环境的多样性，为研究冬小麦在不同土壤条件下的生长特性及适应性提供了宝贵的试验田；从气候特点来说，山西省明确归属于温带季风气候区，这一气候类型赋予了该地区鲜明的季节变换特征。冬季，受蒙古高压影响，山西省气候寒冷且干燥，有利于冬小麦进入休眠期，减少水分蒸发，保存养分；而到了夏季，随着暖湿气流的北上，山西省转而变得温暖湿润，充沛的降水和适宜的温度为冬小麦的生长提供了理想的条件，促进了作物的快速生长与成熟。这种冬季寒冷干燥、夏季温暖多雨的气候特点，与冬小麦的生长周期完美契合，为冬小麦的播种、生长、越冬及收获等关键环节提供了良好的气候保障，使得山西省成为我国冬小麦的重要产区之一。因此，选择山西省作为研究区域，不仅是因为其独特的地理位置和气候条件为冬小麦的生长提供了优越的自然环境，更因为该地区作为冬小麦生产的重要基地，其研究成果将具有高度的代表性和广泛的普适性。

由 Wang 等（2024）的研究可知，山西省 1963—2018 年冬小麦生育期内降水量平均值的空间特征。可以发现过去 55 年中冬小麦生育期内的降水量呈现出由东南向西北递减的趋势，范围为 120～191mm，这不仅反映了山西省复杂多变的地形地貌对降水模式的影响，也揭示了气候条件的区域差异。降水量高值区集中在研究区南部和东部的运城市、阳泉市大部分地区以及长治市、大同市的少数几个县市，降水量在177～191mm，为冬小麦的生长提供了较为有利的水分条件；山西省中南部的介休市、灵石县、左云县和山阴县等地区以及山西省的西北地区，冬小麦生长季内降水量低于 148mm。通过对比不难发现，山西省的东部和南部地区在冬小麦生育期内享有更为充足的降水，这对于保障该地区冬小麦的正常生长和高产具有重要意义。然而，即便是在这样的背景下，研究区全区冬小麦生育期内的总降水量平均值也仅为157.45mm，这一数值与冬小麦生长所需的水分量相比仍存在较大差距。因此，可以明确的是，仅凭自然降水难以满足冬小麦全生育期的水分需求，合理的灌溉措施成了确保该地区冬小麦高产稳产的关键所在。通过科学规划灌溉方案，合理利用水资源，可以有效缓解降水不足对冬小麦生长的不利影响，为山西省的农业生产提供有力保障。

冬小麦生育期内积温由东北向西南逐渐递增，范围为 464～2 282℃。最低值出现在五台县、灵丘县等地，范围为 464.42～828.34℃，这一带地处山区或高原边缘，海拔相对较高，加之冬季寒冷气流的影响，因此积温偏低。这样的气候条件对冬小麦的生长提出了更为严苛的要求，需要选择耐寒性强的品种，并合理安排种植时间，以充分利用有限的积温资源。西南地区积温最高，范围在 1 985.52～2 282.64℃，这一地区由于地势相对平坦，且受到南部暖湿气流的影响，气候温暖湿润，为冬小麦的生长提供了得天独厚的条件。因此，这些区域不仅是山西省内冬小麦的高产区，也是农业生产中积温资源最为丰富的地带。山西省内不同地区积温的显著差异，主要归因于地形和气候条件的综合作用。北部山区和高原地区海拔较高、地形复杂，加之冬季严寒漫长，因此积温偏低；而南部黄河沿岸和太行山区则因地势低平、气候温暖湿润，成为积温资源丰富的区域。这种积温分布的不均衡性，对冬小麦的种植布局、品种选择和种植技术提出了更高的要求。

冬小麦生育期内风速呈东南向西北递增的趋势，范围为 440～616m/s。最低值出现在临汾市大部分县区及长治市西北部的一些县区，范围为 438.69～472.22m/s，这些地区由于地处山西省的东南部，地势相对平坦，且受到来自东南方向的暖湿气流影响，使得风速较为缓和。西北地区风速最高，范围在 567.11～609.08m/s。综上所述，山西省北部和西部地区由于地势较高，冬小麦生育期间的风速较大；而南部和东部地区则因地势平坦，风速相对较小。

冬小麦在整个生育周期内，其日照时间的空间分布呈现出一个由西南向东北方向逐渐增加的显著趋势，范围为 1 382～1 863h。进一步分析发现，日照时间的最低值集中出现在运城市的绝大部分县区以及临汾市的部分县区，这一区域的日照时间较短，具体范围介于 1 382h 至 1 499h。这一发现揭示了该区域可能受到地形、云量、降水等多种自然因素的影响，导致太阳辐射的接收量相对较低，进而影响了冬小麦生长过程中的光照条件。相比之下，朔州市及周边县区日照时间较长，不仅为冬小麦的生长提供了充足的光照资源，还可能对作物的光合作用效率、生物量积累及最终产量产生积极影响。这一分布特征可能归因于朔州市及其周边地区相对较高的海拔、较少的云量覆盖以及较为干燥的气候条件，这些因素共同促进了太阳辐射的有效利用。综合整个研究区域来看，冬小麦生育期内的日照时长平均值为

1 591.51h。

因此，在冬小麦的种植实践中，精确把握并充分利用当地独特的气候条件和土地特性是至关重要的第一步。这要求种植者必须深入研究并理解当地的气候模式，包括年度内的降水分布、温度变化趋势特别是冬季至早春的积温累积情况，以及土壤类型、肥力状况、排水与保水能力等土地条件。基于这些综合因素，科学合理地选择适应性强、产量潜力高的冬小麦品种，并精准确定最佳的播种时期，以确保小麦能够在最佳的生长环境下萌芽、生长和成熟。为了进一步挖掘和提升冬小麦的生产潜力，必须采取一系列综合管理措施。首先，优化种植结构，通过轮作、间作套种等方式，改善土壤微环境，提高土壤生态系统的稳定性和生产力。其次，重视灌溉技术的革新与应用，如采用滴灌、喷灌等节水灌溉技术，精准控制灌溉量，提高水资源利用效率，同时满足小麦不同生长阶段对水分的需求。此外，加强田间管理，包括适时中耕除草、病虫害绿色防控、合理施肥等，以维护良好的田间小气候，减少不利因素对小麦生长的影响。在积温资源相对匮乏、气候寒冷的地区，更是需要积极应对挑战，采取更为创新的策略。一方面，加大科研投入，积极筛选和培育耐寒性更强、能在低温条件下保持较好生长性能的冬小麦新品种，为这些地区提供"量身定制"的种植解决方案。另一方面，推广和应用先进的农业技术，如地膜覆盖保温、温室栽培等，以人工方式创造更适宜的生长环境，延长小麦的有效生长期，从而提高产量和品质。总之，面对多变的气候条件和复杂的土地环境，冬小麦的种植管理必须遵循科学、精准、高效的原则，通过综合施策、不断创新，实现冬小麦生产的稳定增长和可持续发展，为保障国家粮食安全贡献力量。

山西省近60年来冬小麦生育期内年均降水量和年均积温的年际变化趋势如图3-2所示。山西省年均降水量以0.129 9mm/年的速率上升［图3-2（a）］，这一细微但持续的增长可能反映了全球气候变化对该地区降水模式的影响。研究区冬小麦生育期内多年平均降水量为 155.13mm，这一数值为农业生产提供了重要的水资源参考。值得注意的是，年降水量存在显著的年际波动，最高降水量达到了242.44mm，为冬小麦的生长提供了极为有利的水分条件；而相比之下，2000 年的降水量则降至最低，仅为 91.27mm，这对当年的农业生产构成了一定的挑战。山西省冬小麦生育期内年均积温以 6.768 8℃/年的速率逐渐增加 ［图 3－2（b）］，生育期内多年平均积温为1 645.04℃，最高年均积温为 2007 年（1 930.24℃），最低年均积温为1976 年（1 437.73℃）。

$y=0.129\ 9x+149.94$
$R^2=0.003\ 6$

（a）年均降水量

$y=6.768\ 8x+1\ 461.2$
$R^2=0.593\ 9$

（b）年均积温

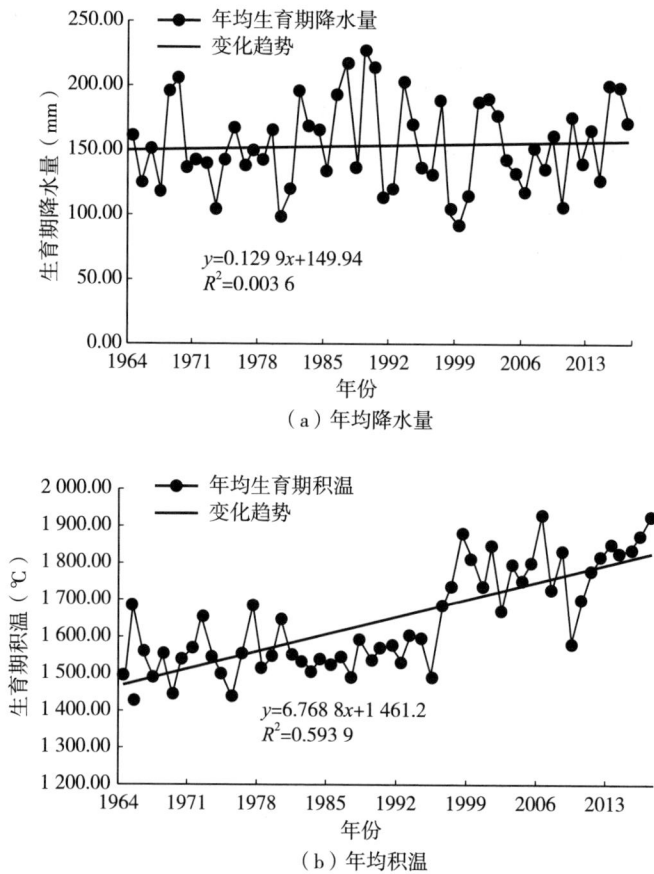

图 3－2　1964—2018 年山西省冬小麦生育期内年均
降水量（a）和年均积温（b）的年际变化

3.1.2 试验监测农业气候资源动态变化

3.1.2.1 测定项目及方法

(1) 测定项目。采用管式土壤水分测定仪 TRIME‐IPH TDR（德国 IMKO 公司，精度±3.0％）分层测定不同生育期的土壤剖面体积含水率。曲管水银地温计均埋设在小区中心位置，分别记录 8：00、10：00、12：00、14：00、16：00、18：00 时 5cm、10cm、15cm、20cm、25cm 土层的土壤温度数据，监测频率为 7d 1 次。

土壤理化特征：每季冬小麦收获时测定土壤容重、有机质。还需计算阶段末时的土壤贮水量（冯浩等，2016；宋明丹等，2016），公式如下：

$$w = \frac{h \cdot d \cdot \theta}{10} \tag{3-1}$$

(2) 保水蓄水能力。对 2 年土壤水分试验数据进行回归分析（样本数为 105），结合 Li 等（2003）和彭红涛（2016）的研究结果，本文选取差异较大的表层土壤贮水量随时间的变化来描述土壤的保水能力，见式 (3-2)。

$$\Delta w = A \cdot \delta + B \cdot T_1$$
$$\eta = 1.0 - \frac{\Delta w}{w_0} \tag{3-2}$$

式中，η 反映农田覆盖层保水能力，其值越大，保水能力越强；Δw 为两次测量之间土壤贮水量减少量，mm；w_0 为土壤初始贮水量，mm；δ 为农田覆盖度，用百分数表示；T_1 为两次测量间隔的时间，d；A 和 B 分别为计算系数。

农田覆盖层截留雨水的过程比较复杂，用降雨后表层土壤贮水量随时间的减少来描述土壤的降雨截蓄能力，见式 (3-3)。

$$\Delta w = a \cdot \delta - b \cdot P_r + c \cdot T_1 + d \cdot T_2$$
$$\xi = 1.0 - \frac{\Delta w}{w_0} \tag{3-3}$$

式中，ξ反映农田覆盖层截留雨水能力的大小，其值越大，截留雨水能力越强；Δw为两次测量之间土壤贮水量增加量，mm；P_r为最近一次的降雨量，mm；T_2为该次测量距离降雨发生的时间，d；a、b、c、d均为计算系数。

（3）土壤保温增温能力。从土壤温度对气温的响应和土壤温度对土壤含水率的响应两个方面入手，分别是用土壤温度相对气温增加的百分比、土壤温度相对气温的增加幅度分别与土壤含水率的比值计算农田覆盖层的增温能力，见式（3-4）和式（3-5）。

$$E_r = \frac{T_s - T_a}{T_a} \qquad\qquad (3-4)$$

$$E_\theta = \frac{T_s - T_a}{100 \cdot \theta} \qquad\qquad (3-5)$$

式中，E_r为土壤温度T_s相对于气温T_a的增温能力，其值越大，土壤温度对气温的响应越敏感；E_θ为土壤温度T_s相对于气温T_a和土壤水分的增温能力，℃/%，其值越大，土壤温度相对气温的变化对土壤水分的响应越敏感；θ为土壤含水率，%。

3.1.2.2 不同处理对土壤水分的影响

鉴于该地区雨水资源稀缺且年度间分布极不均衡，主要是集中在7至9月这一时段，造成冬小麦生长周期内常面临半干旱环境的压力。为了有效应对这一挑战，当地农业实践者广泛采用并不断优化灌溉技术，通过精确控制农田的水分供给，科学调控土壤湿度，为冬小麦创造一个相对稳定且适宜的生长环境，确保其能够健康、稳定地生长，从而提高产量和质量。相对而言，夏玉米的生长季节条件更为优越，这一时期正值雨水丰沛、温度适宜的黄金时段，充足的水热资源如同天然的滋养剂，极大地促进了玉米的快速生长与发育，为其高产打下了坚实的基础。结合降雨数据记录资料，2014年9月7—16日连续10d降雨，累积降雨量达到174mm。这一数值大约占据了全年总降雨量（685.8mm）的

1/4。本研究聚焦于多层次农田覆盖措施对农田土壤水分动态变化的深层次影响机制，旨在通过科学的方法揭示并明确这些措施在提升土壤保水能力、优化水分利用效率方面的具体作用。因此，所有实验均在精心设定的、严格控制的旱作农业环境中进行，以消除外部干扰，确保实验结果的精确性和可重复性。实验选用了小麦与玉米这两种在当地具有广泛种植基础和重要经济价值的作物作为研究对象，覆盖了从播种到收获的完整生长周期，全程仅依赖自然降雨作为唯一的水分来源，严格遵守全生育期雨养模式，严禁任何形式的人工灌溉干预。此实验布局不仅体现了对自然环境的高度尊重与模拟，更旨在精准地反映干旱或半干旱地区实际农业生产中面临的真实挑战与需求。通过这一方式，本研究期望能够深入揭示农田覆盖技术在实际应用中的积极效果，特别是其如何通过改善土壤水分状况，促进作物生长，提高农业生产的稳定性和可持续性，为干旱地区农业水资源的高效管理与利用提供科学依据和技术支持。

（1）全生育期土壤含水率的变化。首先，从季节性视角来看，土壤体积含水率的变化紧密跟随季节的更迭，呈现出一种典型的季节性波动模式。夏季，随着气温的升高和潜在降雨量的显著增加，土壤中的水分得到有效补充，体积含水率随之攀升至年内高峰，为作物的旺盛生长提供了充足的水分保障。相反，进入冬季后，由于降水量的锐减以及地表蒸发作用的减弱，土壤体积含水率逐渐回落，形成了一年中水分含量相对较低的时期。这种夏季高、冬季低的周期性变化，不仅体现了自然界水循环的基本规律，也凸显了农田生态系统对气候变化的敏感响应。进一步分析，每当降雨事件发生，无论覆盖措施如何，土壤体积含水率均会发生显著变化，这一即时效应直接证明了降雨作为土壤水分主要补给来源的重要性。然而，值得注意的是，随着降雨后时间的推移，这种由降雨直接引起的水分波动逐渐趋于平稳，表明降雨对土壤水分的影响具有时间上的局限性，其效果会随着时间的推移而逐渐减弱。在图 3 - 3 中，对照处理 CK 展现了对雨水最为迅捷的响应能力，紧随其后的是

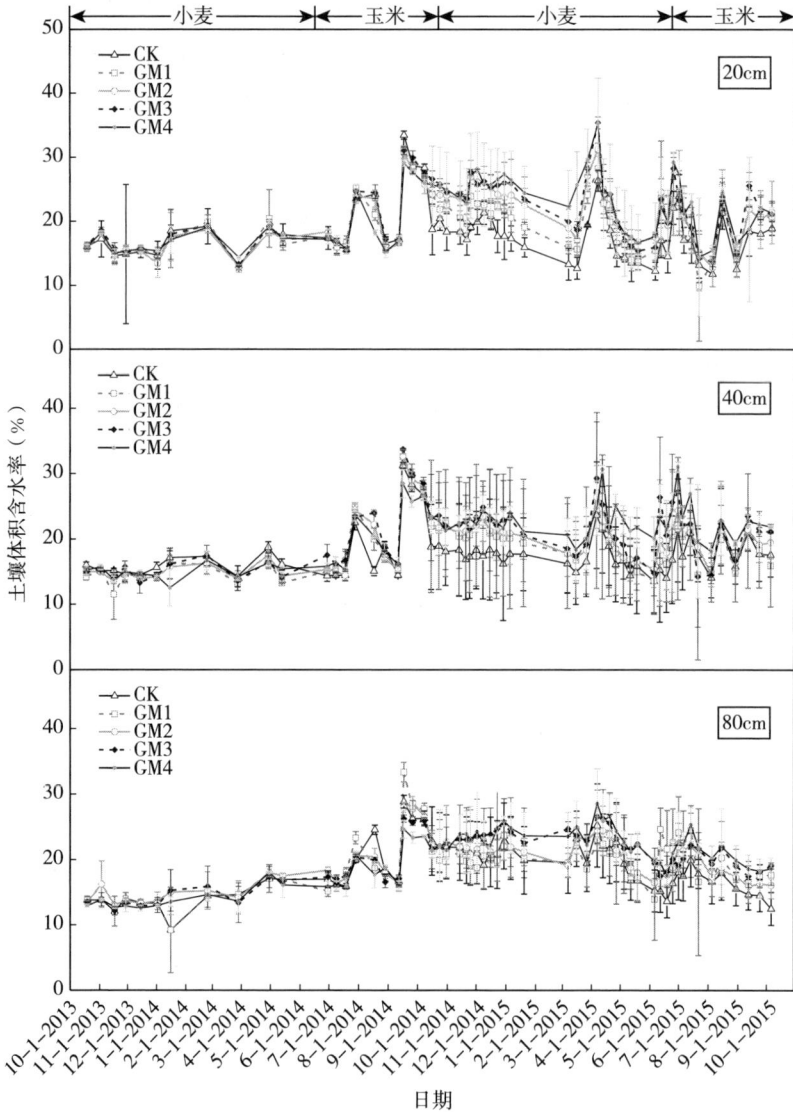

图 3-3　2013—2015 年不同农田覆盖处理条件下

0～80cm 土壤体积含水率动态变化

GM1 处理，显示出较快的雨水渗透与吸收特性。相比之下，其他不同
覆盖度的处理则呈现出对雨水响应的明显滞后性。这种滞后并非消极现
象，反而预示着这些处理在雨水截蓄与长期保持方面的潜力。它们通过

减缓雨水下渗速度、增加土壤持水能力，使得土壤能够在更长的时间尺度上累积和储存雨水，从而有效调节土壤水分平衡，增强土壤的水分调节与储存功能。这种特性对于干旱和半干旱地区的农业生产尤为重要，因为它有助于提升土壤水资源的可持续利用能力，为作物的稳定生长和产量的持续提高奠定坚实基础。

两个生长季不同生育期农田覆盖方式对土壤体积含水率影响较大。受降水或其他因素影响，个别阶段 CK 处理的 0～20cm 土层的土壤体积含水率急剧上升，这是由于无覆盖的土壤表面直接暴露于雨水之下，雨水迅速渗透并累积在表层土壤中。然而，随着雨水的继续下渗和土壤蒸发作用的逐渐增强，这一高含水率状态会逐渐减弱，并最终可能低于其他采取了覆盖措施的处理。这一现象揭示了覆盖措施在减少土壤水分蒸发、保持土壤湿度方面的有效性。整个生育期，100％覆盖度的 GM4 处理土壤体积含水率平均高于其他处理，具体表现为 GM4 处理＞GM3 处理＞GM2 处理＞GM1 处理＞CK 处理，这一结果进一步证实了高覆盖度对于提升土壤保水能力、促进作物生长环境的稳定性的积极作用。比较 20cm、40cm 和 80cm 深度土层的土壤体积含水率变化规律，可知 20～40cm 土层的水分变化幅度较大，80cm 土层水分变化较为平稳。

（2）土壤贮水量（0～100cm）的变化规律。作物的生长发育过程主要依赖于 0～80cm 土层的水分供应，而对深层土壤水分利用则相对有限。故本节主要探讨不同农田覆盖处理对 0～100cm 土层范围内土壤贮水量的动态变化及其内部水分分布的影响。由图 3-4 可以看出，2 年冬小麦—夏玉米生育期土壤水分具有相似的季节性变化规律，出苗至拔节期的土壤贮水量较低，拔节至成熟期受降雨增加的影响土壤贮水量显著增加。由图 3-4 还可以看出，土壤贮水量变化随着农田覆盖度的增加而增大。4 种农田覆盖处理条件下，1m 土壤贮水量总体高于对照无覆盖处理。当农田覆盖度为 100％时，GM4 处理土壤贮水量平均最高。由表 3-2 可知，各处理间差异大部分时候达显著水平

（$P<0.05$），不同生育期 GM4 处理的土壤贮水量最高，对照处理土壤贮水量最小。

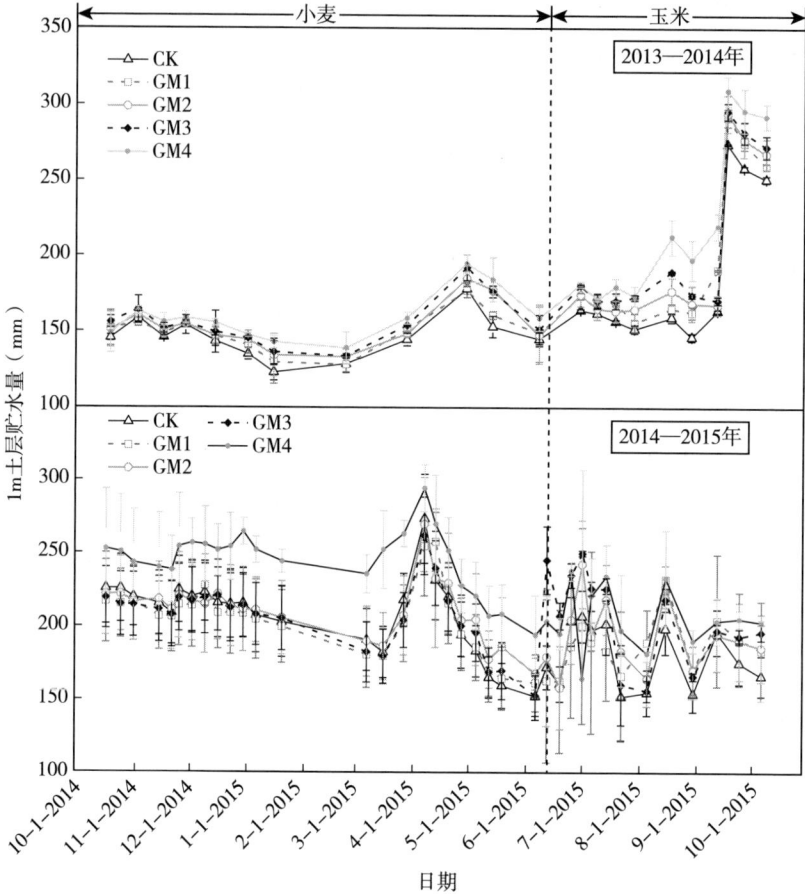

图 3-4　冬小麦—夏玉米轮作条件下 1m 土壤贮水量季节变化

对农田覆盖度和表层土壤贮水量进行相关性分析表明，农田覆盖度和第 1 季小麦播后 41d、67d、75d、221d 表层土壤贮水量的相关系数分别为 0.71、0.75、0.78、0.77（$P<0.01$）。农田覆盖度和第 2 季小麦播后 89d、221d 表层土壤贮水量的相关系数分别为 0.57、0.60（$P<0.05$）。农田覆盖度和第 1 季玉米播后 59d、70d 表层土壤贮水量的相关系数为 0.55 和 0.56（$P<0.05$）。农田覆盖度和第 2 季玉米播后 80d 表

层土壤贮水量的相关系数为 0.55 （$P<0.05$）。结合物候期记录数据，可知农田覆盖度与冬小麦越冬期、返青期和拔节期土壤贮水量呈极显著正相关（$P<0.01$），农田覆盖度与夏玉米拔节期、灌浆期土壤体积含水率呈显著正相关（$P<0.05$）。

表 3-2　不同农田覆盖处理 1m 土壤贮水量变化

单位：mm

年度	作物	处理	出苗	拔节	抽穗	灌浆	成熟
2013—2014	小麦	CK	158.81a	144.44b	178.10a	153.04a	144.81c
		GM1	155.50a	151.26b	177.01a	160.69a	148.83b
		GM2	160.67a	148.28ab	184.84a	177.42a	147.43b
		GM3	164.34a	153.91a	192.16a	176.28a	151.36a
		GM4	163.25a	158.80a	194.57a	184.31a	158.93a
2014	玉米	CK	161.96a	146.26c	163.63b	274.06c	250.91b
		GM1	170.60a	162.53b	190.83b	291.75b	259.44b
		GM2	165.15a	168.49b	167.49b	294.37b	267.64b
		GM3	170.27a	173.93ab	170.61b	295.90b	272.28ab
		GM4	171.23a	197.21a	219.82a	309.33a	292.32a
2014—2015	小麦	CK	195.95a	179.45b	215.72b	183.21b	152.25b
		GM1	206.28a	179.52b	217.27b	185.74b	152.84b
		GM2	221.93a	182.33b	220.23b	195.87b	161.48b
		GM3	225.72a	186.30b	229.45ab	204.68ab	167.74b
		GM4	235.65a	252.08a	251.49a	220.88a	194.47a
2015	玉米	CK	158.26b	189.21b	154.83b	153.93b	166.13b
		GM1	160.83b	193.27b	156.01b	165.90b	183.53ab
		GM2	185.06b	212.23ab	181.39a	169.86b	193.47a
		GM3	195.20ab	220.98a	187.75a	170.32b	196.1a
		GM4	207.30a	226.06a	189.25a	190.14a	203.01a

注：CK、GM1、GM2、GM3 和 GM4 分别为无覆盖、25％覆盖度、50％覆盖度、75％覆盖度和 100％覆盖度处理；不同字母表示处理间差异显著（$P<0.05$）；下同。

比较不同生育阶段土壤贮水量的变化，如表 3 - 2 所示，2013—2014 年小麦生长季土壤贮水量在抽穗期达到最大，成熟期最小；2014—2015 年小麦生长季的土壤贮水量也表现为在抽穗期最大，成熟期最小。这与冬小麦的生长发育特点及研究区域的降水条件有关。2013—2014 小麦苗期土壤贮水量较低，这是由于苗期水分亏缺造成的，2014—2015 小麦苗期土壤贮水量较大，是因为小麦进入苗期前分别发生了 25.3mm 和 13.9mm 的降水。本次试验为旱作，结合降雨资料，在小麦进入拔节期之前，较长时间连续无降水，冬小麦拔节期是作物需水旺盛期，土壤水分更多地用于供给作物而出现拔节期土壤水分的暂时性下降。抽穗期降雨较多使得各处理土壤贮水量均有显著增加。进入灌浆期，小麦植株高度和叶面积指数增大，农田覆盖的保水效应也逐渐减弱，各处理间差异也减小。成熟期土壤贮水量最小，这可能是由于抽穗后小麦生长速率加快，光合产物积累转化为籽粒需要消耗较多的水分。对比不同覆盖处理，小麦各个生育阶段土壤贮水量基本随着覆盖量的增加而增大，拔节期差异较为明显。

同样受降雨和玉米本身生长特性的影响，2014 年玉米生长及土壤贮水量在灌浆期最高，成熟期次之，拔节期最低。2015 年玉米生长及土壤贮水量在各个生长阶段差异不大。结合降雨资料，2015 年玉米整个生育期内降雨达到 335mm，约占 2014—2015 年小麦—玉米轮作周期内总降雨量（589.2mm）的 60%。对比不同覆盖处理，随着农田覆盖度的增加，0~100cm 土壤贮水量呈增加趋势。结合玉米生长特点，苗期作物冠层覆盖面积小，日照强度大，农田覆盖能有效阻碍阳光的直射，降低土壤的无效蒸发，起到了保水的作用。

该试验两季冬小麦和夏玉米全生育期内无灌溉，2013—2014 年冬小麦出苗至拔节期（播后 10~150d）出现连续 70d（播后 40~110d）无降雨［图 3 - 5 (a)］，认为该生育期阶段（播后 40~110d）受到一定程度的水分胁迫，选取期间 4 次测量的平均值研究冬小麦干旱期土壤剖面水分变化；2014—2015 年冬小麦拔节至成熟期（播后 150~230d）雨水充足，选取期间4次测量的平均值研究冬小麦丰水期土壤剖面水分变化。图3-5（b）为两季冬小麦0~1m土壤剖面水分变化。从图3-5（b）可以看出，表层土壤含水率低于1m土层土壤含水率，各处理间差异较显著（$P<0.05$），农田覆盖度越高土壤含水率越大，GM4处理平均土壤含水率最大。

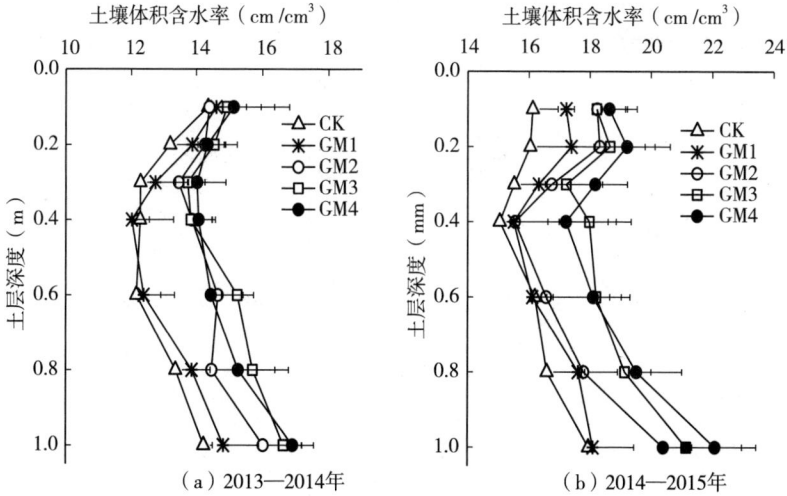

图3-5 冬小麦土壤剖面水分变化

3.1.2.3 各处理土壤保水能力和截蓄雨水能力

分别对干旱期与丰水期不同处理条件下土壤水分的动态变化规律进行研究。2013—2014年干旱期选取差异较大的表层土壤含水率，通过监测其随时间的变化描述土壤的保水能力。计算的干旱胁迫条件下各处理土壤保水能力如图3-6（a）所示，分析表明，随着农田覆盖度的逐步增加，土壤保水能力展现出显著提升的趋势，这一发现强有力地证明了农田覆盖措施在改善土壤水分保持状况中的重要作用。具体而言，高覆盖度的农田通过减少土壤表面的直接太阳辐射暴露、降低土壤温度波动以及减缓风速等多重机制，有效抑制了土壤水分的无效蒸发，从而增强了土壤的保水能力。进一步深入分析，可以发现所有处理措施下的土壤保水能力均随时间推移呈现出下降趋势，这一现象可归因于土壤水分的自然蒸发过程与植物蒸腾作用的双重影响。然而，在对比不同处理效果时，一个显著的现象引起了我们的注意：在实施100％农田覆盖处理的区域，土壤保水能力的降低速度明显慢于其他覆盖度较低的处理组。这一结果不仅验证了高覆盖度农田在极端干旱条件下对土壤水分保护的卓越效果，还揭示了其在维持土壤水分稳定、保障作物生长所需水分供应方面的重要价值。

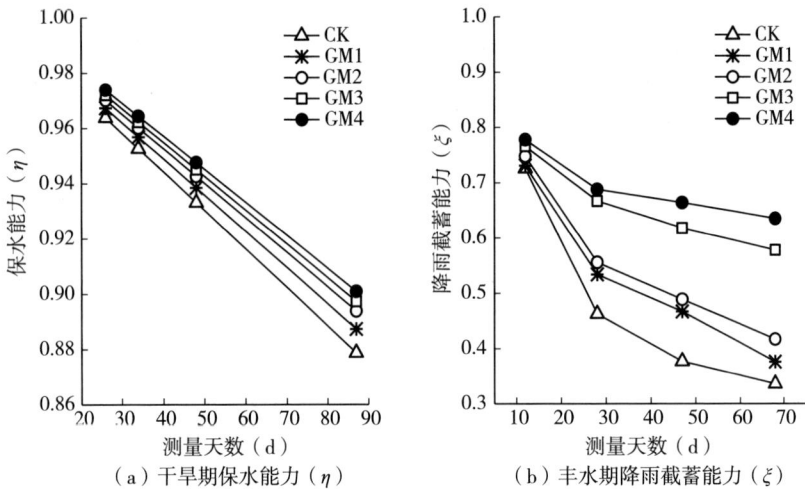

（a）干旱期保水能力（η）　　　（b）丰水期降雨截蓄能力（ξ）

图3-6　各处理土壤保水能力和降雨截蓄能力分析

在降雨事件中，农田覆盖层的存在显著影响了雨滴的落点与后续的水文过程。对于配置有农田覆盖层的农田，降雨首先与覆盖层接触，随后在覆盖层表面发生二次重分布现象，这一过程有助于减缓雨滴对土壤的直接冲击，并可能促进水分的均匀渗透。相比之下，缺乏农田覆盖层的农田则直接暴露于降雨之下，雨滴直接冲击土壤表面，随后水分通过蒸发和入渗两个主要过程逐渐流失。农田覆盖层对雨水的截留过程涉及多重复杂机制，本文采用降雨后表层土壤贮水量随时间变化的量化分析[式（3-3）]来评估土壤的降雨截蓄能力，如图3-6（b）所示。结果显示，在降雨事件发生后，100％农田覆盖度处理下的土壤展现出了相较于其他处理更为优越的截蓄雨水能力，且其贮水量减少的趋势更为平缓。进一步分析表明，农田覆盖度的提升与两次测量期间土壤贮水量的增量之间存在正相关关系，即覆盖度越高，土壤在两次观测之间累积的贮水量越多，从而反映出更强的雨水截蓄能力。

3.1.2.4 不同处理对土壤温度的影响

（1）全生育期不同测量时间土壤温度的变化。图3-7呈现了不同处理条件下0～25cm土层土壤平均温度随时间的动态变化趋势。结合同期的气象资料进行深入分析，可以观察到土壤温度的变化与气温的升降趋势呈现正相关，即随着环境温度的上升，土壤温度也相应地逐渐升高。此外，降雨对土壤温度产生了显著但复杂的影响：在降雨事件发生时，如2015年4月29日和5月13日的降雨记录，表层土壤温度出现了明显的即时性降低，这可能是由于雨水蒸发吸热及雨水对土壤的直接冷却效应所致。然而，从长期视角来看，降雨可能通过改善土壤水分状况、促进植被生长等间接途径，对土壤温度产生正面调节作用，有助于土壤温度的稳定或适度提升，从而展现出一种潜在的、有利于土壤温度生态效应的正向影响。比较不同监测时间段土壤温度的变化，在小麦生长季由于气温较低，8：00测得的土壤温度显著低于其他两个监测时间段，14：00测得的土壤温度最高；在玉米生长季，气温升高，各个时间段监测到的土壤温度均随气温升高显著升高，各处理间差异小于小麦生长季，但14：00测得的土壤温度值仍为最高。8：00，农田土壤经过晚间热流向深层运移，使得表层土壤的温度比深层土壤低，因此8：00测得的土壤温度低于14：00和18：00这两个监测时间段。14：00是一天中气温最高的时间，土壤吸收的热量最多，土壤温度也显著增加。18：00气温开始降低，土壤基本停止吸收热量，温度梯度开始向土壤深层运移，因此土壤温度开始降低，且冬季明显低于夏季。此外，农田覆盖的保温效应主要体现在小麦生长的初期，随着气温的变化，农田覆盖的保温作用在玉米生长季有所降低。

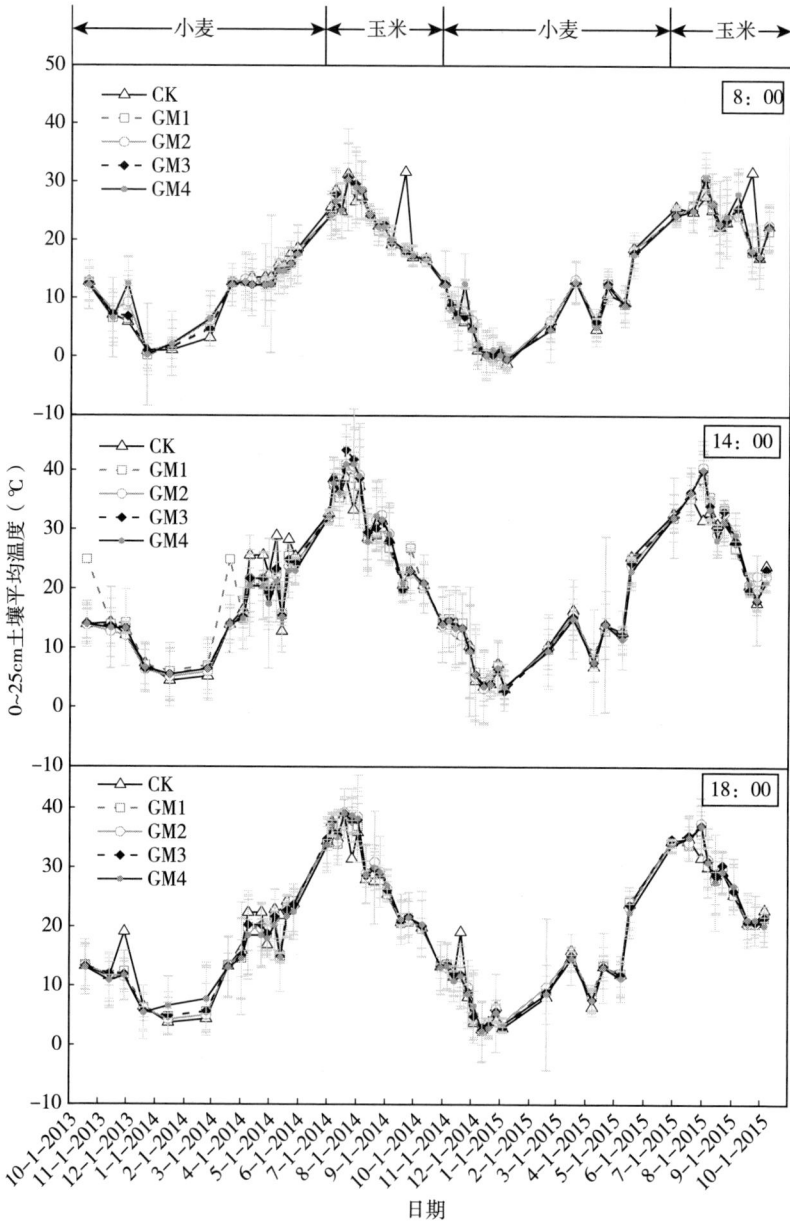

图 3-7　冬小麦—夏玉米轮作条件下 0~25cm 土壤平均温度变化

表 3 - 3　不同农田覆盖处理土壤日平均温度变化

单位:℃

年度	作物	处理	出苗	拔节	抽穗	灌浆	成熟
2013—2014	小麦	CK	13.32a	15.16a	17.8a	18.71ab	20.99a
		GM1	13.16a	14.15a	18.11a	19.69ab	22.45a
		GM2	13.28a	14.72a	18.09a	19.66ab	21.93a
		GM3	13.30a	14.35a	17.06a	19.98ab	22.01a
		GM4	13.45a	14.1a	20.52a	22.53a	22.65a
2014	玉米	CK	30.99a	36.31a	33.56a	27.58a	20.45b
		GM1	30.11a	36.74a	34.01a	26.88a	20.61b
		GM2	30.42a	37.01a	35.42a	28.21a	20.29b
		GM3	31.48a	37.73a	35.04a	27.67a	20.63b
		GM4	31.07a	36.82a	35.3a	27.72a	24.43a
2014—2015	小麦	CK	15.32a	15.16a	12.65a	11.32a	22.65a
		GM1	15.68a	14.15a	13.01a	11.23a	22.45a
		GM2	15.28a	14.72a	13.28a	10.97a	21.93a
		GM3	16.30a	14.35a	13.3a	11.0a	22.01a
		GM4	16.09a	14.1a	13.1a	10.49a	20.99a
2015	玉米	CK	31.58	31.88a	30.31a	26.32b	21.36a
		GM1	32.48a	31.77a	34.97a	26.69b	22a
		GM2	32.42a	32.11a	36.26a	26.52b	22.19a
		GM3	31.48a	32.34a	35.84a	28.06b	22.5a
		GM4	33.06a	32.11a	36.01a	32.28a	24.76a

　　两年小麦—玉米土壤温度变化均表现为夏季高冬季低,年际差异不大,以 2014—2015 年冬小麦—夏玉米轮作条件下土壤日平均温度的季节变化为例,农田覆盖度越高土壤日平均温度越高,GM2、GM3 和 GM4 三种高覆盖处理的土壤日平均温度均高于对照处理,其中 100％农田覆盖度的 GM4 处理的土壤日平均温度最高;而 25％覆盖度的 GM1 处理土壤日平均温度反而低于对照处理。由表 3 - 3 可知,各处理间土壤温度的差异在多数时间点上达到了统计学上的显著水平($P<$0.05),特别是在冬小麦和夏玉米的关键生长阶段,抽穗期,GM2、

GM3 和 GM4 三种覆盖处理的农田增温效果尤为突出。各处理间差异大部分时候达显著水平（$P<0.05$）。

（2）土壤温度对气温和水分的敏感性分析。为了研究农田覆盖应对气候变化的作用，用 1 年中测得的土壤最低温度（12 月 3 日 8：00）代表寒冷期温度，最高温度（8 月 2 日 14：00）代表高温期温度，分析各处理土壤逐层温度变化动态，如图 3-8 所示。研究表明，低温条件下（土壤温度-5～0℃）GM4 处理较 CK 处理土壤温度增加 5℃，其他处理也均高于对照处理；高温条件下（土壤温度 40～45℃）GM4 处理较 CK 处理土壤温度降低 3.7℃，其他处理也均低于对照处理。从图中还可以看出 4 个农田覆盖处理土壤逐层温度变化差值基本小于 CK 处理，其中 GM4 处理下的温度变化差值最为微小。这一现象有力地证明了农田覆盖处理具备显著的保温能力，能够有效地缓解或减轻气候变化对土壤温度波动的影响，从而在作物生长过程中提供更为稳定且适宜的土壤热环境。

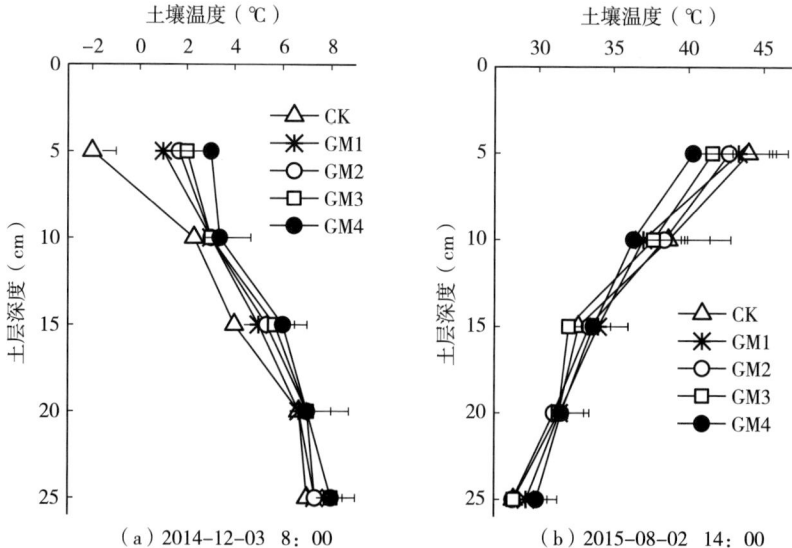

（a）2014-12-03 8：00　　　　（b）2015-08-02 14：00

图 3-8　极端气候条件下土壤逐层温度变化

图 3-9 对比了不同农田覆盖度条件下土壤增温能力对气温和水分的响应。由图 3-9（a）可以看出，当气温低于 20℃时，农田覆盖各处

理增温能力均大于 CK 处理，GM4 处理的增温能力最大；当气温高于 20℃时，所有处理土壤温度随着气温的升高而增加，CK 处理的土壤温度对气温升高响应迅速，各处理间增温能力差异不大，且农田覆盖处理的增温能力有降低趋势。由图 3-9（b）可以看出，当含水率低于 22％时，农田覆盖各处理增温能力均大于 CK 处理，GM4 处理的增温能力大多数情况下处于最大；当含水率高于 22％时，各处理间增温能力差异不大。在寒冷气候和水分亏缺的情况下各处理增温能力差异较大，4个农田覆盖处理的增温能力均大于对照，GM4 处理的增温能力最大。

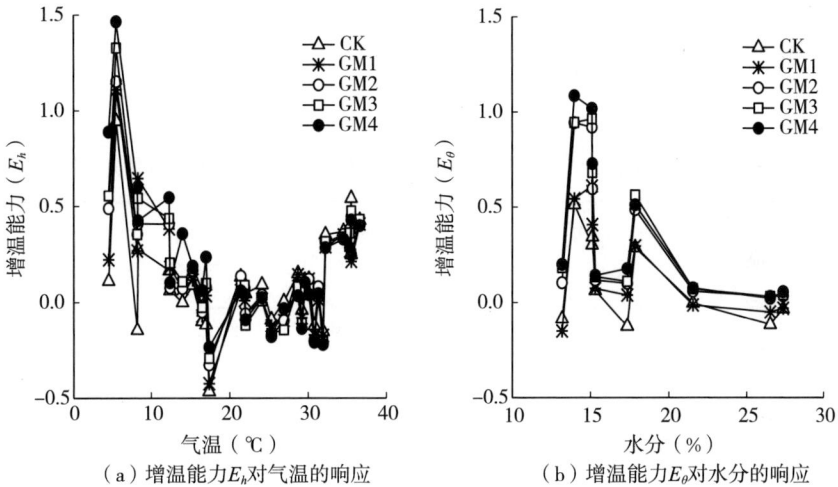

（a）增温能力E_h对气温的响应　　（b）增温能力E_θ对水分的响应

图 3-9　各处理土壤增温能力敏感性分析

为了揭示农田覆盖对农田土壤水热变化规律及产量形成的影响，2013—2015 年采用小区试验法研究冬小麦—夏玉米轮作条件下土壤水分变化、温度效应以及作物生长和产量之间的相互作用关系。田间试验设置无覆盖（CK）、25％农田覆盖（GM1）、50％农田覆盖（GM2）、75％农田覆盖（GM3）和 100％农田覆盖（GM4）5 个处理。结果表明：农田覆盖度与土壤水分呈显著正相关，100％农田覆盖处理土壤贮水量最高；干旱胁迫条件下农田覆盖度越高土壤的保水性越好，降雨条件下农田覆盖度越高土壤截留雨水的能力越大。农田覆盖具有明显的增温效应，4 个农田覆盖处理的土壤平均温度大于 CK 处理，GM4 处理土壤平均温度最大；农田覆盖处理可以认为是一种有效的温度调节方式，具体表现在低温（−5～0℃）条件下 GM4 处理较 CK 处理土壤温度增加 5℃，高温（40～45℃）条件下 GM4 处理较 CK 处理土壤温度降低 3.7℃；在寒冷气候和水分亏缺的情况下 4 个农田覆盖处理增温能力均大于对照。

3.2 多年平均蒸散发和气候的波动对比

表 3-4 为黄土高原 71 个气象站点多年平均蒸散发和气候因素的对比。

表 3-4 黄土高原 71 个气象站点多年平均蒸散发和气候因素的对比

站点	日均蒸发 (mm)	日均气温 (℃)	日平均风速 (m/s)	年辐射 (MJ/m²)	年日照时数 (h)
52546_高台	4.18	6.41	2.01	4 024.22	3 042.41
52652_张掖	4.57	6.21	1.97	4 045.95	3 062.52
52674_永昌	4.32	5.28	2.94	4 430.70	3 039.11
52679_武威	4.43	6.61	1.68	3 912.02	2 906.61
52681_民勤	5.89	6.43	2.59	3 862.86	3 202.52
52797_景泰	5.37	7.11	2.46	3 635.68	2 718.26
52866_西宁	3.78	6.67	2.24	4 041.07	2 516.88
52868_贵德	4.30	7.07	2.38	4 128.80	2 830.86
52876_民和	3.75	7.42	2.38	3 497.81	2 357.49
52884_皋兰	3.92	6.48	2.39	3 687.87	2 584.00
52895_靖远	3.68	7.40	2.35	3 506.51	2 750.75
52974_同仁	3.18	6.27	2.32	4 062.19	2 547.02
52983_榆中	3.14	6.63	2.50	3 782.53	2 570.09
52984_临夏	2.87	6.97	2.31	3 668.22	2 335.59
52986_临洮	2.96	7.10	2.36	3 572.54	2 530.21
52996_会宁	3.30	5.17	3.00	4 300.58	2 411.97

（续）

站点	日均蒸发 （mm）	日均气温 （℃）	日平均风速 （m/s）	年辐射 （MJ/m²）	年日照时数 （h）
52996_华家岭	3.30	5.17	3.00	4 300.58	2 498.41
53446_包头	4.93	5.38	2.37	4 102.03	2 859.89
53463_呼和浩特	4.20	5.01	2.42	4 011.99	2 638.04
53478_右玉	3.76	3.65	2.45	4 426.35	2 734.74
53480_集宁	4.39	3.77	2.48	4 331.10	2 822.20
53487_大同	4.39	5.42	2.60	3 888.66	2 667.81
53513_临河	4.69	6.32	2.44	4 029.29	3 103.97
53519_惠农	4.39	6.67	2.56	3 983.23	2 991.69
53529_鄂托克旗	5.30	5.63	2.52	4 127.11	2 858.99
53543_东胜	4.83	5.12	2.62	4 374.92	3 077.61
53547_伊金霍洛旗	4.78	5.31	2.63	4 152.72	3 146.28
53564_河曲	3.81	6.60	2.33	3 605.41	2 431.88
53614_银川	3.27	6.90	2.49	3 916.11	2 720.50
53615_陶乐	3.94	6.56	2.45	4 021.03	2 986.39
53646_榆林	3.49	6.38	2.55	3 805.14	2 670.61
53663_五寨	3.87	4.70	2.53	4 107.99	2 532.35
53664_兴县	4.55	6.91	2.54	3 449.02	2 462.44
53673_原平	4.55	7.00	2.42	3 556.56	2 124.82
53704_中卫	4.00	7.06	2.59	3 837.80	2 991.94
53705_中宁	4.35	7.47	2.57	3 826.87	2 974.19
53723_盐池	4.42	6.70	2.53	3 948.23	2 804.31
53725_定边	3.48	6.64	2.66	3 737.11	2 845.35
53738_吴旗	2.78	6.99	2.31	3 515.16	2 571.85
53740_横山	3.73	6.90	2.50	3 734.69	2 698.25
53754_绥德	3.85	7.46	2.58	3 459.98	2 626.17
53764_离石	4.05	7.11	2.49	3 429.19	2 337.39
53772_太原	4.01	7.70	2.43	3 372.40	2 411.77
53787_榆社	3.68	7.29	2.44	3 575.09	2 250.84
53787_阳泉	3.68	7.29	2.44	3 575.09	2 307.65

（续）

站点	日均蒸发（mm）	日均气温（℃）	日平均风速（m/s）	年辐射（MJ/m²）	年日照时数（h）
53806_海源	4.04	6.80	2.55	3 895.75	2 792.30
53810_同心	4.46	7.31	2.66	3 853.59	3 009.03
53817_固原	3.41	6.18	2.56	3 987.94	2 550.44
53821_环县	3.65	7.38	2.43	3 572.32	2 586.75
53853_隰县	3.85	7.58	2.42	3 523.13	2 451.76
53863_介休	3.87	8.20	2.47	3 272.73	2 051.79
53868_临汾	3.94	9.32	2.33	2 840.51	2 035.31
53882_长治	4.20	7.55	2.40	3 436.82	2 414.33
53903_西吉	2.96	5.79	2.43	3 866.88	2 309.87
53915_平凉	3.27	7.80	2.46	3 477.63	2 380.31
53923_西峰镇	3.38	7.57	2.53	3 571.90	2 420.71
53929_长武	2.05	7.71	2.47	3 163.75	2 200.69
53942_洛川	2.87	7.87	2.45	3 464.93	2 616.23
53948_铜川	3.07	9.93	2.42	2 755.72	2 223.10
53959_运城	4.34	10.27	2.51	2 699.97	2 031.11
53963_侯马	3.53	9.45	2.43	2 846.64	1 948.69
53975_阳城	3.87	9.07	2.39	3 121.11	2 449.46
56080_合作	2.77	4.83	2.38	4 387.23	2 428.62
57025_凤翔	2.07	9.26	2.46	2 804.41	1 917.34
57028_宝鸡	2.49	7.43	2.35	3 304.19	1 906.65
57034_武功	2.42	10.04	2.30	2 545.28	1 674.31
57046_华山	2.35	6.20	2.96	4 090.83	2 494.81
57048_耀州区	2.33	9.77	2.42	2 679.43	1 943.05
57051_三门峡	4.25	10.41	2.43	2 663.44	2 002.39

3.3 农业气候要素的小波方差分析

小波分析也叫多分辨率分析法，其核心优势在于能够灵活地捕捉并深入分析信号在不同时间尺度或频率域上的特征变化，从而揭示隐藏在复杂数据背后的周期性、趋势性以及局部特征。这种方法特别适用于处理非平稳信号，如气象数据，它们往往包含多个时间尺度的波动成分，且这些成分可能随时间发生变化。本文使用 Morlet 小波分析法计算

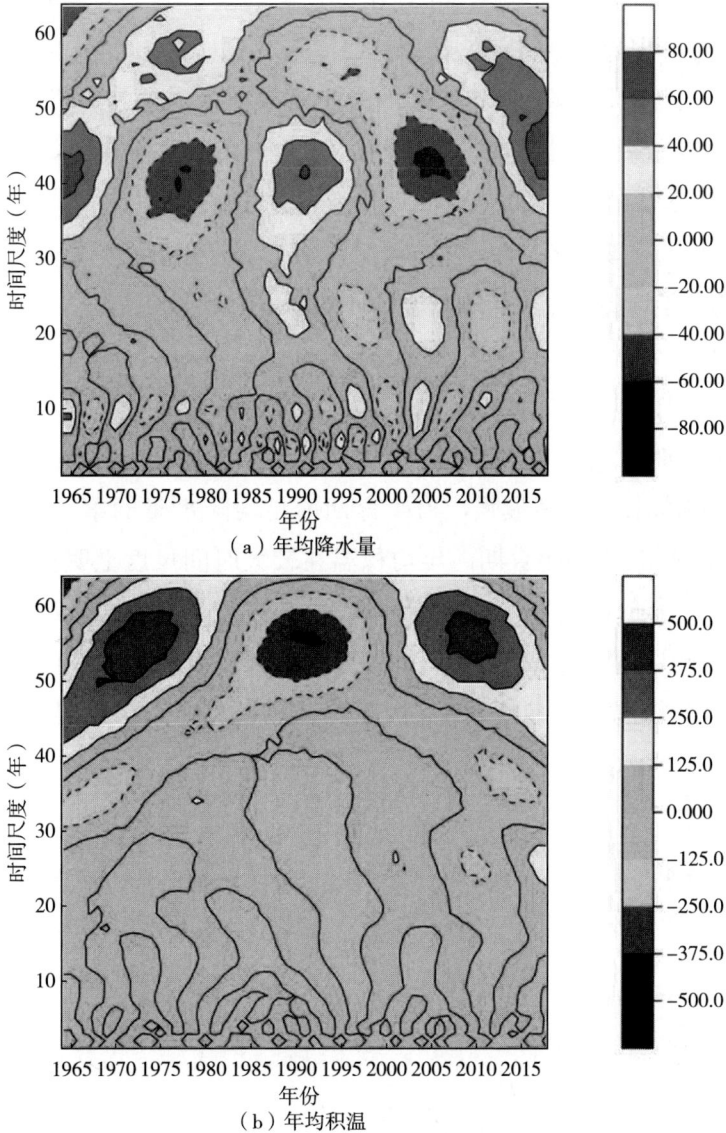

（a）年均降水量

（b）年均积温

图 3-10 1961—2018 年山西省冬小麦生育期内年均降水量（a）和年均积温（b）的 Morlet 小波系数等值线及小波方差变化曲线

山西省气象因子的小波系数和小波方差。以山西省为例，通过小波分析法对 1961 年至 2018 年间山西省冬小麦生长周期内的年均降水量与年均积温进行了深入剖析。研究结果显示，在过去的 55 年中，山西省冬小麦生育期间的年均降水量与年均积温均展现出了显著的周期性波动特性，具体表现为明显的周期振荡模式［图 3-10 (a)、图 3-10 (b)］。生育期内年均降水量在 42 年左右的时间尺度上，存在 5 次明显的"负-正"交替震荡周期，表明近 55 年来山西省经历了"枯水期-丰水期"交替变化过程，在 10~20 年时间尺度上存在较密集的震荡周期，生育期内年均积温在 50~60 年尺度上存在震荡。小波分析的方差图可以反映生育期内年均降水量和年均积温的波动能量随时间尺度的分布情况。如图 3-11 (a) 所示，生育期内年均降水量在较大时间尺度上 5 个明显的峰值，分别对应 6 年、10 年、23 年、42 年、56 年的时间尺度。其中以 42 年主周期小波方差最大，说明 42 年时间尺度左右山西省冬小麦生育期内年均降水量振荡最强，为生育期内年均降水量的第一个主周期。图 3-11 (b) 表明生育期内年均积温在较大时间尺度上明显的峰值主要位于 56 年时间尺度，且峰差值最大，说明 56 年左右的周期振荡最强，为年均积温的第一主周期。在 1~36 年时间尺度下，还发现 12 年、26 年峰值变化不明显，可忽略不计，因此 36 年时间尺度为第二主周期。

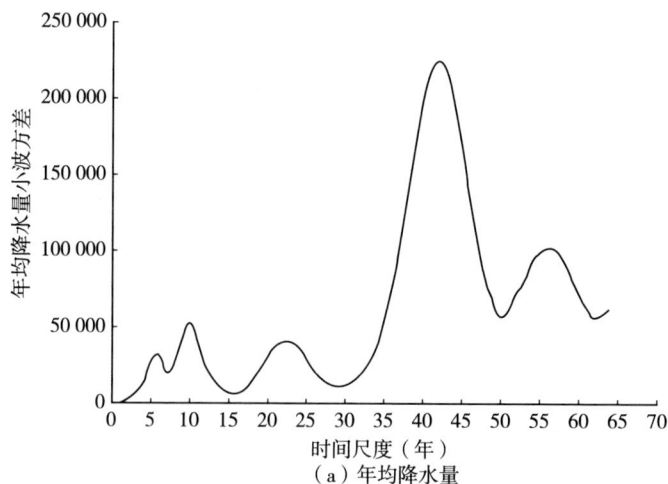

（a）年均降水量

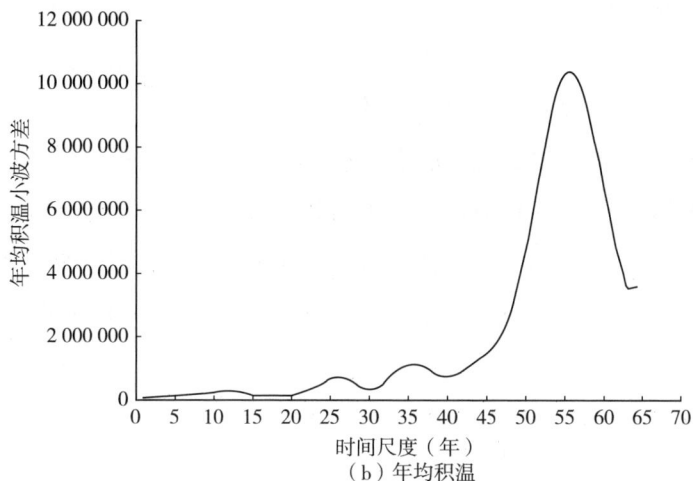

图 3-11 1964—2018 年山西省冬小麦生育期内年均降水量（a）和
年均积温（b）的小波方差变化曲线

3.4 未来气候变化对冬小麦生长指标的影响

3.4.1 试验监测作物生长指标的变化

3.4.1.1 株高和叶面积指数

图 3-12 为 2013—2014 年冬小麦—夏玉米生长季不同试验处理条件下作物生长发育的两个关键指标——株高与叶面积指数的动态变化情况。在处理试验所设定的多种不同条件下，冬小麦的生长发育展现出了一个有趣的现象：尽管采取了不同的农田管理措施，但各处理组之间的冬小麦株高并未出现统计学上的显著差异。这一发现挑战了传统上对于农田管理措施能够直接且显著影响作物生长性状的普遍认知。深入分析原因结果表明，或许是在当前实验框架下，所实施的处理措施可能在一定程度上调节了作物的生长环境，但这些外部因素的独立作用在调控冬小麦株高方面显得相对有限。株高的变化是一个复

101

杂的生物学过程，其背后受到基因型、环境条件以及二者间交互作用的共同影响。遗传基础作为决定作物生长潜力的内在因素，对株高的形成具有基础性影响；同时，土壤类型、土壤肥力、水分状况等环境因子也通过影响植物的营养吸收、代谢活动及生长速率，间接调控着株高的发育。在本实验中，虽然处理措施试图通过改善外部生长条件来促进冬小麦的生长，但这些措施的影响可能更多地体现在提高作物整体的健康状态、抗逆能力或最终产量上，而非单一地体现在株高的显著变化上。

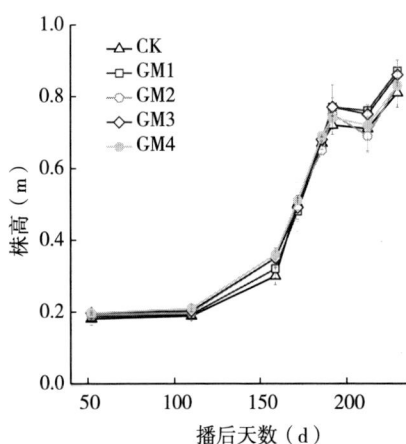

（a）2013—2014年小麦

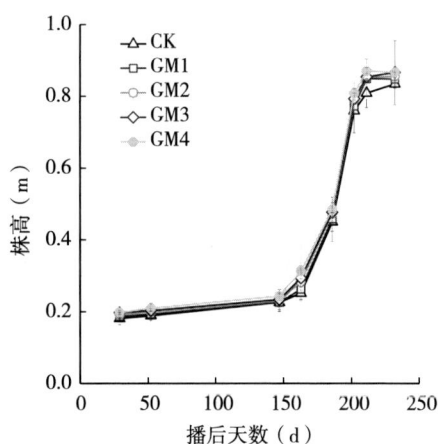

（b）2014—2015年小麦

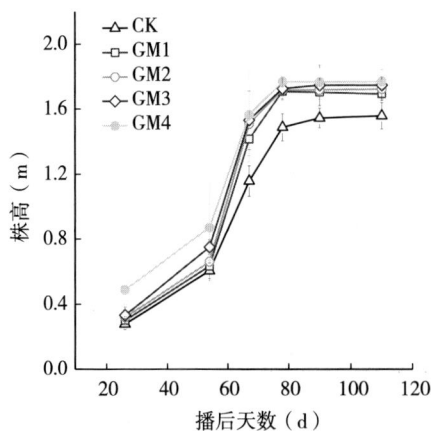

（c）2014年玉米

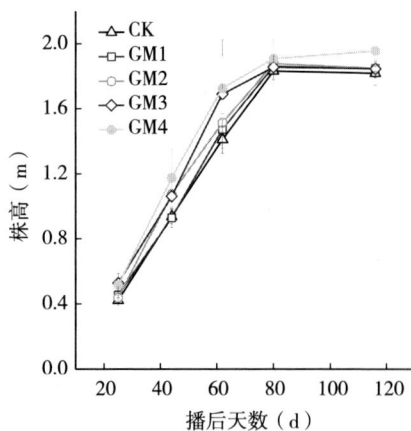

（d）2015年玉米

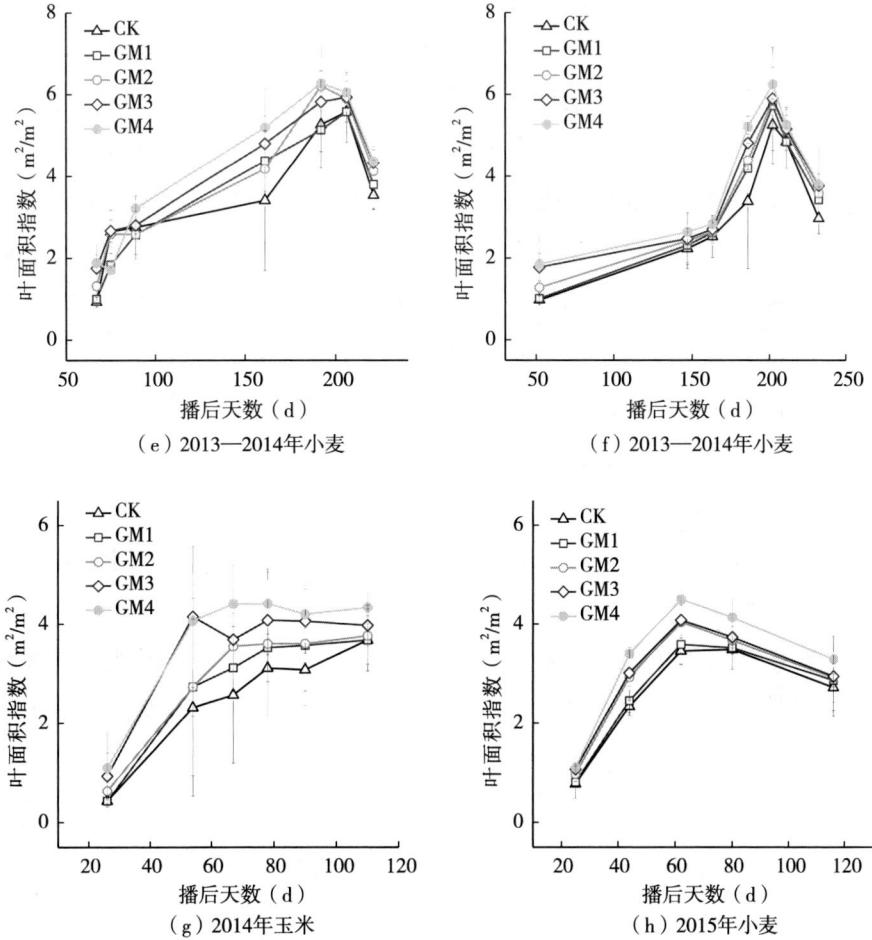

（e）2013—2014年小麦　　　　　　　　（f）2013—2014年小麦

（g）2014年玉米　　　　　　　　　　（h）2015年小麦

图3-12　冬小麦—夏玉米轮作条件下株高和叶面积指数随播后天数的变化

　　不过，与株高表现不同的是，冬小麦的叶面积指数则随着农田覆盖程度的逐渐提升而发生了显著的变化。当农田覆盖度增加时，冬小麦的叶面积指数也随之显著增大。这一发现不仅丰富了我们对农田管理措施与作物生长特性之间关系的理解，还深刻揭示了农田覆盖策略在优化作物生长环境、促进光合作用效率及增强作物抗逆性方面的多重潜在机制。首先，从光合作用的视角来看，农田覆盖通过减少直射阳光对土壤的直接照射，降低了土壤表面的无效水分蒸发，从而维持了土壤湿度的相对稳定。这种湿度的保持对于冬小麦叶片的充分伸展至关重要，因为叶片是光合作用的主要场所，其面积的增加直接关联到光能捕获效率的提升。随着叶面积指数的增大，冬小麦能够更有效地捕获和利用光能，进行光合作用，进而促进光合产物的合成与积累。其次，农田覆盖还通过调节土壤温度，为冬小麦的生长创造了更加适宜的热环境。覆盖物能够减缓土壤温度的日变化和季节变化，减少极端温度对作物生长的不利影响，有利于叶片细胞功能的稳定发挥和光合作用的持续高效进行。此外，农田覆盖还改善了土壤微环境，包括土壤微生物活性和养分循环等关键过程。覆盖物下的土壤环境有利于有益微生物的繁殖和活动，促进了有机质的分解和养分的释放，为冬小麦提供了更为丰富的营养资源。这些养分的及时供应进一步支持了叶片的生长和光合作用的进行，加速了光合产物的积累与向其他器官（如根系、籽粒）的分配，对提升作物整体生长性能和最终产量具有不可估量的价值。

对于随后种植的夏玉米而言，农田覆盖度的增加同样展现出了显著的正面效应，这一发现进一步拓宽了我们对农田覆盖措施在作物生产系统中应用价值的认识。随着覆盖度的逐步提升，夏玉米的株高与叶面积指数均呈现出显著的上升趋势，这一观察结果深刻表明农田覆盖措施不仅能够有效促进冬小麦的生长性能，而且在连续种植体系中，其优势作用得以延续至后续作物如夏玉米的生长阶段。此发现进一步强调了农田覆盖策略在保障作物高产稳产、优化农田生态系统功能以及提升农业资源利用效率方面的重要性，为现代农业可持续发展提供了科学依据与实践指导。

在整个冬小麦至夏玉米的生长周期内，无论作物处于何种处理条件下，其叶面积指数的变化趋势均展现出了高度的一致性规律。随着作物生长进程的持续推进，叶面积指数首先呈现出逐步上升的趋势，这一增长态势在作物进入灌浆期时达到顶峰，随后则逐渐减缓并最终呈现下降趋势。此变化规律紧密契合了作物的生长发育阶段性特征。在作物由生长初期至灌浆期前的快速生长期间，叶片作为执行光合作用的关键器官，其数量与面积均呈现出持续增长的态势，这一变化旨在最大化地满足作物对光合产物及养分的迫切需求，以支撑其快速生长与生物量积累。然而，一旦作物步入灌浆阶段，伴随着籽粒的逐步充实与叶片的自然衰老过程，叶片的光合效能逐渐减弱，进而导致叶面积指数的相应下降。此现象不仅深刻揭示了作物生长发育过程中生理机能与形态结构变化的内在逻辑，也为农业实践中田间管理策略的制定与作物栽培技术的优化提供了宝贵的理论依据与实践指导。

3.4.1.2　生物量

2013—2015 年冬小麦—夏玉米不同生育期地上部分干物质质量汇总见表 3-5。从表 3-5 中可以观察到不同处理措施对冬小麦生长过程中干物质质量积累产生了显著的调控效应。CK 处理各生育期内冬小麦地上部干物质质量均维持在最低水平，这一结果明确指出了在缺乏针对性管理措施时，冬小麦的自然生长潜能受到显著限制，具体表现为干物质积累的不足。与此形成鲜明对比的是，GM4 处理展现出了明显的优越性，其地上部干物质质量在各生育期内均达到最高值，这一显著优势极有可能与 GM4 处理所实施的农田覆盖技术紧密相关。覆盖处理在干旱季节显著抑制了土壤水分的无效蒸发，有效维持了土壤湿度，为冬小麦的生长提供了一个持续稳定的水分环境，这对于缓解干旱胁迫、保障作物正常生理代谢至关重要。进入寒冷季节后，覆盖层则转变为一种有效的保温屏障，显著降低了地面向大气的热量散失速率，进而提升了土壤温度，为根系维持活跃生理活动及高效养分吸收创造了极为有利的条件。这两方面的综合效应，共同构成了促进冬小麦光合作用与干物质生产的关键因素。这一综合调控机制极大地激发了冬小麦的光合潜能，加速了光合产物的合成与积累，从而显著提升了地上部干物质的质量。此发现不仅揭示了覆盖技术在提升作物生长性能方面的内在机制，也为通过农业管理措施优化作物生长环境、实现作物高产稳产提供了科学依据。进一步分析表 3-5 的数据可知，冬小麦自拔节期起，伴随着植株的迅速生长与叶片的广泛扩展，其地上部干物质质量呈现出持续增长的态势。这一增长趋势在灌浆期达到顶峰，标志着植株生物量积累达到了最大值，是作物生长发育过程中的一个重要里程碑。然而，随着植株进入成熟期，尽管其生理活动仍在继续，但营养分配策略的调整，导致部分养分开始优先向籽粒转移，同时叶片逐渐步入衰老阶段并发生脱落，地上部干物质质量相较于灌浆期出现了一定程度的下降。此变化过程与冬小麦叶面积指数的动态变化紧密相关，两者均展现出相似的阶段性特征：即在生长过程中逐渐增大，至灌浆期达到峰值，随后伴随叶片的衰老而逐渐减小。这一发现不仅加深了我们对冬小麦生长发育过程中生物量积累与分配规律的理解，也为制定科学合理的田间管理措施、优化作物生长环境提供了重要的参考依据。

表 3-5　冬小麦—夏玉米轮作条件下地上部分干物质量

单位：kg/hm^2

年度	作物	处理	拔节期	抽穗期	灌浆期	成熟期
2013—2014	小麦	CK	4 997.92c	10 393.75c	13 984.37c	12 784.23c
		GM1	4 650.00c	10 431.25c	14 284.38bc	13 415.4b
		GM2	5 628.12bc	11 025.00b	15 853.12b	13 838.83b
		GM3	6 918.75ab	11 891.05b	16 718.75a	14 484.26a
		GM4	8 418.75a	12 925.00a	16 134.38a	14 699.47a
2014—2015	小麦	CK	4 862.81d	7 848.75c	12 672.71d	12 715.62d
		GM1	5 845.94c	9 144.01bc	13 461.87c	13 383.03c
		GM2	6 305.00c	10 647.13ab	15 643.02b	14 015.62b
		GM3	7 137.81b	11 821.87ab	17 056.67a	14 392.85b
		GM4	7 925.94a	12 070.57a	17 215.83a	14 973.21a
2014	玉米	CK	4 135.75c	6 305.52c	7 500.58c	8 649.08c
		GM1	4 221.1c	6 487.8c	9 847.94bc	9 893.94b
		GM2	6 370.2ab	7 520.76bc	10 344.15bc	10 517.21b
		GM3	6 708.2a	8 225.1b	11 176.26b	11 494.94a
		GM4	6 771.9a	10 352.94a	13 181.17a	11 617.73a

（续）

年度	作物	处理	拔节期	抽穗期	灌浆期	成熟期
		CK	4 062.5d	6 078.00d	9 566.1d	9 607.76c
		GM1	4 906.25c	8 724.00c	11 031.3c	10 160.11bc
2015	玉米	GM2	6 300.00b	9 147.99bc	11 477.1c	11 036.15b
		GM3	6 508.25b	10 734.00b	12 498.1b	11 853.67b
		GM4	7 181.25a	12 567.99a	14 678.1a	12 446.94a

在 2013—2015 年连续的两个小麦生长周期内，通过对观测数据的详尽分析，我们发现两季小麦的生物量积累量展现出相似的水平，这一结果强烈暗示了在此期间，尽管可能遭遇了气候波动、土壤条件细微变动等自然变异因素的挑战，小麦的总体生长态势仍保持了相对的稳定性，未显现出显著的年际间差异。然而，当我们将视角转向时间轴的后续阶段，即第 2 季小麦生长周期时，一个显著的趋势浮现出来：相较于第 1 季度，各关键生育阶段（涵盖分蘖期、拔节期、抽穗期直至成熟期）的生物量积累均实现了不同程度的增长。这一正向变化可能源于多个方面的综合作用，包括但不限于土壤肥力的逐年累积效应、小麦作物对多变环境条件的适应性增强，以及可能实施的农田管理措施优化，这些因素共同促进了小麦生长性能的提升与生物量的有效积累。

针对实验中的四种不同处理，特别值得注意的是，在小麦拔节期这一关键生长阶段，农田覆盖措施对生物量的促进作用尤为显著。与未进行覆盖的对照处理相比，GM3 和 GM4 两种处理均显著提升了小麦在不同生育期和年度间的系统生物量积累。这一发现强调了农田覆盖在促进作物生长、提高生物量积累方面的重要作用，为农业可持续发展提供了有力支持。

进一步观察发现，2014 年和 2015 年两季玉米的生长过程中，其各生育阶段的生物量动态变化模式与先前研究的小麦生长季呈现出高度的相似性，这一发现揭示了小麦—玉米轮作系统中农田覆盖措施对作物生物量积累促进作用的跨作物种类一致性。具体而言，无论是小麦还是玉米，农田覆盖均展现出了显著的正面效应，有效促进了作物的生长发育，并显著提升了生物量的累积。这一跨作物种类的普遍适用性，预示着农田覆盖技术具有广阔的应用前景，不仅有望增加单位面积作物的产量，还能显著提升农田生态系统的整体生产效能与稳定性，为农业生产的可持续发展提供强有力的支撑。

综上所述，小麦—玉米轮作系统中，年际总生物量的显著变化深刻反映了农田覆盖措施对农业生产力的深远影响。科学合理的农田覆盖策略，如秸秆还田、地膜覆盖、有机物料覆盖等，已被广泛验证为能够有效调节农田微气候，包括土壤温度、湿度以及土壤微生物活动等关键因素，从而构建出一个更加适宜作物根系发育与养分吸收的生长环境。这种环境优化不仅促进了作物根系的健壮生长，还增强了作物对光、热、水、肥等自然资源的利用效率，直接导致了生物量的显著增加，进一步提升了农田生态系统的整体生产力。此重要发现不仅再次强化了农田覆盖作为现代农业管理技术中不可或缺的一环，在促进作物健康生长、提高农产品产量与质量方面的核心作用，同时也为探索农业生产的可持续发展道路提供了强有力的科学支撑。它启示我们，在应对全球气候变化、资源约束加剧等挑战的背景下，创新和优化农田覆盖技术，是实现农业绿色转型、保障粮食安全、维护生态环境平衡的重要途径。

鉴于此，未来的农业生产实践中，应当将农田覆盖技术的深入研究置于更加突出的位置，通过跨学科合作、技术创新与示范推广等手段，不断提升农田覆盖技术的科学性与实用性。同时，积极倡导并推动农民和农业企业广泛采用这些技术，使其在更大范围内发挥生态效应与经济效益，为农业生产的持续繁荣、资源的高效循环利用以及农村经济的全面发展贡献力量。此外，还应加强政策引导与资金支持，为农田覆盖技术的研发与推广创造良好的外部环境，共同推动农业向更加绿色、高效、可持续的方向发展。

3.4.1.3 作物系数和物候期的变化

表3-6展示了小麦—玉米轮作系统中，作物系数在不同生育阶段的动态变化情况。这一数据不仅是精准评估作物水分需求、制定科学合理灌溉策略的关键参考依据，而且对于优化农田水资源管理、提高灌溉效率及作物产量具有不可忽视的重要价值。该表系统地展示了在多种处理条件下，小麦与玉米在其完整生长周期内作物系数（Kc值）的动态变化趋势，普遍呈现出一个显著的"驼峰"形态，即先逐步上升而后逐渐下降的趋势。值得注意的是，无论应用何种处理措施，小麦与玉米的Kc值均在抽穗至灌浆阶段达到其峰值，这一关键时期被明确界定为水分敏感期。在此期间，作物正处于生命活动最为旺盛的阶段，对水分的需求量急剧增加，主要表现为光合速率显著提升，生长速率加快，以及叶片蒸腾作用的显著增强。因此，该阶段对水分的供应状况极为敏感，充足且适时的灌溉对于维持作物的正常生理功能、促进生物量的高效积累至关重要。这表明，在农业生产实践中，针对这一关键时期的精准灌溉尤为重要，对于保障作物产量和品质具有决定性作用。通过对连续两年小麦—玉米轮作的观察，可以发现不同生育阶段对水分的敏感程度存在显著差异。从高到低依次为抽穗—灌浆期、拔节—抽穗期、灌浆—成熟期、播种—拔节期。这一排序与作物生长规律紧密相关：在播种至拔节初期，作物生长缓慢，根系尚未发达，叶片面积小，因此蒸腾作用较弱，对水分的需求也相对较低；进入拔节期后，作物生长加速，叶片迅速扩展，蒸腾作用增强，Kc值随之上升；至抽穗—灌浆期达到顶峰；随后，随着作物进入成熟阶段，底部叶片开始衰老，光合作用减弱，蒸腾作用降低，Kc值也逐渐下降。

值得注意的是，拔节至成熟阶段内，Kc值随着农田覆盖量的增加而呈现出增大的趋势。尤其是GM4处理（可能代表一种特定的高覆盖量处理），其Kc值在整个生育期内均为最大，而对照处理（CK）则相对较小。这一现象可归因于农田覆盖的多种积极作用：覆盖材料有效减少了土壤表面的水分蒸发，提高了土壤保水能力，从而保持了作物根系周围的适宜水分环境；同时，随着作物生长，叶面积扩大，尽管覆盖的直接抑蒸效应可能减弱，但覆盖通过改善土壤水分状况、提高作物蒸腾效率等间接方式，促进了作物对水分的有效利用，进而使得 Kc 值增大。

表3-6　不同处理作物系数 Kc 值的变化

年度	作物	处理	播种—拔节期	拔节—抽穗期	抽穗—灌浆期	灌浆—成熟期	全生育期
2013—2014	小麦	CK	0.63	0.96	1.07	0.75	0.73
		GM1	0.63	0.97	1.08	0.76	0.74
		GM2	0.62	0.98	1.09	0.78	0.75
		GM3	0.6	1	1.11	0.79	0.76
		GM4	0.6	1	1.13	0.8	0.77
2014	玉米	CK	0.59	0.93	1.08	1	0.84
		GM1	0.6	0.98	1.12	1.02	0.86
		GM2	0.61	1.02	1.22	1.07	0.9
		GM3	0.64	1.06	1.25	1.13	0.93
		GM4	0.65	1.07	1.28	1.18	0.95
2014—2015	小麦	CK	0.59	0.97	1.09	0.76	0.74
		GM1	0.59	0.98	1.09	0.77	0.74
		GM2	0.58	0.99	1.1	0.78	0.75
		GM3	0.57	1.01	1.12	0.8	0.77
		GM4	0.56	1.02	1.14	0.82	0.78
2015	玉米	CK	0.57	0.95	1.13	1	0.84
		GM1	0.57	0.96	1.17	1.02	0.88
		GM2	0.59	0.99	1.25	1.08	0.9
		GM3	0.59	1.07	1.26	1.14	0.91
		GM4	0.63	1.07	1.28	1.21	0.95

综上所述，农田覆盖技术作为一项先进的农业管理措施，其创新应用为农业生产的诸多方面带来了深刻变革与显著提升。该技术通过物理

性覆盖土壤表面,从根本上改善了土壤的水文特性,显著增强了土壤的水分保持与供给能力,为小麦、玉米等广大农作物的根系构建了一个既稳定又适宜的水环境。这种水环境的优化,直接促进了作物根系的发育与扩展,使得作物能够更高效地吸收和利用水分及土壤中的养分,进而表现为作物生长速率的明显加快与生物量的稳步积累,为作物的高产优质奠定了坚实基础。与此同时,农田覆盖技术还通过减少直接暴露于阳光和空气之下的土壤表面积,有效降低了土壤水分的无效蒸发,促进了作物蒸腾作用的高效进行。这一过程不仅提高了作物自身的水分利用效率,还促进了农田水循环的良性循环,减少了因地表径流和深层渗漏造成的水资源浪费。在干旱半干旱地区,这种减少无效水分损失的效果尤为显著,为缓解水资源短缺、保障农业灌溉需求提供了重要途径。进一步而言,农田覆盖技术的应用,还间接促进了农田生态系统的平衡与稳定。通过改善土壤结构、增加土壤有机质含量、抑制杂草生长等方式,该技术为土壤微生物和其他生物提供了更加适宜的生存环境,增强了农田生态系统的生物多样性和服务功能。这些正面效应的综合作用,使得农田覆盖技术成为了一种提升农田综合生产力与水资源利用效率的有效手段,对于推动农业生产的绿色化、高效化、可持续化发展具有不可估量的重要意义。因此,随着全球气候变化和水资源日益紧张,农田覆盖技术的推广与应用显得尤为迫切和必要。它不仅是现代农业科技进步的重要体现,更是实现农业可持续发展、保障国家粮食安全与生态安全的关键举措之一。

表3-7为小麦—玉米生长季节物候期的记录情况,这些数据是深入理解农田覆盖措施如何影响作物生长发育进程的重要基础。根据出苗记录,2013—2014年小麦出苗期为9~11d,农田覆盖处理的出苗时间较对照处理有所延迟。这一观测结果可能源于覆盖材料在初期铺设于土壤表面时,其尚未完全与环境融为一体,覆盖层上可能存在的砾石等杂质对种子破土过程产生了暂时性的物理阻碍作用。此外,覆盖层对土壤温度与湿度的微调效应在初期可能尚不显著,未能及时

为种子萌发提供最为适宜的环境条件，进而导致了出苗时间的延后。然而，2014—2015 年随着农田覆盖的长期应用，其积极作用逐渐显现。2014 年 10 月 17 日小麦播种，2014 年 10 月 24 日 GM4 处理的小麦出苗，2014 年 10 月 26 日其他处理的小麦进入出苗期。这表明，农田覆盖在经过一定时间后，能够有效改善土壤环境，促进小麦种子的萌发与出土，体现了其促进作物生长的优势。2013—2014 年农田覆盖处理的小麦拔节期也较对照处理略有延迟。这可能与出苗期延迟导致的整体生长节奏延后有关。

表 3-7　不同处理小麦—玉米物候期记录

单位：d

年度	作物	处理	生育期				
			出苗期	拔节期	抽穗期	灌浆期	成熟期
2013—2014	小麦	CK	9	150	190	203	229
		GM1	9	150	189	202	228
		GM2	10	151	189	202	227
		GM3	10	151	187	201	226
		GM4	11	152	186	200	224
2014	玉米	CK	12	35	60	91	119
		GM1	13	36	60	90	117
		GM2	13	35	57	86	117
		GM3	14	35	55	85	106
		GM4	15	35	55	83	106
2014—2015	小麦	CK	9	151	189	204	232
		GM1	9	151	188	203	231
		GM2	9	151	188	203	230
		GM3	9	152	188	202	229
		GM4	7	152	186	201	228

（续）

年度	作物	处理	生育期				
			出苗期	拔节期	抽穗期	灌浆期	成熟期
2015	玉米	CK	12	36	60	91	117
		GM1	12	36	60	91	115
		GM2	12	35	57	87	115
		GM3	10	35	55	85	103
		GM4	10	35	53	82	103

进一步观察发现，无论是哪一季的小麦，其抽穗、灌浆至成熟等关键生育阶段均在不同程度上受到了农田覆盖措施的正面调控，具体表现为相较于未施加覆盖的对照处理，实施了农田覆盖措施的小麦田块中，作物的这些关键生育进程均展现出了微妙而显著的小幅提前。这一细微却重要的变化，不仅是对农田覆盖技术加速作物生长发育节奏能力的直接验证，更深层次地，它预示着作物早熟特性的潜在增强，这对于缩短作物生长周期、规避不利气候条件、提高单位时间内的作物产量以及优化最终产品的品质结构，均具有不可估量的价值。

最后，通过对玉米生育期内物候记录数据的分析，发现其展现了与冬小麦生长周期中相似的规律性特征。这一发现不仅拓宽了我们对农田覆盖技术作用范围的理解，更深刻地揭示了该技术在小麦—玉米轮作这一典型农业生产体系中的普遍适用性和强大生命力。它表明，无论作物种类如何变换，农田覆盖措施都能以其独特的优势，精准地作用于土壤环境，通过改善土壤水分状况、调节土壤温度、抑制杂草生长等多种机制，综合促进作物的健康生长与发育，从而在更广泛的层面上提升农田生态系统的综合生产效能与生态稳定性。这一发现，无疑为现代农业的可持续发展提供了强有力的技术支撑与理论依据。

在两年试验周期内，小麦的整个生育期内气候干旱，然而这种干旱状况与该地往年的历史气候记录相比并未展现出明显的异常或极端变化。因此全生育期天数符合当地水平，这一现象充分展示了小麦对当地气候条件的良好适应性与生长稳定性。此观察结果对于深入理解作物生长发育对气候变化的响应机制，以及据此制定科学合理的农业管理策略与适应性措施，具有不可忽视的重要价值。同时，玉米在其完整的生育周期中亦展现出显著的规律性表现。自播种至出苗，再由拔节过渡至抽穗，直至最终的灌浆与成熟阶段，玉米各阶段生长发育的变化趋势与过往年份相比保持了高度的一致性，这彰显了玉米生长节奏的高度稳定性。然而，值得注意的是，随着农田覆盖度的逐渐增加，玉米的全生育期天数出现了细微的缩短趋势，即生育进程有所提前。此现象深刻揭示了农田覆盖措施在改善土壤微环境、增强土壤持水能力，以及调控土壤温度等方面的积极效应，这些综合作用共同加速了玉米的生长速率与发育进程，为农业生产的优化管理提供了新的视角与依据。

具体到不同覆盖度的处理组别上，两季小麦和玉米的全生育天数总体上呈现出一种梯度递减的趋势，即 GM4＜GM3＜GM2＜GM1＜CK。此结果明确指示了农田覆盖度增加与作物生育期缩短之间的正相关联系，即覆盖度水平的提升直接导致作物完成其完整生命周期所需时间的缩短。这一发现不仅深化了我们对农田覆盖效应的理解，还进一步凸显了农田覆盖作为一项高效农业管理策略，在加速作物生长发育进程、提升农业生产效率方面所展现出的巨大潜力与价值。

尽管本项研究受限于时间的局限性，仅在一个较短的试验周期内进行了观测，但这一有限的时段内所积累的宝贵数据，却已深刻揭示了农田覆盖措施对作物生长发育周期（即物候期）产生的显著影响，并在小规模试验田中展现了其在提升作物生长性能、促进资源高效利用等方面的积极成效。这些初步但确凿无疑的发现，不仅是对农田覆盖技术潜力的一次有力证明，更是激发了科研人员对这一领域深入探索的热情与信心。这些发现为未来在更长时间尺度上系统研究农田覆盖技术的长期生态效应与经济回报提供了宝贵的起点。它们为优化覆盖材料的选择、调整覆盖度的最佳配置策略，以及探索覆盖技术如何适应并缓解不同气候条件下的农业生产挑战，奠定了坚实的理论基础与实证依据。同时，这些成果也启示我们，农田覆盖技术具有广阔的应用前景，其不仅能够促进作物的稳产高产，还有望在提升土壤质量、增强生态系统服务功能，以及实现农业可持续发展目标等方面发挥重要作用。因此，本项研究虽短犹长，其贡献不仅在于揭示了农田覆盖技术的短期效益，更在于为后续研究指明了方向，提供了宝贵的线索与启示。它鼓励我们持续投入，不断创新，以期在未来能够全面揭示农田覆盖技术的复杂作用机制，构建出更加科学、高效、可持续的农业生产模式，为全球粮食安全和农业生态文明的建设贡献力量。

3.5　小结

（1）黄土高原地区的降水量分布呈现出鲜明的地域性特征，总体遵循自东南向西北逐渐减少的趋势。位于高原东南部的汾渭盆地及晋南、豫西黄土丘陵区域，得益于其地理位置优势，年降水量相对丰沛，普遍维持在 600～750mm，为农业生产提供了较为充足的水分条件。相反，黄土高原的西部及西北部地区，包括宁夏、内蒙古黄河沿岸地带、鄂尔多斯高原西部以及甘肃境内的靖远—景泰—永登沿线等区域，则因地理位置相对偏远且受多种气候因素影响，年降水量显著减少，普遍处于 150～250mm 的较低水平，这对该区域的生态环境及农业生产构成了一定的挑战。同时黄土高原存在两个显著的积温聚集区域，它们分别位于山西的西南部与陕西、甘肃两省交界的地带，这些区域因气候条件的特殊性而成为积温的集中地带。此外，黄土高原的 NDVI 值自西北向东南方向呈现出逐渐增大的趋势，这一变化不仅揭示了该地区植被覆盖度的地域性差异，也深刻反映了绿色植物在该区域内生长状况的空间变异性。2016—2018 年研究区冬小麦生长期降水年际波动较大，线性趋势不明显，但总体上呈现出轻微的下降趋势。S245 情景下降水量的年际减少速率为－2.38mm/10 年，S585 情景下该减少速率增至－2.74mm/10 年。冬小麦生育期年太阳总辐射呈负增加趋势，分别达到－37.61MJ/m^2/10 年和－73.80MJ/m^2/10 年。年平均气温呈上升趋势，S245 和 S585 分别为 0.13℃/10 年和 0.26℃/10 年。在山西省范围内，冬小麦生育期内降水呈现由西北向东南递增的趋势，范围为 120～191mm。降水量高值区集中在研究区南部和东部的运城市、阳泉市大部分地区以及长治市、大同市的少数几个县市。冬小麦生育期内总降水量平均值为 157.45mm。生育期内年均降水量以 0.129 9mm/年的速率上升，存在 6 年、10 年、23 年、42 年、56 年的变化周期。冬小麦生育期内积温呈现由东北向西南逐渐递增的趋势，范围为 464～2 282℃，各地分布不均。最低值出现在五台县、灵丘县等地，范围为 464.42～828.34℃。西南地区积温最高，范围在 1 985.52～2 282.64℃。生育期内年均积温以 6.768 8℃/年的速率逐渐增加，存在 12 年、26 年、36 年和 56 年的变化周期。冬小麦生育期内风速呈东南向西北递增的趋势，范围为 440～616m/s。冬小麦生育期内日照时间由西南向东北方向逐渐递增，范围为 1 382～1 863h。

（2）在农田生态系统中，农田覆盖度与土壤水分呈显著正相关，100％农田覆盖处理，土壤贮水量达到了最高水平，表明完全覆盖对于提升土壤水分保持能力具有显著效果。进一步分析显示，在干旱胁迫条件下，农田覆盖度的增加显著增强了土壤的保水性能，有助于缓解干旱对作物生长的不利影响。而在降雨条件下，较高的农田覆盖度则有效提升了土壤对雨水的截留能力，促进了雨水资源的就地利用，对维持土壤水分平衡及促进作物生长具有积极作用。农田覆盖具有明显的增温效应，4 个农田覆盖处理的土壤平均温度大于 CK 处理，GM4 处理土壤平均温度最大；农田覆盖处理可以认为是一种有效的温度调节方式，具体表现在低温（－5～0℃）条件下 GM4 处理较 CK 处理土壤温度增加 5℃，高温（40～45℃）条件下 GM4 处理较 CK 处理土壤温度降低

3.7℃；在寒冷气候和水分亏缺的情况下 4 个农田覆盖处理增温能力均大于对照。各处理冬小麦株高差异不明显，叶面积指数随着农田覆盖度的增加而显著增加，夏玉米株高和叶面积均随农田覆盖度的增加而增大。与对照相比，农田覆盖处理的冬小麦和夏玉米产量显著提高，100％农田覆盖处理的两季冬小麦和夏玉米平均产量较对照处理分别增加了 58.55％和 22.50％。

第4章

黄土高原冬小麦水分利用效率、温室效应与经济性

4.1 气候变化与 Multi – Level 水分利用效率研究

　　水资源短缺与粮食安全，这两大全球性议题，犹如悬在人类可持续发展征途上的两把利剑，其紧迫性和重要性正随着时间的推移而愈发凸显，成为国际社会普遍关注的焦点与深切忧虑的源头。Misra（2014）的研究深刻揭示了它们不仅是自然生态系统平衡与稳定的试金石，更是人类社会经济发展、食物安全保障以及生态环境可持续性的基石。一旦这两大支柱动摇，将引发连锁反应，威胁到全球范围内的社会稳定与和谐。在全球气候变暖这一大背景下，半干旱地区首当其冲，遭受着前所未有的干旱侵袭，这种极端气候现象如同一只无形的手，悄然间瓦解着自然生态的防线，对生物多样性、植被覆盖乃至整个生态系统的稳定性构成了前所未有的挑战。对于农业生产而言，这一变化更是雪上加霜，它不仅考验着农作物的生存能力，也直接冲击着全球粮食供应链的稳定性与韧性。气候变化的复杂影响多维度地展现在我们面前：Lioubimtseva 和 Henebry（2009）指出，降雨模式的不规则变化，使得传统农业依赖于季节性降雨的种植模式难以为继，农民不得不面对更加难以预测的种植环境；Wu 等（2017）的研究则强调了极端天气事件的频发，如干旱、洪涝、热浪等，这些极端条件如同自然界的"暴击"，直接削弱了农作物的抗逆性，导致减产甚至绝收；而土壤水分资源的持续减少，则是这一系列变化的幕后推手，它限制了植物的生长速率、光合作用效

率及营养吸收能力，从根本上制约了农作物的产量和质量。面对这一系列挑战，灌溉需求的激增与水资源管理难度的加大成为不可忽视的问题。降雨的不确定性迫使农民不得不更加依赖灌溉系统，而水资源的有限性又使得这一需求难以满足，加剧了水资源分配的矛盾。同时，极端天气如干旱和热浪的肆虐，不仅直接破坏了作物的生长环境，还通过提高蒸腾速率、降低土壤湿度等方式，进一步削弱了作物的生理机能，限制了其产量潜力。

在当前全球水资源日益紧缺，而农业生产需求却持续攀升的严峻形势下，如何在稀缺的水资源条件下，实现农业生产效益的飞跃式增长，已成为科研界与农业实践领域共同面临的紧迫且重大的挑战。这一课题不仅关乎全球粮食安全与食物供应的稳定性，也深刻影响着自然生态系统的平衡与可持续发展目标的实现。在此背景下，农田覆盖技术作为一种环境友好且经济高效的水资源管理措施，逐渐在农业水资源管理中崭露头角，成为推动农业可持续发展的重要力量。该技术通过在农田表面铺设覆盖材料，如秸秆、地膜、生物降解膜等，巧妙地调节了土壤微环境，为农业生产开辟了新的路径。该技术在改善土壤水热状况方面发挥了不可小觑的作用。它能够有效拦截太阳辐射，减少土壤表面的直接热交换，从而在高温季节抑制土壤温度的快速上升，为作物根系提供一个更加凉爽的生长环境；同时，在低温时期，覆盖材料又能减缓土壤热量的散失，为作物提供必要的保温效果，确保作物在全年各季都能保持适宜的生长温度。这种对土壤温度的精细调控，为作物生长创造了更为理想的热环境，有利于作物生长周期的延长和生长速率的提升。

更为显著的是，农田覆盖技术还显著减少了土壤表面的无效蒸发，提高了土壤水分的利用效率。覆盖材料能够阻挡阳光直射土壤表面，降低土壤表面的蒸发速率，使更多的水分得以保留在土壤中，并增加其入渗深度和储存量。这不仅有助于作物根系更好地吸收和利用水分，还提高了土壤水分的有效利用率，减少了灌溉次数和用水量，对于缓解水资源短缺问题具有重要意义。

此外，农田覆盖技术还促进了土壤碳汇功能的增强。覆盖材料在分解过程中会释放出有机物质，这些物质能够增加土壤中的碳储量，提高土壤的肥力和生物活性。同时，覆盖技术还改善了土壤的物理结构，促进了土壤微生物的繁殖和活动，为作物生长提供了更加丰富的养分和更加健康的土壤环境。这些效应共同作用于作物生长过程，通过精细调整覆盖材料的种类、覆盖方式及实施时间，科研人员和农业实践者可以更加精准地调控土壤环境，促进作物生长和产量提升，同时实现水资源的节约和高效利用。这一技术的广泛应用和推广，无疑将为正面临全球水资源紧缺和农业生产需求增长双重压力的农业可持续发展提供有力支撑（Shen 等，2013）。为了全面而科学地评估农田覆盖技术在农业生产实践中的实际应用效果，并为其在更大范围内的推广奠定坚实的理论依据，量化分析该技术在不同空间与时间尺度上对水分利用效率的具体影响显得尤为关键。这一评估过程应超越传统意义上仅基于产量水平的水分利用效率衡量标准，构建一个多维度的评价体系，以实现对多尺度水资源利用效率的综合考量。评估框架应涵盖从微观到宏观、从生物物理过程到经济效益的各个层面。在生物物理层面，应考察农田覆盖技术对净初级生产力（NPP）的促进作用，这是衡量生态系统生产能力的重要指标；同时，还需关注生态系统净交换（NEE）的变化，以评估该技术对碳循环与温室气体排放的潜在影响。此外，生物量生产作为作物生长的直接结果，其与水分的投入产出比也是评估不可或缺的一环（Hsiao 等，2007；Morison 等，2008；Monson 等，2010；Gong 等，2017）。构建此种多维度分析框架，不仅深化了对农田覆盖技术如何影响农业生态系统功能复杂机制的理解，更为制定精准有效的农业用水管理策略提供了坚实的理论支撑与实践指导。鉴于水资源短缺与粮食安全两大全球性挑战并存，深入探究并广泛推广农田覆盖技术，精确量化其在不同尺度下对水分利用效率的提升成效，对于推动干旱地区农业生产的可持续发展进程、维系区域生态平衡与安全具有不可估量的价值。展望未来，随着科学技术的日新月异与科研探索的不断深入，农田覆盖技术有望在技术创新与应用实践上取得更加显著的突破。我们有充分的理由相信，该技术将在保障粮食安全、缓解水资源短缺压力方面扮演更加关键的角色，成为促进农业绿色转型、实现可持续发展目标的重要技术手段。因此，持续加大对该技术的研发投入，优化技术模式，拓展应用领域，对于应对当前及未来农业发展面临的挑战具有深远的战略意义。

目前，农田覆盖技术在农业生产实践中已得到广泛应用，并展现出节水、增产及土壤环境改善等多重潜在优势，然而，关于该技术如何具体影响作物蒸发蒸腾作用（即作物体内水分向大气中的散失过程，简称 ET，涉及水分损失）、生态系统层面的二氧化碳排放动态、生物量累积机制以及最终经济产量的综合研究尚显薄弱。这一情形的不足，不仅制约了我们对农田覆盖技术生态效应与经济效益全面而深入的理解，也阻碍了该技术在不同地理区域与气候条件下的精准化、高效化推广与应用。为了弥补当前研究中的这一关键空白，深入探究农田覆盖技术如何通过精细调控土壤-植物-大气连续体（SPAC）中的水分循环与碳交换动态，进而对作物的生理生态特性及产量形成机制产生深远影响，显得尤为迫切与重要。综上所述，通过采用精确的测量与计算方法，系统分析不同农田覆盖处理条件下作物的水分利用效率，我们能够明确地阐述农田覆盖技术在遏制无效水分蒸发、强化作物水分吸收与利用效能、促进光合作用效率以及加速干物质积累等方面的具体作用机理。此研究过程的严谨性要求我们在田间试验中精心设计科学合理的对照组与重复实验，以确保实验结果的可靠性与可重复性。同时，必须采用高精度仪器对作物生长周期内的各项关键生理生态指标进行持续监测，包括但不限于叶面积指数、蒸腾速率、光合作用速率、土壤含水量等，以全面捕捉作物生长动态及其对农田覆盖技术的响应。此外，为了深入理解农田覆盖技术的综合效应，还需将监测数据与气候参数、土壤理化性质相结合，并借助作物生长模型进行多维度、跨尺度的综合分析。通过系统对比不同覆盖材料类型、覆盖实施方式及覆盖时间窗口对作物水分利用效率及生态系统整体功能的具体影响，我们能够逐步细化并优化农田覆盖技术的核心参数设计。这包括但不限于精选覆盖材料的适宜厚度与透气性能，以平衡水分保持与气体交换；精准确定覆盖实施的理想时期，以最大化其对作物生长的有益效应；以及深入探究农田覆盖技术与其他关键农业管理措施（灌溉制度优化、施肥策略调整、病虫害综合防控等）之间的协同增效机制，旨在构建一套高效、协同、可持续的农田水资源管理与生态系统服务功能提升的综合技术体系。

本研究基于连续两季小麦—玉米轮作，定义了四个不同水平的水分利用效率，即 WUE_{veg}（NPP/ET_0）、WUE_{eco}（NEP/ET）、WUE_{bio}（生物量/ET）和 WUE_{yield}（经济产量/ET）。利用 FAO Penman - Monteith 方程计算 ET_0（参考作物蒸散量），通过蒸散量损失的给定量的水量计算 ET（蒸散）（Allen 等，1998；Gong 等，2017）。许多研究指出降低 ET 是保持土壤水分和改善作物 WUE 的有效方法（Melloulo 等，2000；Kang 等，2002；Chen 等，2010）。农田覆盖对年度净初级生产力（NPP）和净生态系统交换（NEP）产生积极贡献，并且在两个轮作周期的农田覆盖处理下实现了高水分利用效率（WUE）。考虑作物经济产量、生态效应和水分利用情况，农田覆盖能提高不同水平的水分利用效率，提高中国半干旱地区小麦—玉米种植制度生产力。本研究可作为评估农田覆盖对生态效应和农业用水管理影响的基本案例。

4.1.1 Multi - level 水分利用效率定义

4.1.1.1 蒸散

气象参数包括净辐射（Rn，M J・m^2/d），日照时数（n，h），2m 高度处的平均日间风速（u_2，m/s），蒸气压曲线的斜率（Δ，kPa/℃），并从附近的气象站收集其他相关参数。作物蒸散量（ET_0）的计算参考 Allen 等（1998）和 Pereiraa 等（2015）的计算方法，具体表达式如下：

$$ET_0 = \frac{0.408\Delta(R_n - G) + \gamma \dfrac{900}{T+273}u_2(e_s - e_a)}{\Delta + \gamma(1 + 0.34u_2)} \qquad (4-1)$$

结合 0~100cm 土壤贮水量的计算，使用田间水量平衡方程（Sun 等，2010；Parihar 等 2017）确定 ET，如下：

$$ET = P + I - R - D - \Delta W \qquad (4-2)$$

试验地块径流（R）为 0。因为已达到足够的高度（40cm），在研究期间没有观察到溢水情况。由于地下水位相对较低（8~10m），土壤水分研究降至土壤深度 200cm，剖面为壤土层。深度超过 200cm 的剖面（D）土壤径流被认为是微不足道的（Chen 等，2010；Muniandy 等，2016）。

4.1.1.2　辅助变量

生物量：将取样的植物（叶和秸秆）在 105℃下加热 30min，然后在恒温（75℃）下干燥至恒重。每个地块的总地上部生物量单位为 kg biomass/hm²。产量：在收获时，每个地块中心红色标记测产框（1m×1m）内测定小麦植株的生物量和籽粒产量。从每个地块随机收集的 10 个玉米样品被用于测量玉米生物量和谷物产量。生物量和谷物产量由三个样地平均重复测定，所有的质量值均以干重表示。

土壤温度：利用地温计（WQG-16，瑞明有限公司，常州，中国）监测，并将土壤温度计插入中心区的土壤中，以探测沿垂直剖面的热效应。在上午 8：00，上午 10：00，中午 12：00，下午 2：00 和下午 6：00 进行数据记录。积温（GDD）：0~25cm 土层日平均土壤温度的总和，单位为℃·d。

土壤容重：烘箱干燥法也可分别用于测量种植前和收获后的土壤容重（BD）。用 H_2SO_4-$K_2Cr_2O_7$ 溶液湿法消解土壤有机质（SOM）含量（Zhang 等 2017）。

叶面积指数（LAI）和监测植物高度（H）：冠层分析仪（Sunscan

2000，Delta T，co，UK)。

穗粒数（NGP）：收获时手动计算。

收获指数（HI）：我们通过每单位面积的作物产量除以地面上的总干生物量计算。

测得的辅助测量用来针对不同处理进行主成分分析（PCA）。

生态系统净生产力（NEE）的计算（Osaki 等，1992；Raich 和 Tufekcioglu，2000）：

$$NPP = 0.446 \times W_{max} - 0.000\ 67$$
$$NEE = R_H - NPP \tag{4-3}$$

式中，NPP 为净初级生产力，$kg\ CO_2/hm^2$；W_{max} 为作物收获后地上部分和地下部分生物量的总和；R_H 为土壤 CO_2 排放量，$kg\ CO_2/hm^2$。

4.1.1.3 水分利用效率

植被水分利用效率定义为植被固碳的净初级生产力和植物蒸散作用水分损失的比值（Kotani 等，2014；Zhou 等，2014），它被描述为：

$$WUE_{veg} = NPP/ET_0 \tag{4-4}$$

生态系统水分利用效率定义为生态系统净生产力与生态系统水平作物耗水量的比值（Wagle 和 Kakani，2014；Tong 等，2013；Gong 等 2017），它被描述为：

$$WUE_{eco} = NEP/ET \tag{4-5}$$

生物量水分利用效率定义为年际生物量总量与作物耗水量的比值，经济产量水分利用效率定义为经济产量与作物耗水量的比值，它们的数学表达式描述为：

$$WUE_{bio} = biomass\ production/ET \tag{4-6}$$
$$WUE_{yield} = economic\ yield/ET \tag{4-7}$$

4.1.2 表层土壤温度和土壤含水量（0～30cm）

表层土壤温度（0～30cm 深度范围内）的季节性波动与年际变化趋

势呈现出高度的一致性，表明该层土壤温度受到共同的气候驱动因素影响。进一步分析显示，日平均土壤温差的显著变化对土壤温度具有重要影响，它直接关联到土壤热量的日累积与散失过程。此外，不同农田覆盖方式的应用对土壤温度产生了差异化的影响，这些影响可能通过改变土壤表面的辐射平衡、热传导特性以及土壤水分状况等机制来实现，进而对土壤生态系统功能及作物生长环境产生深远影响［图4-1（a）］。在我们的研究中，两季小麦—玉米轮作的年际平均土壤温度，WCK、GM、WGM 处理分别比对照高 0.46℃、0.49℃和 0.63℃。尽管在灌溉条件下土壤温度会有所降低，但整个生长期的平均土壤温度呈升高趋势。

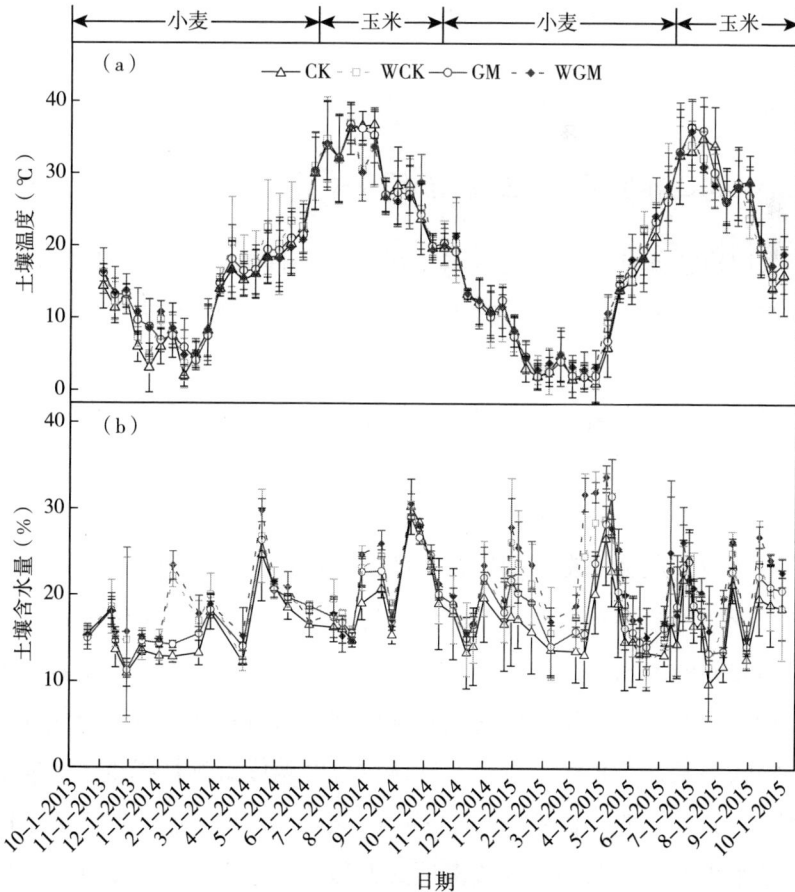

图4-1　不同处理0～30cm土壤温度（a）和土壤含水量（b）（平均值±标准差，$n=3$）

在 WCK、GM 和 WGM 条件下，与 CK（4 607.64℃·d）相比，两年平均积温 GDD（$\geqslant$0℃）分别为 258.50℃·d、266.29℃·d 和 368.27℃·d。而表层土壤含水量（0~30cm）的季节和年际变化在很大程度上取决于日常降水和灌溉，不同田间处理之间也有所不同 [图 4-1（b）]。如果发生降雨事件，GM 和 WGM 处理倾向于具有比 CK 和 WCK 更高的土壤含水量。CK 和 GM 的土壤含水量分别小于 WCK 和 WGM 的灌溉处理。在两年小麦—玉米轮作条件下，WCK、GM 和 WGM 的平均土壤含水量分别高出对照 2.63%、1.98% 和 4.19%。尤其是，WCK、GM 和 WGM 在 0~1m 剖面土壤贮水量（ΔW）的变化分别比 CK 增加了 33.25mm、26.54mm 和 68.60mm。

4.1.3　CO_2 排放、NPP 和 NEE

4.1.3.1　CO_2 排放通量与土壤水热因子关系

农田覆盖条件下土壤温度与土壤水分条件的优化对农田 CO_2 排放过程产生了显著影响。农田覆盖措施通过有效减少土壤表面直接太阳辐射的吸收，精细调控土壤热传导过程以及降低土壤水分的无效蒸发速率，显著改善了土壤微环境的物理与化学特性。这一系列环境条件的积极变化，进而深刻影响了农田生态系统的碳循环过程，包括土壤呼吸、根系呼吸及有机质分解等关键环节的速率与模式，从而对农田生态系统的碳平衡与全球碳循环产生了重要的调节作用。为了量化这些影响，学术界广泛采用了多种数学模型来模拟温室气体（尤其是 CO_2）与土壤环境参数之间的关系。其中，Van't Hoff 公式作为经典的经验指数模型根植于化学反应速率随温度变化的基本原理，通过量化温度与反应速率之间的指数关系，为理解土壤温室气体排放的温度敏感性提供了坚实的理论基础。此外，鉴于温室气体排放与土壤水分状况之间错综复杂的联系，学术界亦广泛采用线性或多项式方程等数学模型进行描述。这些模型凭借其灵活性与适应性，能够精准捕捉不同土壤水分条件下温室气体排放的变异性特征，为深入剖析土壤水分管理对温室气体减排的潜在贡献提供了有力的分析工具（Bowden 等，1998；Xu 等，2004）。然而，在本研究的具体实践过程中，我们观察到线性模型在描述生态系统 CO_2 排放通量与土壤环境因子（如土壤温度、土壤含水量）之间关系时，其解释力与预测能力显现出一定的局限性，未能充分揭示数据集中隐含的非线性趋势与复杂相互作用。相比之下，采用指数拟合与多项式拟合等更为复杂的数学模型，则展现出了更为优越的性能。这些模型不仅能够更精确地捕捉 CO_2 排放通量随土壤温度与含水量变化的细微动态特征，还能够在更广泛的参数范围内提供更为准确的预测与解释。图 4-2 展示了实验期间生态系统 CO_2 排放通量与平均土壤温度和土壤含水量之间的关系。在图 4-2（b）关于土壤含水量的分析中，我们发现多项式函数模型提供了极为贴合的模拟效果，精准地刻画了随着土壤水分含量逐步增加，CO_2 排放通量所经历的初始上升、随后可能趋于饱和或略有下降的复杂变化过程。这一趋势深刻揭示了土壤水分在调控微生物群落活性、根系呼吸速率以及整体土壤生物地球化学循环中的多重且复杂的角色。而对于土壤温度［图 4-2（a）］，尽管指数函数在拟合精度上未能达到多项式函数在土壤水分分析中的高水准，但它仍然提供了一个在可接受范围内的良好拟合效果，有效地揭示了生态系统 CO_2 排放通量随土壤温度升高的指数式增长模式。特别是当土壤温度超过 18℃ 这一阈值后，CO_2 排放通量的增长趋势变得尤为显著，这强烈表明高温条件对土壤内生物化学反应速率的积极促进作用。

值得特别关注的是，当土壤温度与湿度分别达到或超越预设的特定阈值（即温度＞18℃，湿度＞17.5％）时，观测到 CO_2 排放通量发生了显著的跃升。这一现象不仅揭示了土壤微环境条件的精细调控如何成为驱动农田生态系统碳循环动态的关键因素，而且强调了环境因子在达到特定阈值时所展现出的强烈非线性效应，这种效应对于维持或改变生态系统功能具有不可估量的重要性。进一步地，通过对比农田覆盖处理与无覆盖对照处理下的 CO_2 通量数据，我们发现了一个明确的趋势：

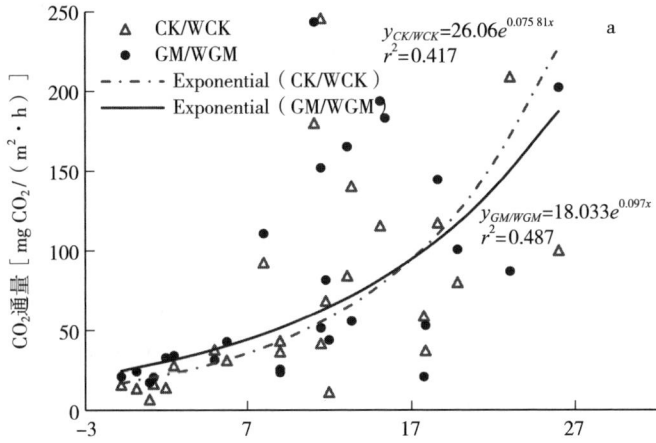

（a）生态系统CO_2排放通量与土壤温度（0~30cm）的关系

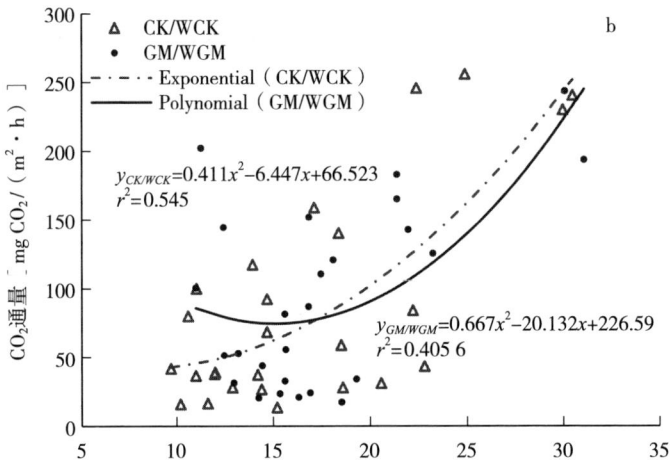

（b）生态系统CO_2排放通量与土壤含水量（0~30cm）的关系

图 4-2　CO_2 排放通量与土壤温度和土壤含水量的关系

对照处理的 CO_2 通量值普遍高于农田覆盖处理，这一发现不仅直观展示了农田覆盖在减少温室气体排放方面的显著效果，也深刻说明了该技术对于促进土壤碳固定、增强土壤碳汇功能的潜在价值，无疑为农业领域探索减缓气候变化、实现碳中和目标的路径提供了有力的实证支持。此外，本研究的意义远不止于此。它不仅为我们提供了一个新颖的视角，以更精细的尺度理解农田生态系统内部碳循环的复杂机制，还为农业实践者提供了宝贵的参考信息。通过推广和应用农田覆盖技术，农业生产不仅能够实现产量的稳步提升，还能在保障粮食安全的同时，对减缓全球变暖、保护生态环境作出积极贡献。因此，本研究不仅是科学探索的一次重要突破，更是推动农业绿色转型、促进可持续发展的有力推手，为实现碳中和的宏伟目标提供了坚实的科学依据与实践指导。

为了全面剖析冬小麦生育周期内农田温室气体（特别是 CO_2）排放的动态变化特征及其背后的主要驱动机制，本研究系统地考察了包括土壤水分含量、土壤温度、日平均气温、灌溉量、降雨量以及农田覆盖方式在内的多重环境与管理因子对 CO_2 排放通量的综合影响。这些因子相互交织，共同编织成一个复杂而精细的网络，深刻影响着农田生态系统的碳循环过程。为了全面解析这一复杂系统的运作机制，我们精心设计了实验布局，确保能够准确捕捉各因子在不同条件下的变化特征。通过细致入微的观测记录与数据收集工作，我们积累了丰富且翔实的第一手资料。随后，运用先进的相关性分析方法，我们对这些因子与 CO_2 排放通量之间的内在联系进行了系统而深入的探讨。

在数据处理与分析阶段，我们特别关注了每个独立因子对 CO_2 排放通量的直接影响。在将土壤水分作为单一变量进行隔离考察时，我们计算得出其与 CO_2 排放通量之间的相关系数达到了 0.399，且该相关性在统计学上显著（$P<0.05$）。这一发现明确指出了土壤水分在调控农田生态系统 CO_2 排放过程中扮演的重要角色，是众多影响因子中不可忽视的一环。土壤水分的动态变化直接而深刻地影响着土壤的通气性能、微生物群落活性以及植物根系的呼吸作用，这一系列连锁反应进而对 CO_2 的排放产生显著影响。在土壤保持适宜的水分条件下，土壤微生物的活动得以充分展开，其代谢过程活跃，促进了有机质的分解与转化；同时，植物根系的呼吸作用也随之增强，释放出更多的 CO_2。同样地，土壤温度作为另一个重要的单因子变量，在与 CO_2 排放通量的相关性分析中展现出了更强的关联性，相关系数高达 0.491（$P<0.05$）。

土壤温度是影响土壤生物化学反应速率的关键因素，随着土壤温度的逐渐升高，土壤内部的酶促反应速率加快，微生物的呼吸作用也随之增强，这些生物地球化学过程的加速共同促进了 CO_2 的释放。在冬小麦的特定生育阶段，如春季生长旺盛期，由于作物生长迅速、根系活动频繁，土壤温度的升高对 CO_2 排放的促进作用表现得尤为显著。尽管在本次相关性分析中，日平均气温、灌水量、降雨量以及农田覆盖等因子与 CO_2 排放通量的直接相关性并未达到统计学上的显著水平，但这并不意味着它们对农田温室气体排放的影响可以忽视。实际上，这些因子在农田生态系统中扮演着复杂而多样的角色，它们可能通过与其他环境因子的交互作用，间接地影响土壤生物地球化学过程，从而对温室气体排放产生重要影响。例如，日平均气温的变化可能通过影响土壤温度和植物生理活动来间接调控 CO_2 排放；灌水量与降雨量的变化则直接关联到土壤水分含量的动态平衡，土壤水分的增减会显著影响土壤的通气性、微生物活性及根系呼吸作用，从而对 CO_2 排放产生重要影响。而农田覆盖措施作为一种有效的农业管理手段，其通过改变土壤表层的温度、水分分布以及光照条件，综合作用于土壤生物地球化学过程，对 CO_2 的排放产生复杂而深远的调控效应。

最终，我们将所有分析结果整理成表 4-1，以便于清晰地展示各因子与 CO_2 排放通量之间的相关性及其统计显著性。

为了更深入地探究土壤含水量与温度这两个关键环境因子之间的交互作用如何共同影响农田生态系统的 CO_2 排放，我们采用了回归分析这一强有力的统计工具，对连续两年的监测数据进行了详尽的分析。在分析过程中，我们既独立评估了土壤含水量与温度各自作为单一变量时对 CO_2 排放通量的直接贡献，又特别聚焦于它们之间潜在的相互作用，旨在揭示这种交互作用对 CO_2 排放产生的叠加或协同效应。基于连续两年的实地观测数据，我们构建了一个包含土壤含水量、温度及其交互项的多元线性回归模型。该模型旨在量化并解析在不同环境背景下，土壤含水量与温度之间协同作用对农田生态系统 CO_2 排放通量的具体贡

表4-1　CO₂排放与生长参数和土壤环境因子的相关系数

	贮水量	ET_0	ET_c	导热率	积温	容重	有机质	分蘖数	LAI	株高	生物量	穗粒数	产量	HI	ω-CO₂	NPP	NEE
贮水量	1																
ET_0	-0.316	1															
ET_c	0.317	-0.493	1														
导热率	0.169	-0.43	0.506	1													
积温	0.374	-0.630*	0.626*	0.803**	1												
容重	0.158	-0.04	-0.267	-0.289	-0.358	1											
有机质	-0.08	-0.379	0.388	0.456	0.526	0.007	1										
分蘖数	-0.552	0.003	0.141	0.5	0.365	-0.405	0.507	1									
LAI	0.071	-0.488	0.338	0.708**	0.707**	-0.325	0.619*	0.537	1								
株高	-0.045	-0.347	0.365	0.224	0.587*	-0.546	0.191	0.457	0.485	1							
生物量	-0.491	-0.146	0.212	0.449	0.279	-0.227	0.731**	0.623*	0.523	0.074	1						
穗粒数	0.194	-0.652*	0.622*	0.624*	0.918**	-0.295	0.689*	0.46	0.750**	0.730**	0.392	1					
产量	-0.149	-0.321	0.51	0.358	0.597*	-0.46	0.594*	0.564	0.696*	0.804**	0.379	0.803**	1				
HI	0.154	-0.242	0.388	0.063	0.424	-0.302	0.174	0.193	0.36	0.779**	-0.254	0.578*	0.795**	1			
ω-CO₂	-0.362	0.683*	-0.15	-0.467	-0.461	-0.06	-0.156	0.085	-0.53	-0.111	-0.032	-0.366	-0.28	-0.22	1		
NPP	-0.484	0.225	0.216	0.043	0.231	-0.422	0.274	0.559	0.073	0.548	0.197	0.377	0.642*	0.552	0.018	1	
NEE	-0.484	0.225	0.216	0.043	0.231	-0.422	0.274	0.559	0.073	0.548	0.197	0.377	0.642*	0.552	0.018	1.000**	1

注：* 表示相关性在 $P<0.05$ 水平上显著；** 表示相关性在 $P<0.01$ 水平上显著。

献程度。为了进一步拓宽研究的普适性与实用性，我们精心设计了四个不同的处理组，每组均代表了一种特定的农田管理措施或环境条件的组合。通过这种实验设计，我们能够全面而深入地探讨在不同农田管理实践框架下，土壤含水量与温度交互效应的具体表现形式及其对 CO_2 排放的潜在影响，从而为优化农田管理策略、减少温室气体排放提供科学依据。

表 4-2 列出了针对四个不同处理组所构建的关系方程及其相应的参数估计值。值得注意的是，尽管各处理组在农田管理策略上存在差异，但在回归分析的结果中，各处理组所得到的参数值并未展现出统计学上的显著差异。这一发现可能暗示了土壤含水量与温度之间的交互作用对 CO_2 排放的影响具有相当的普遍性和稳定性，即这种交互效应可能不依赖于特定的农田管理措施或条件组合，而是作为农田生态系统碳循环过程中的一个固有特征存在。此外，为了验证所构建回归模型的预测能力和解释力度，我们进一步评估了每个回归方程的拟合优度。通过计算决定系数（R^2 值），我们量化了模型对观测数据变异性的解释程度。结果显示，所有处理组的回归方程均展现出了极高的拟合效果，其 R^2 值均稳定地保持在 0.85 以上，这一数值充分表明了我们所构建的模型能够准确地捕捉并解释观测数据中大部分的重要变异信息。同时，P 值的计算结果均小于 0.05，这一结果进一步强化了回归方程在统计学上的有效性和可靠性。综上所述，本研究通过对连续两年的监测数据进行深入的回归分析，不仅成功地揭示了土壤含水量与温度之间复杂交互作用对农田生态系统 CO_2 排放的显著影响，还通过一系列统计检验验证了所构建多元回归模型的准确性和广泛适用性。这些发现不仅加深了我们对农田碳循环动态机制的理解，也为制定科学合理的农田管理措施、有效减少温室气体排放提供了坚实的理论依据和实证支持。因此，本研究成果对于推动农业可持续发展、应对全球气候变化具有重要意义。

推求双变量非线性模型的计算公式如下

$$R_e = a\theta + b\theta^2 + c(\theta + d)^2 e^{0.094T} \qquad (4-8)$$

表4-2 CO_2 排放通量与土壤温度和土壤含水量的关系方程及参数

处理	$R_e = a\theta + b\theta^2 + c(\theta + d)^2 e^{0.094T}$						样本数
	a	b	c	d	R^2	P	
CK	5.23	0.07	0.12	-16.28	0.919	0.002	26
WCK	4.46	0.01	0.05	3.12	0.852	0.037	26
GM	3.82	0.08	0.00	-2.87	0.896	0.004	26
WGM	3.29	0.02	0.06	0.37	0.906	0.012	26

注：R_e：生态系统 CO_2 排放通量，mg/（$m^2 \cdot h$）；θ：土壤体积含水量（cm^3/cm^3）；T：土壤温度（℃）；a、b、c、d：回归分析中估算出的经验系数。

4.1.3.2 NPP 和 NEE

生态系统净初级生产力（NPP）（表4-3），其值第1季和第2季分别为（11 363±2 469）kg CO_2/hm^2 至（12 221±548）kg CO_2/hm^2 和（10 253±147）kg CO_2/hm^2 至（12 217±324）kg CO_2/hm^2。第1季的NPP，由于所有处理的生物量总量接近，所以年度NPP在第1周期没有显著差异，但这并不排除实际生态过程中存在细微的变异与变异趋势，可能预示着生态系统对不同管理措施的响应正在酝酿之中。在第2季，WCK、GM 和 WGM 处理的年 NPP 分别比 CK 处理高0.78%、17.4%和19.1%。这一结果不仅彰显了农业管理措施如灌溉和绿肥添加在提升生态系统生产力方面的重要作用，还进一步表明，当这些措施协同作用时，能够产生更为显著的增益效果。

生态系统净交换（NEP）的结果与 NPP 和 CO_2 排放总量相关（表4-3），受到不同处理的影响显著。对于这4种处理，第1季 NEP 为（4.16±1.36）kg CO_2/hm^2 至（6.30±0.88）kg CO_2/hm^2，第2季为（3.94±0.99）kg CO_2/hm^2 至（6.43±0.33）kg CO_2/hm^2。与 CK 处理相比，WCK、GM 和 WGM 在第1季分别显著增加了17.06%、28.84%和51.48%，在第2季分别增加了7.46%、40.61%和63.09%。

表4-3 2013—2015年小麦—玉米轮作系统作物参考蒸腾蒸发量、作物耗水量、生态系统 CO_2 排放总量、净初级生产力、生态系统净交换、生物量和产量

年度	作物	处理	ET_0 (mm)	ET (mm)	CO_2-C (kg CO_2/hm²)	NPP (kg CO_2/hm²)	NEP (kg CO_2/hm²)	生物量 (kg/hm²)	产量 (kg/hm²)
2013—2014	小麦	CK	519.06	318.1±72.4b	3 458.8±295.4a	5 983±1 851a	2 241±1 533b	13 415±4 152a	3 332.8±927.3b
		WCK	509.53	405.1±29a	3 285.3±675.3a	6 025±476a	2 634±482b	13 509±1 068a	3 974.2±728.7ab
		GM	494.87	303.6±32.7b	3 034.3±507.3a	6 460±416a	2 847±504b	14 484±933a	5 155.3±842.4a
		WGM	491.76	388.7±23ab	2 959±750.2a	6 556±1 070a	3 597±1 812a	14 699±2 400a	5 379.6±460.5a
	玉米	CK	409.64	306.8±7.3bc	2 888.4±132a	5 379±1 475a	1 920±1 768b	12 061±3 307a	3 926.2±634c
		WCK	406.30	336.5±6.1a	2 592.9±362.6a	5 522±511a	2 237±705b	12 381±3 146a	4 727.5±170.2bc
		GM	372.58	295.1±11.2c	2 419.5±806.7a	5 549±593a	2 514±1 079a	12 441±1 329a	5 993.1±1 085.7ab
		WGM	359.83	317.6±13.3b	2 374.2±218.1a	5 665±1 473a	2 706±1 344a	12 701±3 302a	6 278.4±544.8a
	全年	CK	928.70	624.9±79.2bc	6 347.2±173.4a	11 363±2 469a	4 161±1 357b	25 476±5 535a	7 259±939.5b
		WCK	915.83	741.7±34a	5 878.1±990.2a	11 547±972a	4 871±1 167b	25 890±2 179a	8 701.7±783.2b
		GM	867.45	598.7±40.9c	5 453.8±1 259a	12 009±706a	5 361±684ab	26 925±1 583a	11 148.4±566.7a
		WGM	851.59	706.3±21.3ab	5 333.1±573a	12 221±548a	6 303±884a	27 400±1 230a	11 658±968.4a

（续）

年度	作物	处理	ET_0 (mm)	ET (mm)	CO_2-C (kg CO_2/hm²)	NPP (kg CO_2/hm²)	NEP (kg CO_2/hm²)	生物量 (kg/hm²)	产量 (kg/hm²)
2014—2015	小麦	CK	537.77	308.5±15.4B	3 369.6±500.7A	5 778±1 321B	1 841±667B	12 955±720B	3 738±372.7B
		WCK	534.88	378±54A	3 170.8±523.8A	5 823±1 079B	1 984±816B	13 058±200B	4 647.6±1 377.2AB
		GM	523.41	283.2±38B	2 897.1±299.5B	6 610±434A	3 001±924A	14 821±973A	5 887.7±518.9A
		WGM	515.28	350.9±72.9A	2 813.9±365.8A	6 678±178A	3 310±608A	14 973±211A	5 982.8±552.1A
	玉米	CK	388.13	298.4±29.8B	2 317.3±84.7C	4 475±410A	2 100±368B	10 033±920A	4 596.1±58.6C
		WCK	373.71	330.1±35.8A	2 080±497.4B	4 845±602A	2 252±267B	10 863±1 351A	4 986.1±822.9BC
		GM	347.38	289.4±36B	2 051.6±211.6B	5 431±1 252A	2 542±1 122B	12 176±2 807A	6 045.4±767.5AB
		WGM	335.57	307.7±42.8B	1 865.7±452A	5 539±305A	3 119±745A	12 418±683A	6 375.5±587.6A
	全年	CK	925.90	606.9±15.9A	5 686.9±535.7A	10 253±147B	3 942±998B	22 989±330B	8 334.1±344.1B
		WCK	908.59	708.1±87.8A	5 250.8±636.6AB	10 669±664B	4 236±1 064B	23 921±1 488AB	9 633.7±1 667.5B
		GM	870.78	572.6±15.2A	4 948.8±296B	12 041±1 485A	5 543±1 722AB	26 998±3 329A	11 933.2±1 273.9A
		WGM	850.85	658.7±115.6A	4 679.7±750.5B	12 217±324A	6 429±333A	27 391±727A	12 358.3±1 106.7A

注：不同处理间的显著性差异分别用小写字母（2013—2014年）和大写字母（2014—2015年）表示，$P<0.05$（LSD），下同。

135

这一结果进一步强调了管理措施在长时间尺度上对生态系统碳循环的调控作用，尤其是 WGM 处理，其显著的 NEE 提升可能源于绿肥与灌溉的协同增效，既促进了植物的光合作用，又可能通过改善土壤水分状况减少了呼吸作用释放的 CO_2，从而增强了生态系统的碳汇效应。

4.1.4　Multi‑level 水分利用效率

表 4-4 比较了两季小麦—玉米轮作系统不同试验处理条件下的水分利用效率（WUE）。这些数据不仅揭示了生态系统对水分资源利用效率的精细调控机制，还有助于我们理解农业管理措施对提升农业生产力的潜在贡献。值得注意的是，在第 1 季 WUE_{veg} 非常接近，变化范围为 (12.2 ± 2.7) kg CO_2/(hm^2 · mm) 至 (14.4 ± 0.6) kg CO_2/(hm^2 · mm)。对于第 2 季，WUE_{veg} 受总生物量和年 NPP 的影响大幅增加，尤其是 WCK、GM 和 WGM 处理的 WUE_{veg} 分别比对照增加 5.40%、24.32% 和 29.73%。就 WUE_{eco} 而言，两个小麦—玉米周期之间存在很小的差异。所有处理的 WUE_{eco} 值在第 1 季的变化范围为 (6.4 ± 2.8) kg CO_2/(hm^2 · mm) 至 (8.9 ± 1.8) kg CO_2/(hm^2 · mm)，在第 2 季为 (6.5 ± 1.4) kg CO_2/(hm^2 · mm) 至 (10.0 ± 2.4) kg CO_2/(hm^2 · mm)。WUE_{bio} 与 WUE_{veg} 和 WUE_{eco} 略有不同，它随农田覆盖而增加，随灌溉处理而降低。GM 处理的 WUE_{bio}，第 1 季较 CK 处理增加了 11.36%，第 2 季较 CK 处理增加了 24.27%。然而，WGM 处理的 WUE_{bio}，第 1 季较 GM 处理下降了 14.63%，第 2 季较 GM 处理下降了 9.98%。对于 4 种处理，WUE_{yield} 在第 1 季的变化范围为 (11.8 ± 2.5) kg/(hm^2 · mm) 至 (18.6 ± 0.9) kg/(hm^2 · mm)，第 2 季为 (13.8 ± 1.1) kg/(hm^2 · mm) 和 (20.9 ± 2.7) kg/(hm^2 · mm)。可见，农田覆盖显著提高了 WUE_{yield}。

众多研究成果均一致表明，农田覆盖策略被公认为是提升农业生态系统水分利用效率的一种高效且可行的技术手段。这一策略通过减少土壤水分的无效蒸发、调节土壤温度以及改善土壤微环境等多方面的综合效应，显著促进了作物对水分的吸收和利用，从而提高了整个农业生态

表4-4 不同处理条件下 Multi－level 水分利用效率

年度	处理	ET_0 (mm)	ET (mm)	Multilevel WUE			
				WUE_{veg} kg CO_2/ (hm² · mm)	WUE_{eco} kg CO_2/ (hm² · mm)	WUE_{bio} kg DM/ (hm² · mm)	WUE_{yield} kg Seed/(hm² · mm)
2013—2014	CK	928.7	624.9±79.2bc	12.2±2.7a	6.4±2.8b	40.5±3.7a	11.8±2.5b
	WCK	915.8	741.7±34a	12.6±1.1a	6.6±1.8b	35±4a	11.7±0.6b
	GM	867.4	598.7±40.9c	13.8±0.8a	9±1.7a	45.1±4.5a	18.6±0.9a
	WGM	851.6	706.3±21.3ab	14.4±0.6a	8.9±1.8a	38.8±1a	16.5±1a
2014—2015	CK	925.9	606.9±15.9A	11.1±0.2B	6.5±1.4B	37.9±0.9B	13.8±1.1B
	WCK	908.6	708.1±87.8A	11.7±0.7B	5.9±1B	34±3.3B	13.9±3.7B
	GM	870.8	572.6±15.2A	13.8±1.7A	9.7±2.9A	47.1±5.1A	20.9±2.7A
	WGM	850.8	658.7±115.6A	14.4±0.4A	10±2.4A	42.4±7AB	19±2.7A

系统的水分利用效率（Wang 等 2009；Xie 等，2010；Bu 等 2013）。作物产量的实现并非完全受制于土壤的物理性质，如水分和温度条件，而是同样依赖于水资源的利用效率，这一点已在 Yang 等人（2004）的研究中得到了强调。本研究进一步观察到，尽管在农田覆盖处理下，作物的总耗水量（ET）相较于对照处理有所增加，但重要的是，覆盖处理显著提升了水分利用效率（WUE），这一发现直观体现于表4-4中。这种提升可能主要归因于覆盖处理促进了作物的高产，进而在同等水分消耗下实现了更高的产量输出，从而提升了整体的水分利用效率。在干旱和半干旱地区，GM 处理和 WGM 处理都可以提高 WUE，这一提升效应主要归因于农田覆盖策略能够充分利用有限的降雨资源或灌溉水，通过减少土壤表面的无效蒸发、增强土壤保水能力以及提高作物根系的吸收效率，从而提高水分在农业生产中的有效利用率（Peng 等 2016；Li 等，2005）。农田覆盖作为一种农业实践，能够显著调节土壤的水分与温度状况，进而对土壤微生物种群的活性及分布产生深远影响，促进土壤碳的封存与稳定；同时，它还能够有效调控土壤与大气界面间的二氧化碳释放过程，成为影响生态系统碳交换动态的关键因素之一（Abdalla 等，2013；Liu 等，2016；

Gong 等 2017)。该研究中第 1 季 WUE_{veg} 的变化范围与 Tallec 等 (2013) 报道的结果相近，但低于 Gong 等（2017）的研究结果。这种差异很可能是不同覆盖材料的选择、作物品种的差异以及具体天气条件的不同所导致的。然而，在第 2 季农田覆盖处理的 WUE_{veg} 显著增加，这是由于农田覆盖缩短了植株生长期并减少了 ET_0（Liu，2016）。两季 GM 处理和 WGM 处理的 WUE_{eco} 值高于 CK 处理和 WCK 处理。这是由于农田覆盖减少了生态系统的 CO_2 排放量，从而有了更高的 NPP 和 NEP。与对照处理相比，农田覆盖可以增加 WUE_{bio} 和 WUE_{yield}，特别是在 GM 处理下。这是较高的生物量积累和作物产量以及消耗更少的用水量作用的结果。总体而言，两个轮作生长季农田覆盖处理的 WUE 平均值高于对照处理。

4.1.5 主成分分析和双因素方差分析

用于分析的数据是两个小麦—玉米轮作周期中主要影响因子的年平均值。如图 4 - 3 所示，CK 处理和 WCK 处理的蓄水量变化（ΔW），参考作物蒸散量（ET_0）和总 CO_2 排放量的分布非常接近，GM 处理和 WGM 处理则不然。此外，我们发现农田覆盖处理对水分利用、作物生产和环境保护的有利因素接近，两个对照处理与不利因素往往密切相关。K、GDD、LAI、生物量、NGP、Y、HI 和 WUE_{yield} 等有利因子的分布与 WGM 处理极为接近，与 CK 完全相反。由于灌溉的影响，SOM、$Tiller$、H、NPP、NEP、WUE_{veg}、WUE_{eco}、WUE_{bio} 等的分布处于 GM 处理和 WCK 处理之间的一个区域。

进一步深入探究灌溉与农田覆盖这两种关键农田管理措施对作物产量及不同维度水分利用效率（WUE）的影响，显得尤为迫切且重要（表 4 - 5）。研究结果显示，农田覆盖和灌溉为年产量和 WUE_{veg} 提供了很大的贡献（$P<0.01$），这表明两者协同作用能显著增强作物的生长势能与水分利用能力。并且 WUE_{eco} 和 WUE_{yield} 在 $P<0.05$ 水平上增加，进一步证实了该处理组合在提高整体农业生态系统性能和资

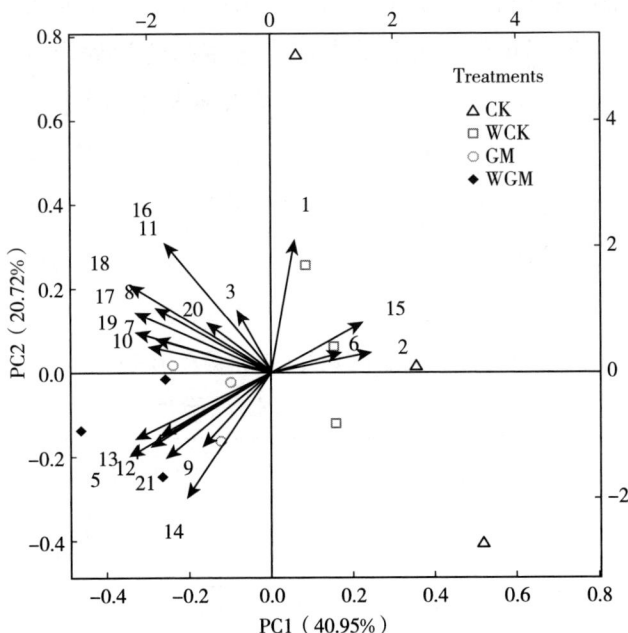

图 4 - 3 影响不同水平水分利用效率的主成分分析图

注：1. 土壤贮水量 ΔW；2. 参考作物蒸腾蒸发量 ET_0；3. 作物耗水量 ET；4. 土壤导热率 K；5. 积温 GDD；6. 土壤容重 BD；7. 土壤有机质 SOM；8. 分蘖数 TN；9. 叶面积指数 LAI；10. 株高 H；11. 地上部生物量 $Biomass$；12. 穗粒数 NGP；13. 产量；14. 收获指数 HI；15. 生态系统 CO_2 排放总量；16. NPP；17. NEP；18. WUE_{veg}；19. WUE_{eco}；20. WUE_{bio}；21. WUE_{yield}。

源利用效率方面的潜力。然而，值得注意的是，尽管有积极趋势，但对 WUE_{bio} 无显著影响（$P>0.05$）。这些结果表明，农田覆盖与灌溉结合应用可能是一种提高作物和生态系统生产力、降低水资源消耗的有效途径。

在 4 种不同处理中，WGM 处理的 WUE_{yield} 值最大，其次是 GM 处理，这明确指出了灌溉在促进作物产量及水分高效利用中的关键作用。而其他 3 个水平的 WUE 因农田覆盖和灌溉两因素之间的相互作用而并不一致，如表 4 - 5 所示，凸显了农田覆盖与灌溉之间复杂且

139

动态的相互作用机制，这要求我们在未来研究中更加细致地探讨不同处理因素的长期累积效应及其对农业生态系统的深远影响。在主成分分析图中，农田覆盖处理在土壤理化性质改善及作物生长参数优化方面具有显著优势，其分布模式紧密关联于一系列有利因素，与对照处理形成了鲜明对比。这种分布模式不仅验证了农田覆盖对农业生态系统的多方面正面效应，也强调了其在干旱和半干旱地区农业可持续发展中的重要性。

表 4 - 5　农田覆盖和灌溉处理对产量及 Multi - level
水分利用效率的双因素方差分析

年度	处理	产量 kg/hm²		Multi - level WUE							
				WUE_{veg} kg CO_2/ (hm²・mm)		WUE_{eco} kg CO_2/ (hm²・mm)		WUE_{bio} kg DM/ (hm²・mm)		WUE_{yield} kg Seed/(hm²・mm)	
		P	显著性	P	显著性	P	显著性	P	显著性	P	显著性
2013—2014	Irrigation.	0.066	n. s.	0.772	n. s.	0.916	n. s.	0.098	n. s.	0.961	n. s.
	Gravel Mulching.	0.000	***	0.232	n. s.	0.166	*	0.150	n. s.	0.000	***
	Irr. ×GM.	0.000	***	0.127	n. s.	0.018	n. s.	0.579	n. s.	0.004	**
2014—2015	Irrigation.	0.221	n. s.	0.414	n. s.	0.765	n. s.	0.335	n. s.	0.958	n. s.
	Gravel Mulching.	0.006	**	0.008	**	0.092	n. s.	0.041	*	0.013	*
	Irr. ×GM.	0.003	**	0.003	**	0.035	*	0.268	n. s.	0.048	*

注：* $P<0.05$；** $P<0.01$；*** $P<0.001$；n. s. 不显著。

本研究聚焦于中国西北半干旱区域的小麦—玉米轮作农业系统，通过全面而系统的评估，深入探讨了农田覆盖措施对作物生产力、生态系统效应以及水分生产率的综合影响。研究结果显示，农田覆盖策略不仅显著降低了该生态系统中的 CO_2 排放量，有效缓解了全球气候变化的压力，而且还极大地促进了作物产量的提升。这一发现深刻揭示了农田覆盖策略在环境保护领域所展现出的积极效应，具体表现为显著减少了温室气体的排放，有助于缓解全球气候变化；同时，也为农田覆盖在提升粮食安全保障能力方面的广泛应用提供了坚实的科学依据和强有力的实践支持。总而言之，农田覆盖技术的广泛应用，作为现代农业科技的一项重要突破，其深远影响远远超出了技术本身。这项技术通过精巧地干预农田生态系统，从根本上重塑了土壤的物理结构，如改善土壤孔隙度、提高土壤保水保肥能力，以及调节土壤温度，从而显著优化了土壤的化学属性，如促进有益微生物的繁殖、增强土壤肥力循环，为作物根系构建了一个更加健康、稳定且富含养分的生长温床。这样的土壤环境极大地激发了作物的生长潜能，使得作物能够在逆境条件下依然保持旺盛的生命力，实现更高的产量和更优的品质。与此同时，农田覆盖技术也是推动农业绿色转型的重要力量。它促进了节水灌溉技术的广泛应用，通过减少土壤蒸发、提高灌溉水利用率，有效缓解了水资源短缺的困境，尤其是在我国西北地区及全球范围内的干旱与半干旱区域，这一技术的应用更显其重要性和紧迫性。此外，面对全球气候变化的严峻挑战，农田覆盖技术通过其独特的生态调节功能，如减缓土壤温度波动、增强作物抗逆性等，为农业生产的稳定性和安全性提供了强有力的保障，成为应对极端天气、减少农业生产风险的重要策略。这些研究成果不仅涉及理论层面，更在实践中展现出了巨大的推广价值和应用潜力。它们为我国乃至全球农业领域在面对水资源短缺与粮食生产需求不断增长之间的矛盾时，提供了科学、可行的解决方案。通过示范推广、技术培训等手段，农田覆盖技术正逐步被广大农民接受并应用于实际生产中，促进了农业生产的节本增效和可持续发展。这一技术的普及，不仅有助于提升全球粮食自给能力和安全水平，还为实现农业生态环境保护和农村经济社会全面发展注入了新的活力，其深远意义不言而喻。

4.2 温室效应与产量

预计这项分析将确定一种有效的覆盖方法，以缓解中国黄土高原地区气候变化和提高农业可持续性。试验布置示意图如图4-4所示。

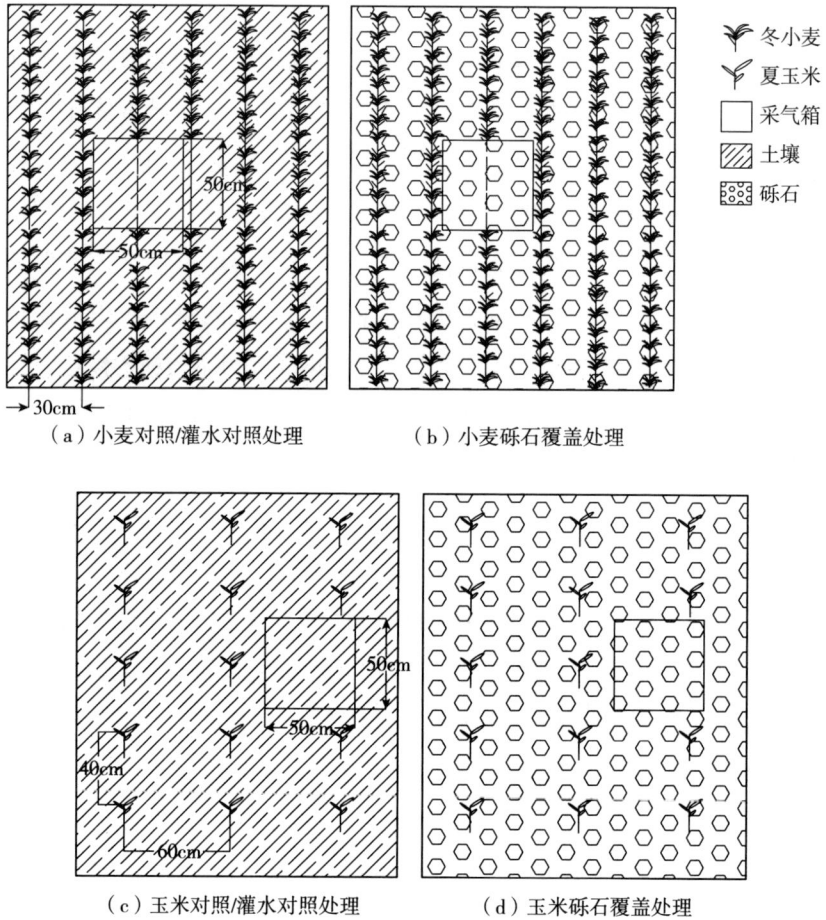

（a）小麦对照/灌水对照处理　　　（b）小麦砾石覆盖处理

（c）玉米对照/灌水对照处理　　　（d）玉米砾石覆盖处理

图 4-4　试验布置示意图

4.2.1　评估指标与计算

4.2.1.1　全球增温潜势（*GWP*）和温室气体排放强度（*GHGI*）

在评估全球气候变化影响的过程中，精确量化不同温室气体（GHGs）的排放是至关重要的。这一任务依赖于一个核心概念——全球增温潜势（Global Warming Potential，GWP），它是衡量给定质量温室气体相对于二氧化碳（CO_2）在特定时间尺度内对全球变暖贡献能力的指标。GWP 的计算复杂性体现在需综合考量温室气体在大气中的持久驻留时间及其独特的辐射吸收能力。依据政府间气候变化专门委员会（IPCC）于 2007 年发布的权威报告，不同温室气体在设定的时间尺度上展现出各异的 GWP 值，这一差异直接映射了它们对全球气候系统长期变暖趋势所做出的不同量级贡献。具体而言，在 100 年的时间尺度上，甲烷（CH_4）和氧化亚氮（N_2O）相对全球的增温潜势（GWP）被分别估算为二氧化碳的 25 倍和 298 倍。这意味着，在同一时间周期内，每排放一单位质量的 CH_4 或 N_2O，其对全球气候变暖的潜在影响分别相当于排放了 25 单位或 298 单位质量的 CO_2。GWP 的计算公式由 IPCC 在其指南中详细规定，它综合了多种因素，包括温室气体的辐射效率、大气寿命以及与平流层臭氧的相互作用等。GWP 的计算公式如下（IPCC，2007）

$$GWP = 25 \times R(CH_4) + 298 \times R(N_2O) \qquad (4-9)$$

式中，GWP 为 CH_4 和 N_2O 排放总量的全球增温潜势，以 CO_2 当量来表示，kg CO_2 - Ce/hm^2；R（CH_4）和 R（N_2O）是 CH_4 和 N_2O 的季节性排放总量，kg/hm^2。

本实验所测定的 CO_2 释放量，实质上是土壤与植物生态系统综合呼吸作用的整体反映，它不仅涵盖了土壤异养呼吸的贡献，还融入了植物自养呼吸的部分，从而全面呈现了生态系统的呼吸强度，而非局限于单一的 CO_2 净排放过程（即通常特指土壤异养呼吸）。在既往对农田生态系统当季 CO_2 净排放量进行评估的传统范式中，研究者普遍以该季节周期内土壤有机碳（SOC）含量动态变化的监测作为核心评估依据，这一方法论基础在以往诸多研究中得到了充分的验证与应用，如陈海心等人（2017）以及 Xie 等人（2006）的文献中均有详尽阐述。然而，鉴于本项实验设计的特殊性，即观测周期仅涵盖两年时间跨度，此期间内土壤有机碳的累积变化相对有限，未达到显著水平。因此，在当前研究框架内，土壤有机碳含量变化所潜在的增温效应（通过影响 CO_2 排放间接作用于全球气候变暖）并未被纳入主要考量因素之中，以避免对短期实验结果造成不必要的干扰或误导。

将计算的 GWP 除以小麦和玉米全生育期经济产量（陈海心等，2017），得出其碳排放强度（$Greenhouse\ Gas\ Intensity$，$GHGI$）。

$$GHGI = GWP/YIELD \qquad (4-10)$$

式中，$GHGI$ 为 CH_4、N_2O 排放强度之和，kg CO_2 - Ce/t；$Yield$ 为小麦和玉米产量，t/hm²。

4.2.1.2 碳足迹（CF）和碳排放强度（CI）

小麦—玉米轮作生长过程总碳足迹 CF 的计算如下（Lü 等，2011）：

$$CF = \sum (A_i \times EF_j) \qquad (4-11)$$

式中，A_i 为每个农业投入的总量（如化肥、农药、灌溉等）；EF_j 为相应的排放参数。+表示碳消耗，-表示碳吸收。

作物生产单位产量碳足迹 CI（冯浩等，2016）：

$$CI = CF/Y \qquad (4-12)$$

式中，CI 为碳排放强度（kg CO_2 - Ce/kg）；Y 为小麦和玉米的总产量（kg/hm²）。

4.2.1.3 土壤温度和土壤孔隙度含水率（$WFPS$）

采用曲管水银地温计对 0～25cm 深度的土层进行土壤温度的直接测量。同时，在每个地块的中心点设置 Trime - TDR 设备，该设备能够精准地测定 0～30cm 土层范围内的土壤体积含水率。而土壤孔隙度含水率（$WFPS$），这一描述土壤水分状况的重要指标，则可通过应用特定的公式（4-13）进行计算得出。

$$WFPS = \frac{\theta_v}{1 - \rho b/2.65} \times 100\% \qquad (4-13)$$

式中，θ_v 代表土壤体积含水量（%，V/V），ρb 代表土壤容重（g/cm³）。

4.2.2 土壤水热动态变化规律

土壤的水热变化是一个复杂而动态的过程，它深受土壤初始理化性质，如土壤质地、有机质含量、土壤结构等的深刻影响（表4-6）。这些理化性质作为土壤的内在基础，为土壤中的水分和热量交换提供了基础条件。在观测的四个不同处理下，0～25cm土层深度的土壤温度展现出相似的季节性或年际动态特征，这种变化不仅受每日气温波动的影响，还显著地受到不同覆盖方式的调节作用［图4-5（a）］。这些覆盖方式通过影响土壤表面的能量平衡，进而调控土壤温度的变化。与CK处理相比，2013—2015年两个轮作周期的WCK、GM和WGM处理的年平均土壤温度分别较CK处理上升0.27℃、0.32℃和0.42℃，这一趋势表明灌溉和地膜覆盖措施均能有效提升土壤温度，且二者结合使用时效果更为显著。灌溉事件发生时，由于水分蒸发吸热的作用，土壤温度会出现短暂的降低。然而，随着灌溉水分的下渗和土壤表面水分的重新分布，这种降温效应逐渐减弱，直至土壤温度恢复到与其他处理相当的水平。尽管如此，从全年平均来看，WCK、GM和WGM处理下的土壤温度仍表现为高于CK处理，显示了灌溉和地膜覆盖对土壤温度提升的持续效应。此外，年际积温（GDD，$>0℃$）作为衡量土壤热量累积的重要指标，也在不同处理间呈现出显著差异。与CK处理的4 607.64℃·d相比，WCK、GM和WGM处理的年际积温分别高出258.50℃·d、266.29℃·d和368.27℃·d。这一结果表明，灌溉和地膜覆盖不仅提高了土壤的平均温度，还显著增加了土壤热量的累积。

表4-6 土壤初始理化性质

土层深度 (cm)	BD (g/cm³)	K_s (cm/h)	θ_{fc} (%)	SOM (g/kg)	土壤颗粒组成（%）			土壤质地
					黏粒	粉粒	砂粒	
0～20	1.5	4.0	22.9	11.5	21.2	44.0	34.8	loam
20～40	1.6	1.9	24.8	10.8	20.7	42.6	36.7	loam

（续）

土层深度 (cm)	BD (g/cm³)	K_s (cm/h)	θ_{fc} (%)	SOM (g/kg)	土壤颗粒组成（%）			土壤质地
					黏粒	粉粒	砂粒	
40~60	1.7	0.7	24.0	10.2	22.1	44.2	33.7	loam
60~80	1.7	0.8	21.4	6.8	23.0	44.8	32.2	loam
80~100	1.6	0.7	24.4	6.1	22.8	43.7	33.6	loam

注：BD，容重；K_s，土壤饱和导水率；θ_{fc}，田间容水量；SOM，土壤有机质。

在大量降水或灌溉活动之后，0~30cm 土层作为作物根系活动的主要区域，WFPS 经历了显著的动态变化。如图 4-5（b）所示，WFPS 在降水或灌溉的直接影响下迅速上升，这一增加主要归因于外部水源的补充，使得土壤孔隙中填充了更多的水分。然而，随着土壤蒸发作用的增强和植物蒸腾需求的加大，WFPS 随后又经历了一个快速下降的过程，水分以气态形式从土壤表面和植物体散失到大气中。在灌溉条件下，WCK 和 WGM 处理的 WFPS 值高于 CK 和 WCK 处理。这表明灌溉不仅直接增加了土壤水分，而且地膜覆盖通过减少土壤蒸发进一步促进了土壤水分的保持，从而提高了 WFPS 的整体水平。在 2013—2015 年的两个轮作周期中，各处理下的平均 WFPS 值展现出了不同的水分管理效果。CK、GM、WCK 和 WGM 处理的平均 WFPS 值分别为 37.9%（21.4%~66.3%）、41.8%（24.65%~69.05%）、43.7%（25.8%~66.8%）和 46.8%（32.3%~74.0%）。尽管农田覆盖处理显著提高了 WFPS，但与对照处理相比，较高的植物蒸腾速率可能是导致 CK 处理中 WFPS 相对降低的一个重要原因。这是因为对照处理下的作物可能因缺乏灌溉或覆盖的保护而面临更大的水分胁迫，从而激发了更强的蒸腾作用以维持生理活动，进而加速了土壤水分的消耗。试验期间还观测到农田表层土壤温度与土壤孔隙度含水率的变化趋势呈现出相反的特点。这可能是由于土壤水分的增加会提高土壤的热容量和导热性，从而在一定程度上减缓了土壤温度的上升。然而，从整个生育期的角度来看，农田覆盖措施仍然显著地增加了土壤温度和土壤水分，为作物的生长提供了更为有利的环境条件。

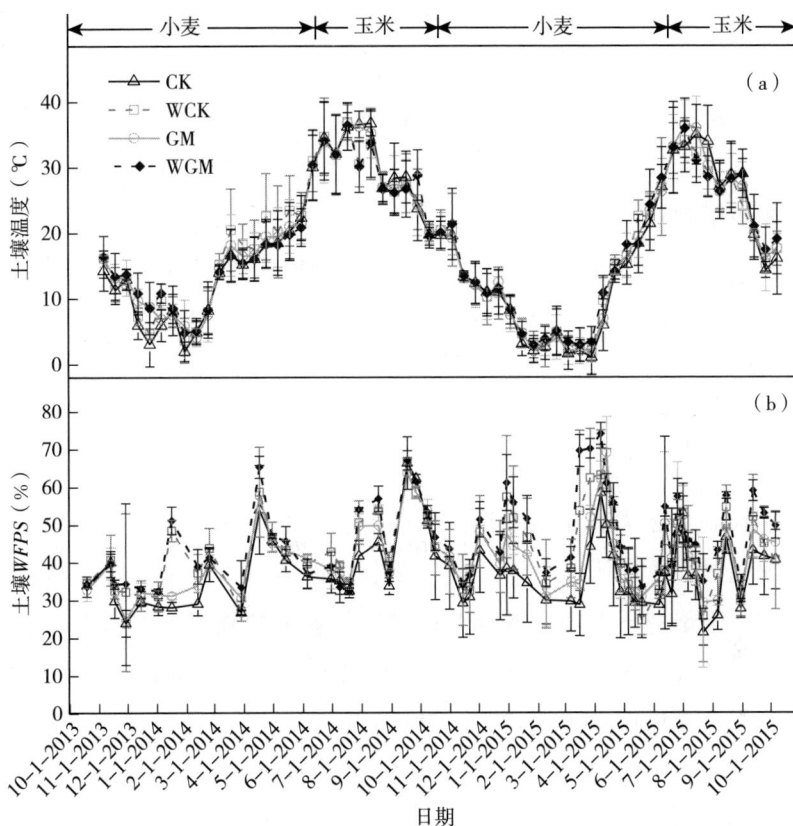

图4-5　土壤温度和土壤孔隙度含水率季节性变化

农田覆盖和灌溉作为重要的农田管理措施，被广泛证实能够有效提升土壤温度和土壤 $WFPS$，这一发现与过往多项研究（如 Liu 等，2014；Sharma 等，2011；Xie 等，2006）的结果高度一致，进一步验证了这些措施在改善土壤水热条件方面的有效性。Jury 和 Bellantuoni（1976）深入剖析了季节性气候变迁与地域差异性如何深刻影响农田覆盖技术的实施效果，特别是聚焦于这些环境因素在调控土壤水热平衡机制中所扮演的核心角色。他们的研究不仅揭示了覆盖技术效能与环境条件之间的复杂互动关系，而且强调了在实际应用中需充分考虑地域特异性及气候动态变化，以优化覆盖策略，最大化其对土壤环境的积极调控作用。关于农田覆盖技术对于减少土壤蒸发的积极作用，众多学者（如Lamb，1943；Nachtergaele 等，1998；Doolittle，1998；Lü 等，2011）进行了广泛的研究，特别是在雨季期间或表层土壤处于较为湿润状态时，覆盖措施展现出了尤为显著的抑制蒸发效果。本项研究亦对此原理进行了验证，表现为小麦—玉米轮作生长季土壤 WFPS 的显著增加，这一积极变化主要归因于覆盖层有效减少了土壤表面水分的蒸发散失，进而促进了土壤水分的保持与累积，为作物生长提供了更为有利的土壤水分条件。然而，由于土壤热容量的提升，高含水量的农田覆盖土壤在响应气温变化时，其温度变化相对滞后，即土壤温度的变化幅度和速度低于未覆盖土壤，这与 Pérez（1998）所报告的平均最高土壤温度比空气温度低 4.4℃的发现相吻合。农田覆盖的另一项关键生态功能在于其能够有效隔绝土壤表层与直接阳光照射之间的接触，从而显著降低土壤对太阳辐射能量的吸收效率。这一机制进而减少了土壤表层的热交换过程，有助于维持土壤温度的相对稳定，并有效抑制了土壤结皮现象的形成（Peng 等，2001；Wang 等，2011；Poesen 和 Lavee，1994）。这些协同效应综合作用于土壤系统，共同促进了土壤温度和湿度的稳定性，为作物生长构建了一个更加优越且适宜的环境平台。大量基于实证的研究已经确凿地展示了农田覆盖技术的多重效益：它不仅能够显著提升土壤的温度与湿度水平，还通过精细调控土壤微环境，如增强土壤保水能力、优化养分循环等，为作物的生长发育提供了更为有利的条件。最终，这些改善直接转化为作物产量的显著提高，验证了农田覆盖技术在现代农业实践中的重要性与有效性（如 Faibourn，1973；Bu 等，2013；Schmithals 和 Kühn，2017；Parihar 等，2017；Wang 等，2018）。

4.2.3 温室气体排放

图 4-6 为小麦—玉米生育期不同处理 CO_2、N_2O 和 CH_4 季节性排放通量。

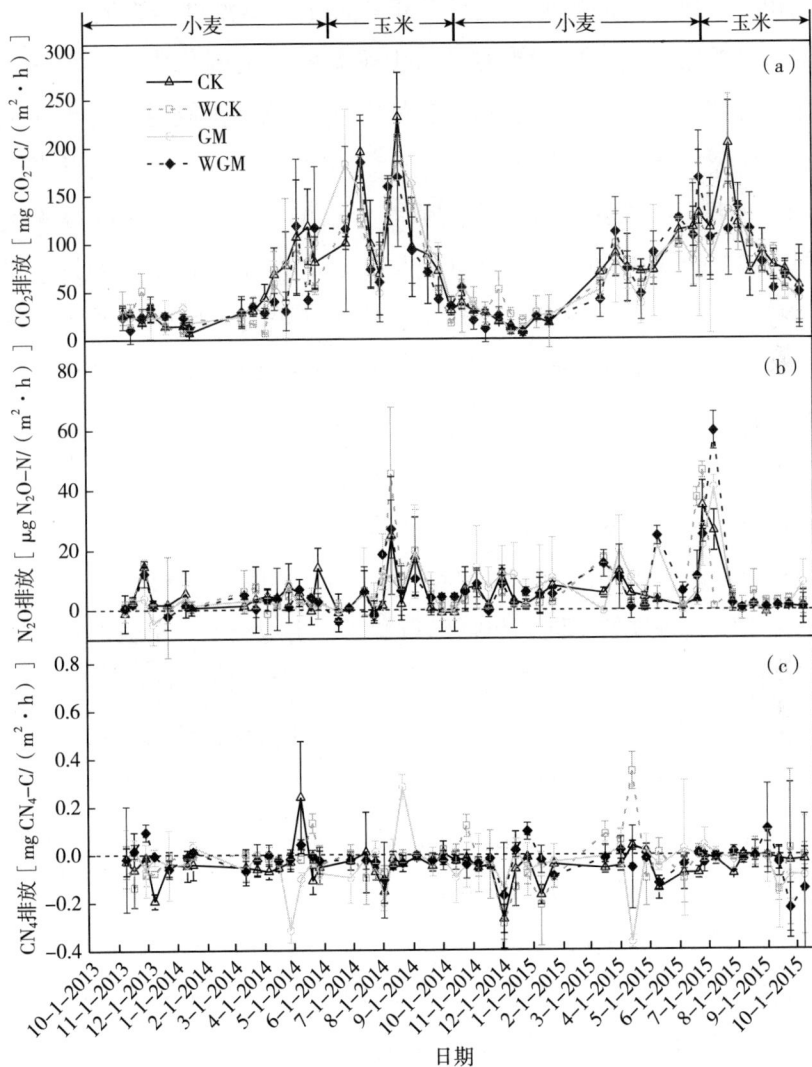

图 4-6　小麦—玉米生育期不同处理 CO_2、N_2O 和 CH_4 季节性排放通量

4.2.3.1　土壤 CO_2 排放

通过对比分析，冬小麦—夏玉米生育期内 CO_2 排放的季节性变化模式与土壤温度的变化趋势高度相似，均呈现出夏季排放高峰、冬季排放低谷的特点。随着土壤温度的逐渐升高，不同处理下的 CO_2 排放通

149

量也相继达到各自的峰值，这进一步印证了土壤温度是影响 CO_2 排放的重要因素之一。CO_2 排放通量与土壤温度和土壤孔隙度含水率的相关性分析见表 4-7。结果显示：各处理下的 CO_2 排放通量与土壤温度之间存在极为显著的正相关关系（$P<0.01$），即土壤温度的升高会促进 CO_2 的排放；然而，与土壤孔隙度含水率（WFPS）之间则未发现显著的相关性（$P>0.05$），这可能与土壤水分对 CO_2 排放的复杂影响机制有关，包括水分对微生物活动、根系呼吸及土壤通气性的综合作用。冬小麦—夏玉米生育期农田覆盖条件下的 CO_2 排放通量平均低于对照处理，特别是在关键生育期进行灌溉时，虽然短期内 CO_2 排放会有显著增加，但这种增加效应随时间逐渐减弱，并最终使得覆盖处理的 CO_2 排放水平低于对照处理。这一现象与 Parker 等（1984）的研究结果相吻合，却与 Lahav 和 Steinberger（2001）的结论相悖。这种差异可能源于实验条件的不同，包括砾石粒径、土地类型、覆盖面积及厚度等因素的差异，这些因素都可能对土壤微环境及 CO_2 排放产生显著影响。由表 4-8 可知，各处理间 CO_2 排放总量均存在显著性差异（$P<0.05$）。全年 CO_2 排放总量，在第 1 季的变化范围为（5 333.1+573.0）kg CO_2-Ce/hm^2 至（6 347.2±173.4）kg CO_2-Ce/hm^2，在第 2 季为（4 679.7±750.5）kg CO_2-Ce/hm^2 至（5 686.9±535.7）kg CO_2-Ce/hm^2。在 {CK，WCK} 处理和 {GM，WGM} 处理内都没有发现每年的二氧化碳总排放量有显著差异。不少研究指出灌溉增加了土壤 CO_2 排放，Zornoza 等（2016）的研究指出，有效的灌溉管理有助于减少农业中土壤 CO_2 排放量。

表 4-7　各处理年际平均 CO_2、CH_4、N_2O 排放通量与
表层土壤温度、土壤孔隙度含水率的相关系数

因子	CK			WCK			GM			WGM		
	N_2O	CH_4	CO_2	N_2O	CH_4	CO_2	N_2O	CH_4	CO_2	N_2O	CH_4	CO_2
土壤温度	0.185	0.162	0.758**	0.302*	0.133	0.735**	0.302*	0.081	0.727**	0.518*	0.004	0.596**
土壤WFPS	0.147	0.172	0.255	0.37*	0.131	0.23	−0.087	−0.087	0.213	0.019	−0.113	0.033

注：*，显著性水平 $P<0.05$；**，显著性水平 $P<0.001$。

我们的研究表明，GM 处理和 WGM 处理使灌溉或强降水后的二氧化碳排放量降低。WCK、GM 和 WGM 处理的年总 CO_2 排放量明显低于 CK 处理，其中第 1 季的值分别降低了 7.39％、14.07％和 15.97％，第 2 季分别降低了 7.98％、12.98％和 17.71％（表 4 - 8）。

表 4 - 8　各处理温室气体排放、全球增温潜势、产量和碳排放强度比较

年度	处理	N_2O (kg N/hm²)	CH_4 (kg C/hm²)	CO_2 (kg C/hm²)	GWP (kg CO_2 - e/hm²)	产量 (t/hm²)	GHGI (kg CO_2 - e_{t-1})
2013—2014	CK	0.54±0.14A	−0.76±0.44A	6 347.2±173.4A	502.8±148.7A	7.26±0.94B	71±25.1A
	WCK	0.45±0.17A	−0.9±1.5A	5 878.1±990.2A	405.8±184.6A	8.70±0.78B	46.1±19.6B
	GM	0.43±0.23A	−1.82±0.44B	5 453.8±1 259B	363.7±243.1B	11.15±0.57A	32.9±21.7C
	WGM	0.44±0.11A	−2.24±0.56B	5 333.1±573B	356.4±121.9B	11.66±0.96A	31.3±12.9C
2014—2015	CK	0.65±0.07a	−1.81±0.75a	5 686.9±535.7a	576.7±77.6b	8.33±0.34c	69±6.6a
	WCK	0.61±0.19a	−2.27±0.78a	5 250.8±636.6a	526±200.6b	9.83±1.75bc	57.5±33.7b
	GM	0.75±0.27a	−3.28±1.81b	4 948.8±296ab	632.8±332.2a	11.59±0.92ab	55.5±29.9b
	WGM	0.72±0.49a	−4.06±0.92b	4 679.7±750.5b	575.4±379b	12.6±1.31a	43.3±37.7bc

注：大写字母（2013—2014 年）和小字字母（2014—2015 年）表示处理之间的显著差异，$P < 0.05$（LSD）。

4.2.3.2　土壤 N_2O 排放

不同处理土壤 N_2O 通量的季节性或年际动态相似，主要依赖于小麦或玉米生长季节期间的灌溉和施肥，也受降雨事件驱动（Jordan 等，2017；Liu 等，2015；Xu 等，2004；Okuda 等，2007；Bateman 和 Baggs，2005）。图 4 - 6（b）还表明，在两个轮作周期内，土壤 N_2O 排放大部分发生在玉米生长季节。灌溉后 8～11d，WCK 和 WGM 处理的 N_2O 排放量显著增加并达到峰值。2015 年 6 月 20 日施肥或 2015 年 7 月 22 日 50mm 灌溉后土壤 N_2O 通量出现峰值，CK［（34.4±8.2）μg N_2O - N/(m² · h)］，WCK［（46.0±2.6）μg N_2O - N/(m² · h)］，GM［（40.3±3.9）μg N_2O - N/(m² · h)］和 WGM［（59.3±6.2）μg N_2O - N/(m² · h)］。在两个小麦生长季节期间观测到的土壤 N_2O 通量并没有

出现峰值，这是因为在基肥施用后的这段时间内没有发生强降水。土壤 N_2O 排放通量年际间差异较大。多数研究（Sehy 等，2003；Ma 等，2010；Liu 等，2011；Guardia 等，2017）的 N_2O 排放量的测量结果往往被低估，并且具有较高的变异性，因为以往的研究多专注于玉米生长季节，而不是小麦和玉米轮作系统。在两个年度轮作周期内，4 个处理的年际土壤 N_2O 排放量没有显著差异，这与 Yagioka 等（2015）塑料覆膜研究的结果类似。它们的数值在第 1 季的变化范围为（0.43 ± 0.23）kg N_2O-N/hm^2 至（0.54 ± 0.14）kg N_2O-N/hm^2，在第 2 季为（0.61 ± 0.19）kg N_2O-N/hm^2 至（0.75 ± 0.27）kg N_2O-N/hm^2。

我们发现土壤 N_2O 排放与土壤温度呈显著正相关（CK 处理除外），该研究还表明 WCK 处理的土壤 N_2O 排放与土壤 WFPS 显著正相关，作为一个关键的土壤因素，土壤水分可以促进土壤 N_2O 的运输和生产，并强烈驱动 N_2O 排放（Mcswiney and Robertson，2005）。然而，在 GM 处理中观察到 N_2O 排放与 WFPS 之间关系为负相关，这与 Liu 等（2014）的研究一致。这表明不同处理下土壤水分的增加可能成为土壤 N_2O 排放的一个有争议的因素。

4.2.3.3 土壤 CH_4 排放

试验期间土壤 CH_4 通量的季节变化范围为（-0.37 ± 0.03）mg CH_4-C/（$m^2 \cdot h$）至（0.34 ± 0.08）mg CH_4-C/（$m^2 \cdot h$）［图 4-6（c）］。在这个试验中，土壤 CH_4 既表现为吸收，也表现为排放。在两个轮作周期中，4 个处理没有出现连续的排放峰。在 GM 和 WGM 处理下，土壤 CH_4 排放量与土壤温度和 WFPS 相关性较差，与 WFPS 呈负相关。在 4 个处理中，当两个小麦生长季节土壤 WFPS 达到最高峰值后 6～11d，土壤 CH_4 排放量连续达到最大排放峰或吸收峰。特别是在 2015 年 4 月 7 日发生的土壤 WFPS 高峰值之后，WCK 和 GM 处理的 CH_4 排放量达到了 0.34mg CH_4-C/（$m^2 \cdot h$）和 -0.36mg CH_4-C/（$m^2 \cdot h$）。然而，在玉米生长季节不同处理之间没有观察到显著差异。第 1 季年际土

壤 CH_4 排放的范围为 $-2.24kg\ CH_4 - C/hm^2$ 至 $-0.76kg\ CH_4 - C/hm^2$，在第 2 季为 $-4.06kg\ CH_4 - C/hm^2$ 至 $-1.81kg\ CH_4 - C/hm^2$，负通量表明土壤吸收了大气中的 CH_4。随着播种年限的增加，各个处理的土壤 CH_4 排放表现为汇。在 WCK、GM 和 WGM 处理下，第 1 季土壤 CH_4 吸收显著增加，分别较 CK 处理增加了 18.4%、139.5% 和 194.7%，第 2 季分别增加了 32.5%、80.2% 和 124.3%。双因素方差分析结果表明，年际土壤 CH_4 排放量受到农田覆盖和灌溉措施的影响，且在第 2 季农田覆盖和灌溉共同作用时受到的影响更明显（$P<0.05$）。

此外，各处理冬小麦生长季 CH_4 排放差异显著，而夏玉米生长季无显著性差异。本研究中，当土壤孔隙度含水率达到最大值时，土壤 CH_4 排放会出现一个排放或者吸收的峰值。Hayashida 等（2013）的研究表明灌溉使土壤 CH_4 的排放显著增加。Khalil 等（2005）和 Dalal 等（2008）的研究认为土壤 CH_4 的产生是甲烷菌与甲烷氧化菌共同作用的结果，微生物通常在厌氧条件下分解土壤中的有机质。本研究中农田覆盖增加了 CH_4 的吸收，这可能是由于农田覆盖改善了土壤的通透性，抑制了有机质分解和产甲烷菌的活性，从而表现为 CH_4 的汇。灌溉和农田覆盖对产量及温室气体排放强度影响的双因素方差分析见表 4-9。

表 4-9 灌溉和农田覆盖对产量及温室气体排放强度影响的双因素方差分析（P 值）

年度	处理	N_2O		CH_4		CO_2		GWP		Yield		GHGI	
		P	显著性	P	显著性	P	显著性	P	显著性	P	显著性	P	显著性
2013—2014	Irr.	0.515	ns	0.728	ns	0.577	ns	0.785	ns	0.066	ns	0.353	ns
	GM.	0.466	ns	0.468	ns	0.209	ns	0.508	ns	0.000	**	0.047	*
	Irr.×GM.	0.494	ns	0.572	ns	0.054	ns	0.266	ns	0.001	**	0.017	*
2014—2015	Irr.	0.896	ns	0.641	ns	0.38	ns	0.851	ns	0.165	ns	0.544	ns
	GM.	0.676	ns	0.159	ns	0.157	ns	0.835	ns	0.01	**	0.389	ns
	Irr.×GM.	0.763	ns	0.045	*	0.066	ns	0.996	ns	0.002	**	0.035	*

注：ns，不显著；*，$P<0.05$；**，$P<0.001$。

4.2.3.4 温室气体排放与土壤水热因子的关系

温室气体排放的动态演变，作为地球生态系统中一个错综复杂的动态过程，直观地映射了自然界中多种因素间错综复杂的交互作用网络。这一演变过程的核心驱动力，深深植根于土壤这一复杂生命系统的多维度特性之中，特别是土壤水分、温度、有机质含量以及光合作用产物的综合效应，它们共同编织了一张驱动温室气体排放与吸收的精密网络。土壤，作为地球上生命活动的基石，同时也是温室气体（如二氧化碳、甲烷等）排放与吸收的关键源与汇。其内部的水热条件，即土壤水分含量与温度的变化，构成了影响温室气体动态变化的重要环境因子。土壤水分的充足与否直接影响着微生物的活性与群落结构，进而影响有机质的分解速率和温室气体的产生量；而土壤温度则通过调控酶促反应速率和微生物代谢活动，进一步强化了这一过程。这种土壤水热条件与温室气体排放之间的紧密且显著的相互依存关系，形成了一个动态的反馈循环，不断塑造着土壤内部的生物化学过程。更为深远的是，这种复杂的相互作用机制不仅局限于土壤内部，它还通过调控温室气体的产生、在土壤-大气界面的传输以及在土壤中的储存与释放，对全球碳循环与气候系统产生了广泛而深刻的影响。一方面，土壤作为地球上最大的碳库之一，其碳的固定与释放过程直接影响着大气中温室气体的浓度，进而对全球气候产生调控作用；另一方面，气候变化又通过改变降水模式、温度分布等方式，反作用于土壤生态系统，形成了一种双向的、动态的耦合关系。

本研究聚焦于中国黄土高原这一兼具独特生态价值与农业重要性的地域，系统探究了在该区域广泛推行的小麦—玉米轮作耕作体系下，多样化农田覆盖措施对土壤温室气体（特别是 CO_2、N_2O 及 CH_4）排放特性的具体影响机制。研究采用严谨的科学实验设计方案与数据解析方法，旨在深入剖析覆盖措施如何通过精细调控土壤微环境（如水分、温度、生物活性等），进而对温室气体排放通量产生直接或间接的调控作用。本研究成果旨在为制定高效、环保的农业管理策略提供科学依据与实践指导，进而减缓全球气候变化带来的不利影响。

图 4-7 所展示的数据分析结果表明，土壤 CO_2 通量与土壤温度和土壤 $WFPS$ 之间的关系可以通过曲线拟合得到较好的描述，这直接反映了土壤水热条件的变化是驱动 CO_2 排放季节性波动的主要因素之一。相比之下，N_2O 和 CH_4 与土壤温度和 $WFPS$ 之间的拟合效果较差，这暗示了 N_2O 和 CH_4 的排放过程可能受到更多复杂因素（如土壤微生物群落结构、氧化还原电位、氮素循环效率等）的调控，而这些因素与土壤水热条件的直接联系可能不如 CO_2 排放那样直接和显著。

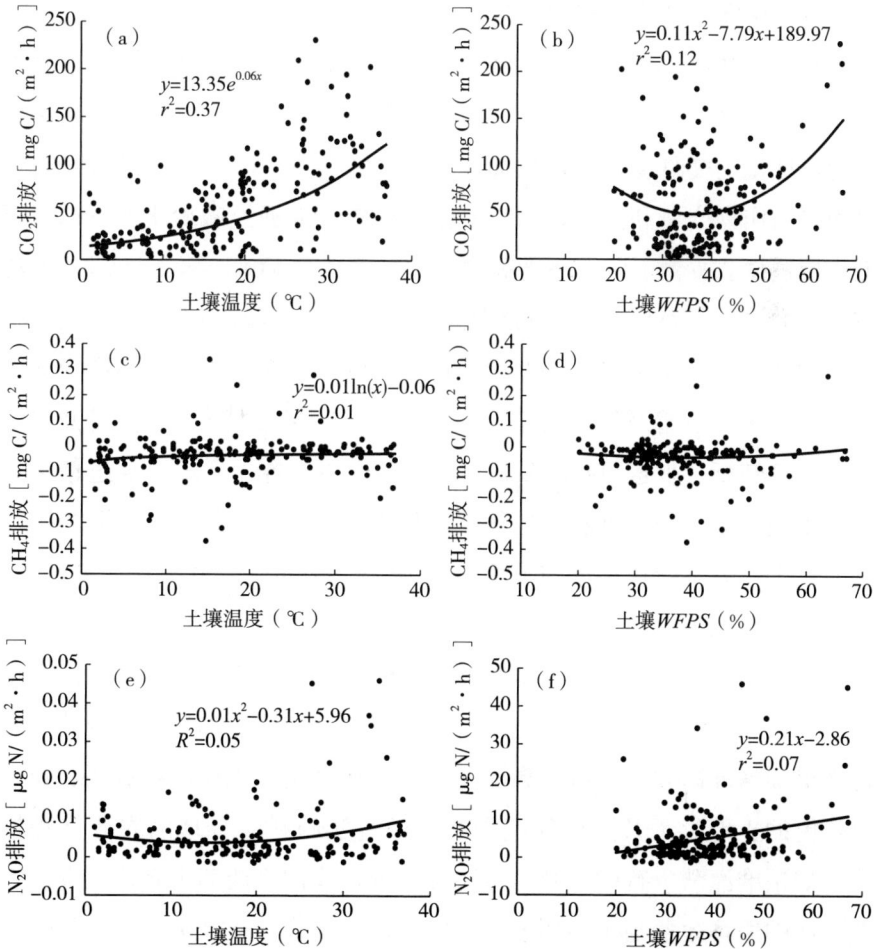

图 4-7　温室气体排放和土壤温度、土壤 $WFPS$ 之间的关系

尽管如此，上述结果仍然有力地支持了一个核心观点：即土壤 CO_2、N_2O 和 CH_4 的排放季节性变化，在很大程度上是受到土壤温度和土壤 $WFPS$ 变化驱动的。这一发现不仅极大地丰富了我们对于土壤生态系统内温室气体产生、迁移及排放这一复杂过程机制的科学认知，而且为我们敲响了警钟，提醒我们在规划与执行农业管理措施时，务必采取一种更为全面、前瞻性的视角，将土壤水热条件的精细调控纳入核心考量之中。总的来说，这一发现强调了农业实践中的环境友好型转型方向，即在追求作物高产与农业经济效益的同时，也需兼顾温室气体减排的生态目标，力求在两者之间找到最佳的平衡点，实现双赢局面。尤其是在像黄土高原这样生态环境相对脆弱、对气候变化敏感的区域，科学合理的农田覆盖策略，如使用秸秆覆盖、地膜覆盖等，能够有效提升土壤保水能力，优化土壤温度环境，从而促进作物根系发育、增强作物抗逆性，进而提高作物产量和品质；同时，这些措施还能通过减少土壤裸露、降低土壤蒸发、改善土壤微环境等途径，显著减少 CO_2、N_2O 及 CH_4 等温室气体的排放，为减缓全球变暖趋势、保护生态环境贡献重要力量。

因此，将土壤水热条件的精准调控与农田覆盖技术的创新应用深度融合，不仅标志着对传统农业管理模式的一次革命性转变，更是开启了农业绿色转型、促进可持续发展的新篇章。这一结合策略，通过精细化调节土壤的水分与温度状况，优化了作物生长环境，提高了资源利用效率，减少了因不合理灌溉和土壤干旱/湿涝引发的温室气体非必要排放，从而在源头上为应对全球气候变化贡献了一份力量。展望未来，随着气候科学、信息技术、生物技术等领域的交叉融合与不断进步，我们对土壤水热条件与温室气体排放之间复杂关系的理解将更加深入，调控手段也将更加精准高效。在黄土高原这片具有典型生态脆弱性和重要农业生产价值的土地上，乃至全球范围内，通过实施科学合理的农业管理措施，如精准灌溉、智能施肥、生物覆盖等，我们将能够更有效地平衡农业生产的经济效益与生态环境保护的需求，走出一条低碳、高效、循环的现代农业发展道路。这一过程，不仅是对传统农业生产方式的全面升级，更是对人与自然和谐共生理念的生动实践。它要求我们在追求农业发展的同时，必须尊重自然规律，强化生态保护意识，通过科技创新和制度创新，实现农业生产与生态环境的双赢，为子孙后代留下一个更加宜居、繁荣的地球家园。

4.2.4　GWP 和 GHGI

由图 4-8（d）可知，4 个处理的年际全球增温潜势（GWP）第 1 季的范围为（356.4±121.9）kg CO_2 - Ce/hm^2 至（502.8±148.7）kg CO_2 - Ce/hm^2，第 2 季为（526.0±200.6）kg CO_2 - Ce/hm^2 至（632.8±332.2）kg CO_2 - Ce/hm^2。与 CK 处理相比，WCK、GM 和 WGM 处理的 GWP 分别降低了 19.3%、27.7% 和 29.1%，第 2 季则有增有减。GHGI 值取决于 GWP 和作物产量 [图 4-8（e）] 的比值，在第 1 季，GHGI 受不同覆盖方式的显著影响。同时，第 2 季灌溉和覆盖措施的相互作用是 GHGI 降低的主要原因（$P<0.05$）。所有处理的 GHGI 在第 1 季的变化范围为（31.3±12.9）kg CO_2 - Ce_{t-1} 至（71.0±25.1）kg CO_2 - Ce_{t-1}，第 2 季为（43.3±37.7）kg CO_2 - Ce_{t-1} 至（69.0±6.6）kg CO_2 - Ce_{t-1}。虽然第 2 季 GWP 有增有减，但农田覆盖条件下的年际产量显著增加，这使得两季 GHGI 均显著降低。与 CK 处理相比，第 1 季 WCK、GM 和 WGM 处理的年际 GHGI 分别降低了 35.1%、53.7% 和 55.9%，第 2 季分别降低了 16.7%、19.6% 和 37.2%。

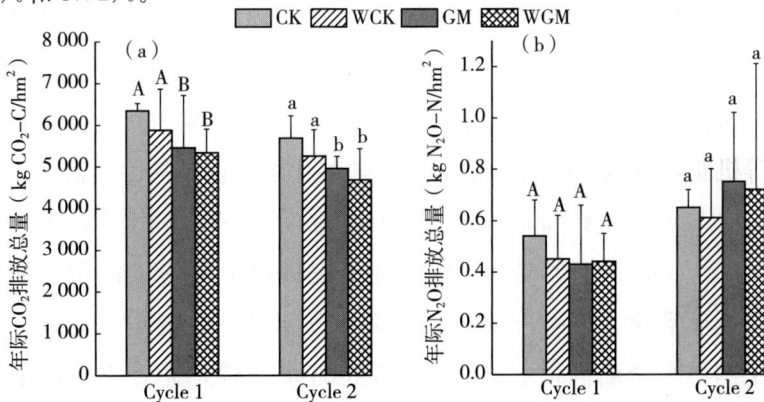

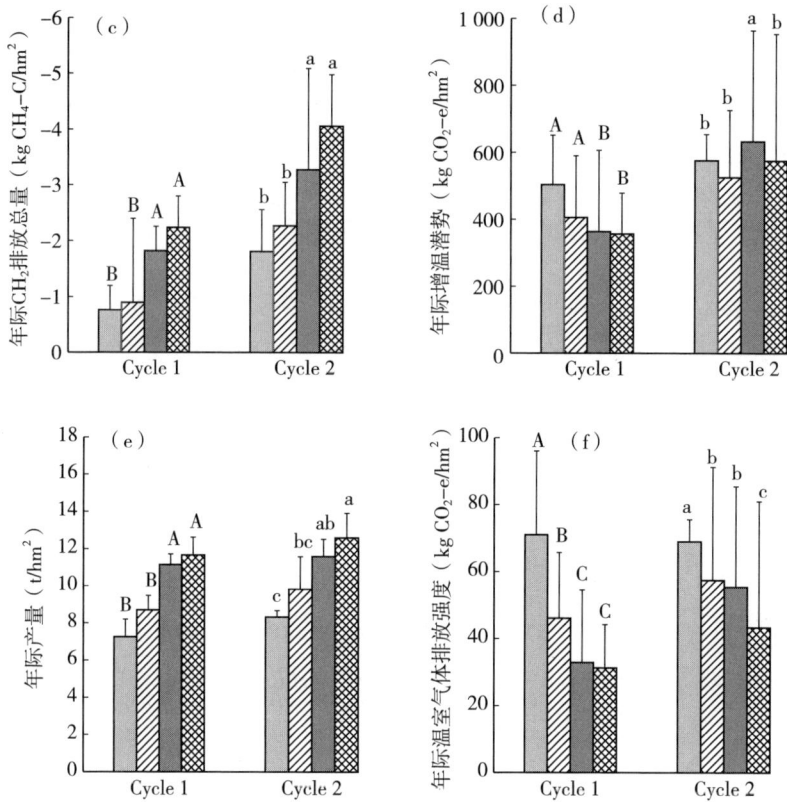

图 4-8 2013—2015 年小麦—玉米年际温室气体排放总量、
年际 *GWP*、年际产量和年际 *GHGI*

众多科学研究已阐明了农田覆盖作为一种创新的农业管理策略，其在改善土壤理化性质、促进土壤生态系统健康以及有效缓解农业活动诱发的温室气体排放方面所发挥的关键作用。农田覆盖不仅通过物理阻隔减少土壤侵蚀、保持土壤水分，还通过调节土壤温度、优化微生物群落结构等机制，深刻影响着土壤的生物学与化学过程，从而促进了土壤肥力的提升与温室气体排放的减量（Okuda 等，2007；Li 等，2011；Bu 等，2013；Liu 等，2016）。这些研究不仅详尽地阐述了覆盖层如何通过调节土壤温度、维持土壤水分稳定性以及促进有机质的有效分解等关键机制，来全面优化土壤生态系统的环境条件，还着重强调了其在

降低 CO_2、CH_4 和 N_2O 等温室气体排放方面的显著成效。与此同时，灌溉作为农业生产体系中不可或缺的重要环节，其操作模式的精细调控与管理策略的科学制定，同样对农田温室气体排放的格局产生了深远的影响。灌溉不仅直接影响土壤水分状况，还通过改变土壤通气性、微生物活性及根系呼吸等过程，间接调控着温室气体的产生与排放（Whitfield 等，1993；Zornoza 等，2016；Meijide 等，2017）。科学合理的灌溉制度，在显著提升水资源利用效率的同时，亦能通过多维度影响土壤通气性、微生物群落活动以及植物根系呼吸等生物地球化学过程，直接或间接地调控农田生态系统中温室气体的产生速率与排放模式。

在评估温室气体排放对环境影响时，研究者们广泛采用了将 CH_4 和 N_2O 的排放量换算为 CO_2 当量的方法，即修正的全球增温潜势（NGWP），以便于比较不同温室气体对气候变暖的贡献（Chen 等，2017；Dhadli 等，2016；Haque 等，2016；Ma 等，2013）。这一换算结果往往表明，尽管甲烷（CH_4）排放量的减少有助于降低全球增温潜势（GWP），但氧化亚氮（N_2O）排放量的增加却可能部分抵消这一效果。因此，在农业实践中，寻求既能减少 CH_4 排放又能控制 N_2O 排放的策略显得尤为重要。

鉴于温室气体排放问题的全球性影响，其已成为威胁地球生态平衡和人类可持续发展的重大挑战，且其紧迫性正随着气候变化现象的加剧而日益凸显。面对这一全球性议题，国际社会已达成共识，普遍采纳温室气体排放强度（GHGI）作为衡量和评估各国及各行业温室气体减排能力与成效的核心指标。GHGI 的引入与推广，直接根源于政府间气候变化专门委员会（IPCC）在 2013 年发布的具有里程碑意义的权威报告（IPCC，2013），该报告不仅强调了温室气体减排的紧迫性，还为全球范围内的减排行动提供了科学的指导框架。GHGI 的应用，为评估不同领域，特别是农业生产活动中特定管理策略对减缓全球气候变化的实际贡献提供了强有力的科学依据和更为精准的度量标准。它允许我们比较不同生产方式或干预措施下单位经济活动所产生的温室气体排放量，从而识别出最有效的减排路径。

在我们的研究中，通过实施为期 2 年的农田覆盖试验可知，无论是采用秸秆覆盖还是塑料膜覆盖等土壤管理措施，均显著降低了试验农田的 *GHGI* 水平。这一发现不仅与先前多项研究（如 Xu 等，2004；Li 等，2014；Cuello 等，2015）的结论高度一致，而且通过我们的长期数据积累与深入分析，进一步强化了农田覆盖技术在温室气体减排方面的有效性认知。尤为值得注意的是，我们的研究还揭示了农田覆盖措施在提高作物产量与降低 *GHGI* 之间存在的积极协同关系。这一发现与先前研究（如 Cui 等，2013；Liu 等，2014）相呼应，表明农田覆盖不仅能够通过改善土壤环境、促进作物生长来提高产量，还能同时减少温室气体排放，实现农业生产的经济效益与生态效益的双赢。这一发现对于指导农业可持续发展、推动绿色农业实践具有重要意义，也为全球农业领域应对气候变化提供了宝贵的实践经验和理论支持。

4.2.5 *CF* 和 *CI*

本试验中碳足迹的边界为第 1 季小麦播种开始到第 2 季玉米收获结束（2013 年 10 月—2015 年 10 月），评价农资生产过程中的（肥料和农药）碳排放、农业活动中的能源消耗（施肥、喷洒农药、覆盖、收获）、灌溉过程中的能源消耗（电力）、农田生态系统的净交换（NEE），表征生态系统的碳吸收及小麦和玉米生育期内的 CH_4 和 N_2O 排放总量，评价农田覆盖对农田生态系统固碳能力的影响。本研究各种物质的碳排放参数见表 4 - 10，并统一用单位面积排放的二氧化碳的碳单量（图 4 - 10）来表示（kg CO_2 - Ce/hm²）。此外，我们假设砾石材料的碳消耗成本为 0。

经过 2a 的观测，GM 处理的平均土壤碳足迹（CF）为每年 $-4.6t$ CO_2 - Ce/hm²，远低于对照处理的每年（1.4～4.6）t CO_2 - Ce/hm²。在四种处理的碳源中，肥料和土壤 N_2O 排放为主要贡献因子，分别占

表4-10 不同处理的碳消耗

排放来源	项目	排放参数	农业用量	碳消耗（kg CO_2 - Ce/hm^2）							
				2013—2014				2014—2015			
				CK	WCK	GM	WGM	CK	WCK	GM	WGM
肥料	N	1.52 kg CO_2 - Ce/hm^2	375 kg/hm^2	570	570	570	570	570	570	570	570
	P	0.2 kg CO_2 - Ce/hm^2	190 kg/hm^2	38	38	38	38	38	38	38	38
杀虫剂	—	4.88 kg CO_2 - Ce/hm^2	14.8 kg/hm^2	72.2	72.2	72.2	72.2	72.2	72.2	72.2	72.2
农业活动	—	—	—	85.9	85.9	95.9	95.9	85.9	85.9	95.9	95.9
灌溉	电力	0.92 kg CO_2/(kW·h)	—	0	181.9	0	181.9	0	181.9	0	181.9
温室气体排放 GHG	N_2O	298 kg CO_2/kg N_2O	—	160.9	134.1	128.1	131.1	193.7	181.8	223.5	214.6
	CH_4	34 kg CO_2/kg CH_4	—	-25.8	-30.6	-61.9	-76.2	-61.5	-77.2	-111.5	-138
CO_2净交换 NEE	—	—	—	-4 161	-4 871	-5 361	-6 303	-3 942	-4 236	-5 543	-6 429
总碳足迹 CF	—	—	—	-3 259.8b	-3 819.5b	-4 518.7a	-5 290.1a	-3 043.7b	-3 183.4b	-4 654.9a	-5 394.4a

总碳源值的 $50.5\%\sim60.4\%$ 和 $14.2\%\sim18.8\%$，其次为农业活动和灌溉。固碳主要取决于 CO_2 净交换，由于土壤 CH_4 排放和 CO_2 净交换，GM 处理的作物生产系统 CF 比对照高 1.5 倍。结果表明，农田覆盖的应用显著减少了土壤碳消耗。然而，在两个轮作周期内，作物生产的碳排放强度（CI）结果存在差异。农田覆盖对第 1 季作物生产的 CI 没有显著影响，而对第 2 季的 CI 影响显著。2a 农田覆盖灌溉实践的共同作用使 WGM 处理的 CI 较 CK 处理下降 8.2%。

在既往关于农业生态系统碳平衡的研究中，学术界普遍倾向于将注意力集中于农业投入要素（诸如化肥、农药施用及灌溉管理等）对系统碳循环的直接效应上，却相对忽视了土壤作为碳源与碳汇双重身份所蕴含的复杂性，特别是对土壤 CO_2 净交换过程的动态变化以及土壤 CH_4 和 N_2O 这两种关键温室气体排放特征的综合考量（Lal，2004；Liu et al.，2016）。这种研究视角的局限性，在一定程度上制约了我们对于农业活动全面环境影响的深刻理解和全面评估。实际上，农业系统的可持续性评估远非单纯聚焦于产量提升或经济效益最大化，而是一个多维度、综合性的考量框架，其中必须纳入碳足迹的量化分析、碳效率的评估以及环境友好型生产模式的探索与实践（Dubey & Lal，2009）。

为填补现有研究在全面评估农业实践对温室气体排放及碳循环长期影响方面的空白，本研究创新性地引入了作物产生的碳足迹总量（Total Crop Carbon Footprint，TCF）与碳排放强度（Carbon Intensity，CI）作为核心评价指标。通过精心设计的田间试验与严谨的数据分析流程，本研究揭示了农田覆盖措施在减缓温室气体排放、优化碳循环路径上的显著优势。农田覆盖策略通过减少土壤水分蒸发、维持土壤湿度的适宜范围及稳定土壤温度，为作物生长创造了有利条件，进而增强了土壤有机碳的固存潜力，有效降低了因土壤呼吸作用而释放的 CO_2 量。此外，本研究还发现，农田覆盖措施能够显著抑制土壤厌氧环境下 CH_4 的生成，这一温室气体对全球变暖具有显著贡献。同时，覆盖措施可能通过改变土壤微生物群落的组成与功能，间接影响 N_2O 的排放过程，进一步减少了这一重要温室气体的释放。

除此之外，本研究进一步揭示了农田覆盖技术在降低作物生产碳足迹（*Crop Footprint*，*CF*）方面的显著潜力。降低作物生产碳足迹并非以牺牲作物产量为代价，而是依托于土壤碳固存效率的实质性提升以及温室气体排放的显著降低而实现的。具体而言，农田覆盖措施通过优化土壤微环境，促进了土壤有机碳的长期固定，并有效减少了因土壤呼吸和厌氧过程而产生的 CO_2 和 CH_4 等温室气体排放，同时也可能通过影响土壤微生物活动减少 N_2O 的释放。此发现对于推动农业向低碳、高效、可持续的转型路径发展具有深远意义。它打破了传统观念中农业发展与环境保护之间的零和博弈，证明了在科学、合理的农田管理措施指导下，农业不仅能够继续担当起保障全球粮食安全的重要角色，还能在全球气候治理中扮演更加积极、主动的角色。通过广泛推广和应用农田覆盖等绿色农业技术，我们有望实现农业生产经济效益与生态效益的和谐共生，为构建人类命运共同体、应对全球气候变化贡献农业领域的智慧和力量。

图 4 - 9 为不同处理的碳足迹构成。

在全球范围内，减少温室气体（*GHG*）排放量与降低碳足迹（*CF*）已成为一项被广泛认可的战略共识，被视为应对气候变化挑战、维护生态环境平衡以及促进农业领域可持续发展的重要基石。鉴于全球气候变化趋势的持续加剧，探索并广泛实施高效的温室气体减排策略与

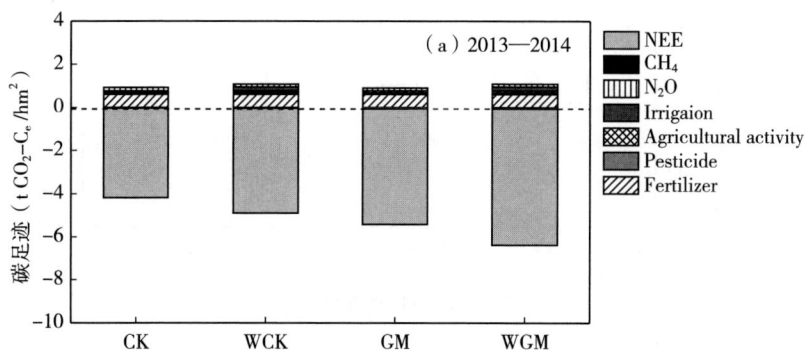

（a）2013—2014

图例：NEE、CH_4、N_2O、Irrigaion、Agricultural activity、Pesticide、Fertilizer

纵轴：碳足迹（$t\ CO_2$-C_e /hm²）

横轴：CK　WCK　GM　WGM

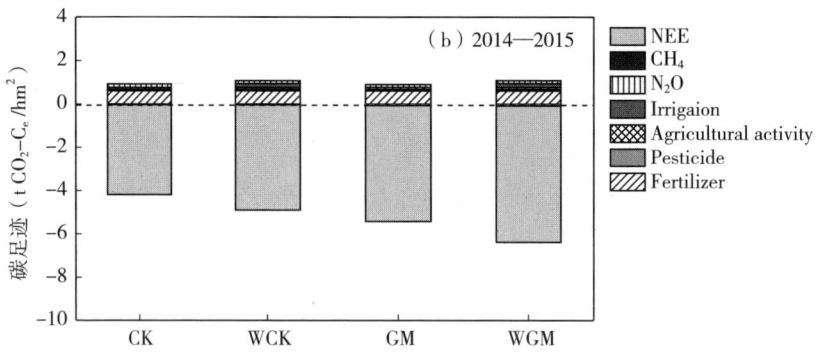

图 4-9　不同处理的碳足迹构成

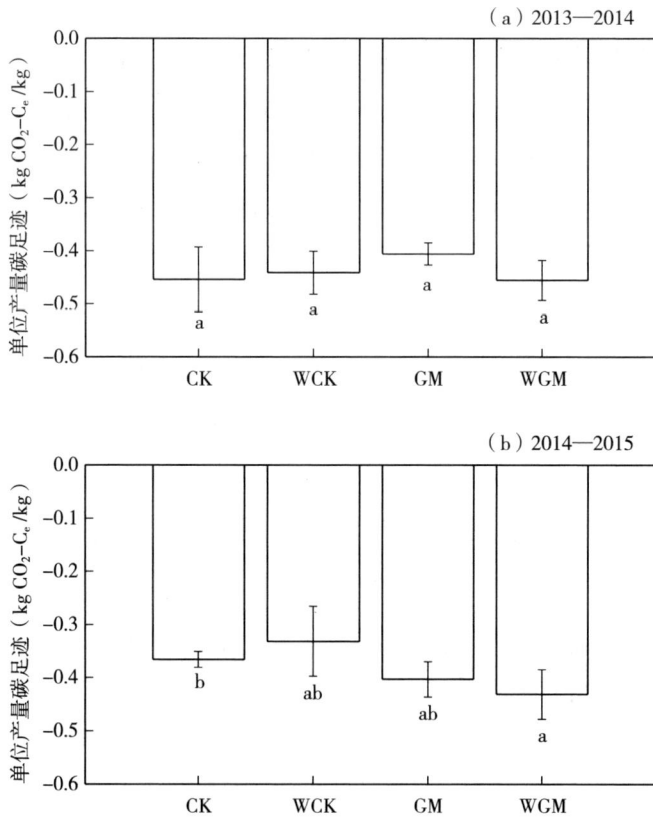

图 4-10　单位产量碳足迹

措施，已成为当前时代刻不容缓的紧迫任务。农田覆盖，作为一种历史悠久且广泛应用的本土化田间管理技术，其在调节土壤微环境、优化作物生长条件方面展现出显著优势。然而，关于农田覆盖对温室气体排放及农业生态系统碳平衡的具体影响机制，目前尚缺乏系统深入的研究，尤其是在不同生态区域和作物轮作体系下的表现差异。本研究聚焦于中国黄土高原这一典型的生态脆弱区，针对该区域广泛采用的小麦—玉米轮作体系，深入探讨了不同农田覆盖措施（如秸秆覆盖、地膜覆盖及其组合等）对土壤温室气体（CO_2、N_2O 和 CH_4）排放的影响。研究结果显示，在整个试验周期内，温室气体排放与土壤温度和土壤充水孔隙空间（$WFPS$）之间存在显著的相关性，这一发现揭示了土壤水热条件变化是驱动土壤温室气体排放季节性波动的主要因素。具体而言，与未覆盖的对照处理相比，农田覆盖措施不仅显著提高了作物产量，还通过促进土壤碳固存、减少土壤 CO_2 排放以及增强土壤对 CH_4 的吸收能力，对温室气体排放产生了积极影响。然而，在 N_2O 排放方面，小麦生长季内各处理间差异不明显，而在夏玉米生长季，农田覆盖处理下的土壤 N_2O 排放有所增加，这可能与覆盖改变了土壤微生物活性和氮素转化过程有关。尽管农田覆盖措施下的全球增温潜势（GWP）存在波动，但由于作物产量的显著提升，其温室气体排放强度（$GHGI$）仍表现出显著降低的趋势。这一结果表明，农田覆盖在保障粮食生产的同时，也有效降低了单位产量所伴随的温室气体排放，对提升农业系统的环境友好性具有重要意义。

此外，研究还发现农田覆盖对减少碳强度（CI，即碳足迹与产量的比值）也起到了积极作用。与 CK 处理相比，WCK、GM 和 WGM 处理的 $GHGI$ 在第 1 季分别降低了 35.1%、53.7%和 55.9%，在第 2 季分别降低了 16.7%、19.6%和 37.2%。WCK、GM 和 WGM 处理的 CF 的两年平均值分别比 CK 处理低 69.5%、45.5%和 11.2%。考虑到农业系统碳平衡的需求，2 个小麦—玉米轮作系统条件下，农田覆盖显著降低了农业生产的 CF，值得注意的是，尽管农田覆盖在短期内能够显著降低农业生产的碳足迹，但其长期效果可能受到多种因素的制约，如土壤性质变化、覆盖材料降解速率以及作物轮作模式调整等，导致覆盖效果随时间逐渐减弱。

综上所述，本研究通过系统深入地探究，不仅极大地丰富了我们对农田覆盖技术如何在温室气体减排及农业生态系统碳平衡中发挥关键作用的认知边界，深刻揭示了其背后的科学机制与复杂过程，同时也为黄土高原这一生态环境敏感且重要的农业区域，乃至全球范围内其他相似地区，推广并实施科学合理、环境友好的农田覆盖措施，指明了方向，提供了宝贵的理论依据和实践参考。这些发现对于促进农业向更加绿色、低碳、可持续的方向转型，具有重要的现实意义和长远价值。展望未来，为了进一步挖掘农田覆盖技术的潜力，最大化其环境效益与经济效益，未来的研究应当聚焦于以下几个方面：一是深化对农田覆盖长期效应的监测与分析，以更加全面地评估其对土壤健康、作物生长，以及温室气体排放的持续影响；二是探索农田覆盖与作物轮作、施肥管理等多样化农业实践之间的协同效应，通过优化组合不同管理措施，实现温室气体减排与农业生产效率的双重提升；三是加强跨学科合作，运用遥感技术、大数据分析等现代科技手段，提高农田覆盖效果评估的精度与效率，为制定科学合理的覆盖策略提供有力支持；最后，还需关注农田覆盖技术的社会接受度与推广模式，确保这些环保措施能够真正落地生根、惠及广大农民与农业生产系统。通过这些努力，我们有望在实现温室气体减排目标的同时，推动农业生产的可持续发展，为构建人与自然和谐共生的美好未来贡献力量。

4.3 农业覆盖措施应对气候变化的能力

农田覆盖技术，作为一种高效的水土资源管理措施，其独特的蓄水保墒、增温增产特性，在全球范围内，特别是在我国西北干旱半干旱地区，已成为推动农业可持续发展的重要手段。这些地区长期面临水资源短缺、土壤贫瘠及极端气候条件的挑战，而农田覆盖技术通过减少土壤水分蒸发、提高土壤温度、优化土壤微生物环境，显著改善了作物生长环境，促进了作物根系发育和养分吸收，从而实现了作物产量的稳步增长。近年来，随着对农田覆盖技术研究的不断深入，大量科学实验和田间观测数据证实了其在改善土壤水热状况、促进作物生长发育及提高产量方面的积极作用。然而，尽管已有诸多研究成果，但关于农田覆盖技术在大田实践中的综合效应，特别是在不同土壤类型、气候条件及作物种类下的具体表现，仍缺乏全面系统的理论支撑和实践指导。因此，加强农田覆盖技术的大田试验研究，构建涵盖土壤水分动态、温度变化、作物生长周期及最终产量等多维度的综合评价体系，成为当前农业科学研究的重要方向（Yang 等，2012）。在此背景下，刘晓青（2016）和左亿球（2016）等学者结合特定区域的灌溉习惯，深入探讨了农田覆盖条件下土壤蒸发量的减少、作物需水量的变化以及水分利用效率的提升机制，为农田覆盖技术的精准应用提供了科学依据。他们的研究不仅验证了农田覆盖技术在提高作物产量和节水灌溉方面的有效性，还进一步揭示了其背后的生理生态机制。本文基于前人研究基础，通过为期 2a 的旱作田间试验，聚焦于冬小麦—夏玉米轮作体系，系统研究了农田覆盖技术对该轮作模式下作物生长动态、产量形成及土壤水热环境的调控作用。试验设计充分考虑了作物生长周期内的气候变化、土壤特性及作物生理需求，旨在全面揭示农田覆盖技术如何通过调节土壤水分和温度条件，促进作物根系生长、增强光合作用效率，进而实现作物产量的提升。

本研究不仅极大地丰富和完善了农田覆盖耕作技术的理论体系，使其成为一个更加系统、全面且具有前瞻性的知识框架，同时也为干旱半干旱地区这一特定生态环境下的农业生产模式优化提供了宝贵的科学依据和实践指南。这些地区长期面临水资源匮乏、土壤退化等严峻挑战，本研究通过揭示农田覆盖技术如何有效改善土壤水热条件、增强土壤保水保肥能力、促进作物生长发育等内在机理，为解决这些问题提供了切实可行的技术方案。通过深入剖析农田覆盖技术在提高水资源利用效率方面的独特优势，展示了其如何通过减少土壤无效蒸发、增加作物蒸腾效率、优化灌溉制度等方式，显著提高水资源的产出效益。这对于干旱半干旱地区而言，无疑是实现农业节水增产、保障粮食安全的重要途径。此外，本研究还关注到了农田覆盖技术在提升土壤质量、增强生态系统服务功能等方面的积极作用，为构建健康、稳定的农田生态系统提供了有力支持。这一方案旨在为农业科研工作者提供新的研究思路和方法，为政策制定者制定科学合理的农业发展规划提供决策依据，同时也为广大农民提供了易于理解、便于操作的技术指导，助力他们在实际生产中更好地应用农田覆盖技术，推动农业生产的绿色、高效、可持续发展。

4.3.1　产量的变化

农田覆盖技术，作为一种高效且环保的农业管理措施，其卓越的保温保水性能在优化土壤水热环境方面展现出了无可比拟的优势。在干旱与半干旱地区尤为显著，该技术如同为农田披上了一层保护衣，有效减少了土壤水分的无效蒸发，确保了作物在生长周期内能够获得稳定且充足的水分供给。这不仅为作物根系提供了良好的生长环境，促进了根系的发育与扩展，还通过调节土壤温度，为作物生长创造了更加适宜的气候条件，有效延长了作物的生长周期，加速了作物的生长发育进程。此外，农田覆盖技术还通过其独特的物理和化学作用，深刻影响了土壤养分的供应机制。覆盖层下的土壤环境相对稳定，减少了因风蚀、水蚀等自然因素造成的养分流失，为微生物的繁殖和活动提供了良好的条件。微生物作为土壤生态系统中的"分解者"和"转化者"，在覆盖层的庇护下更加活跃，促进了土壤有机质的分解和养分的转化与释放。这一过程不仅提高了土壤养分的有效性，使得作物能够更高效地吸收利用这些养分，还增强了土壤的生物活性，构建了更加健康、肥沃的土壤生态系统。更为重要的是，农田覆盖技术还促进了土壤有机物质的积累过程。通过减少土壤侵蚀、增加有机质输入（如秸秆还田等）以及改善土壤微环境等方式，逐步提升了土壤的肥力水平，为作物的持续高产和农业的可持续发展奠定了坚实的基础。该试验为 2 年旱作田间试验，旨在深入剖析农田表面覆盖砾石这一独特农业管理措施对土壤水分动态及土壤温度变化的具体影响，并全面评估农田覆盖措施对作物生长各项关键指标的综合效应。通过这一系统性研究，我们期望能够揭示农田覆盖技术如何直接或间接地影响作物产量的形成机制，从而为农田覆盖耕作技术的创新与发展提供科学依据，并进一步完善农田覆盖理论在现代农业生产实践中的应用体系，为未来的农业可持续发展贡献一种具有前瞻性的研究思路与方法论。

4.3.1.1 产量的构成

由表 4 - 11 可以看出，随着农田覆盖面积的不断扩大，两季小麦的有效穗数呈现出稳步上升的趋势，这一发现深刻揭示了农田覆盖技术在促进作物生长，特别是在小麦分蘖期所发挥的关键作用。分蘖期作为小麦生长周期中的一个重要阶段，直接关系到后续穗数的形成与发育，而农田覆盖通过改善土壤微环境，如保持土壤湿度、调节土壤温度以及促进土壤微生物活动，为小麦分蘖提供了更为有利的条件，从而显著提高了单位面积内的有效穗数。值得注意的是，尽管不同处理间两季小麦的穗粒数并未展现出明显的统计学差异，但这一结果并不排除农田覆盖在间接层面对穗粒发育的积极影响。可能的原因是，农田覆盖主要通过优化土壤环境来增强植株的整体生长势，而穗粒数的直接变化可能更多地受到遗传特性、品种差异及环境因素的综合影响。

相比之下，两季玉米的穗粒数则对农田覆盖的响应更为敏感，表现出相应的增加趋势。这进一步印证了农田覆盖技术在提高作物产量潜力方面的广泛适用性。玉米作为另一种重要的粮食作物，其穗粒数的增加直接关联到最终产量的提升，而农田覆盖通过改善土壤水分状况、减少土壤侵蚀、提高土壤肥力等多种途径，为玉米的生长创造了更加有利的条件。

表 4-11 不同处理小麦—玉米产量及构成

年度	作物	处理	有效穗数	穗粒数	千粒重（g）	生物量（kg/hm²）	产量（kg/hm²）
2013—2014	小麦	CK	423.33c	43.65a	328c	12 784.23c	3 332.83c
		GM1	516.67c	47.71a	339.33c	13 415.4b	3 640.67bc
		GM2	478.333c	48.47a	367.33b	13 838.83b	4 290.01abc
		GM3	550.00b	49.74a	376.00b	14 484.26a	4 699.77ab
		GM4	624.00a	48.1a	407.00a	14 699.47a	5 155.30a
2014	玉米	CK	—	455.4ab	493.70b	12 715.62d	3 926.23b
		GM1	—	458.1ab	487.93b	13 383.03c	4 647.63ab
		GM2	—	467.7a	503.5ab	14 015.62b	5 244.17a
		GM3	—	473.85a	515.23a	14 392.85b	5 921.07a
		GM4	—	505.2a	524.37a	14 973.21a	5 993.10a
2014—2015	小麦	CK	496.0c	49.53a	313.31b	8 649.08c	3 738.37b
		GM1	523.5b	46.7a	318.10b	9 893.94b	4 358.78b
		GM2	529.33b	40.53a	332.46a	10 517.21b	4 516.34ab
		GM3	692.68a	46.07a	357.82a	11 494.94a	4 603.95ab
		GM4	647.33a	44.93a	345.84a	11 617.73a	5 982.8.47a
2015	玉米	CK	—	473.93b	679.90c	9 607.76c	4 596.10b
		GM1	—	523.93a	694.42c	10 160.11bc	5 044.87ab
		GM2	—	522a	718.60bc	11 036.15b	5 469.86a
		GM3	—	533.33a	762.20b	11 853.67b	5 712.12a
		GM4	—	548.40a	826.83a	12 446.94a	6 045.41a

综上所述，农田覆盖技术作为一项创新性的农业管理措施，其在提升作物产量方面的作用机制显得尤为突出。该技术通过两大核心途径——增加有效穗数和提升籽粒重量，实现了对作物产量的双重促进，从而实现了显著的增产效果。有效穗数的增加，意味着在单位面积内能够形成更多的潜在产量基础，为作物高产奠定了坚实基础；而籽粒重量的提升，则直接关联到最终收获的粮食质量，进一步提升了作物的经济

价值和市场竞争力。这一重要发现，不仅为当前农业生产实践提供了宝贵的经验指导，使得农民在种植过程中能够更有针对性地采用农田覆盖技术，以实现作物产量和品质的双提升。同时，它也为未来农业科技的研发与创新指明了方向，激励着科研人员继续深入探索农田覆盖技术的内在机理和潜在应用，以期开发出更加高效、环保、适应不同作物和环境的覆盖材料与技术方案。随着全球对粮食安全问题的日益关注以及农业可持续发展理念的深入人心，农田覆盖技术作为一种绿色、高效的农业管理措施，其重要性愈发凸显。我们有理由相信，在不久的将来，随着对农田覆盖技术研究的不断深入和技术的持续创新，这一技术将在更广泛的农业生产领域得到应用和推广，为保障全球粮食安全、促进农业生态环境的改善和农业经济的可持续发展发挥更加重要的作用。

4.3.1.2　产量

图 4-11 为不同农田覆盖处理下，两季小麦与玉米产量变化。该图不仅揭示了农田表面覆盖层对作物产量形成的积极影响，还进一步量化了这种影响的具体程度。从 2013 年至 2015 年的连续观测数据中，我们可以清晰地看到，随着农田覆盖度的逐步提升，两季小麦与玉米的产量均呈现出显著的增长态势，充分证明了农田覆盖技术在提升作物产量方面的有效性和重要性。

具体而言，四种不同覆盖度处理（GM1、GM2、GM3、GM4）相较于未覆盖的对照处理，均显著提升了两季冬小麦的平均产量。其中，GM4 处理以高达 58.55％的产量增幅位居榜首，GM2 为 23.02％，GM3 为 41.51％，即便是 GM1 处理，也实现了 17.34％的可观增长，这一结果强烈支持了农田覆盖在促进小麦分蘖、增强光合作用及优化土壤环境等方面的积极作用。同样地，在夏玉米的产量表现上，四种覆盖处理同样展现出了优于对照处理的增产效果，4 个农田覆盖处理 GM1、GM2、GM3、GM4 两季夏玉米平均产量较对照处理分别增加了

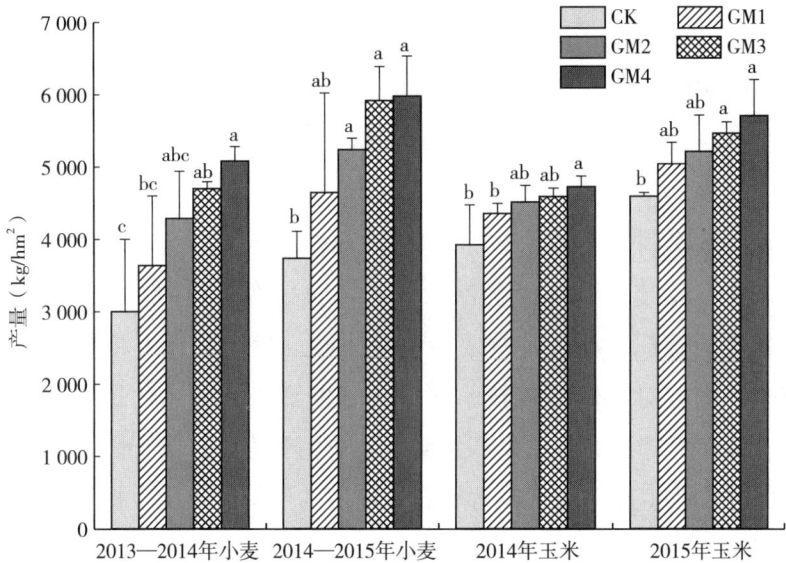

图 4-11 不同处理对 2013—2015 年冬小麦和夏玉米产量的影响

10.34%、14.24%、18.20% 和 22.50%（$P < 0.05$）。尽管增幅略低于冬小麦，但仍体现了农田覆盖技术在提高作物产量方面的广泛适用性。

进一步的数据分析揭示了农田覆盖度与作物产量之间的强相关性。无论是冬小麦还是夏玉米，其第 1 季和第 2 季的产量均与农田覆盖度呈现出极显著的正相关关系，相关系数分别为 0.73、0.80、0.68、0.75（$P < 0.01$）。相关系数的高值（如 0.73~0.80）进一步证实了这种关系的稳定性和可靠性。这一发现不仅加深了我们对农田覆盖技术增产机制的理解，也为未来优化农田管理措施、提高作物产量提供了科学依据。值得注意的是，尽管农田覆盖度增加对两季作物均产生了显著的增产效果，但第 2 季作物的产量增长率相较于第 1 季有所放缓。这一现象被归因于降水条件的变化。具体而言，第 2 季度全年降水量的显著减少（相比第 1 季度减少了 96.6mm）以及旱作雨养的农业模式，共同限制了农田覆盖技术的增产潜力。然而，即便是在这样的不利条件下，各个处理组的第 2 季小麦—玉米系统产量仍然高于第 1 季，这再次证明了农田覆

盖技术在应对干旱等不利气候条件方面的有效性和价值。

综上所述，图4-11所展示的数据不仅为我们提供了关于农田覆盖度与作物产量之间关系的宝贵信息，还启示我们在实际应用中应充分考虑气候条件的变化，灵活调整农田管理措施，以最大限度地发挥农田覆盖技术的增产优势。

4.3.1.3　讨论

在深入探讨农田覆盖技术对农业产量的贡献时，过往的研究已经构建了一个多维度的分析框架，从颗粒尺寸、覆盖层厚度到嵌入方式等各个方面，均探讨了这些变量如何协同作用以提升作物产量（Xie等，2010；Sun等，2013）。这一领域的先驱性工作可追溯至1943年Gale的研究，他首次报告了农田表面覆盖砂砾能有效减少土壤蒸发，并推测砾石层下形成的高温环境可能是促进经济作物产量增长的关键因素之一。这一发现为后续研究奠定了重要基础。Faibourn（1973）进一步扩展了农田覆盖技术的视野，他不仅强调了覆盖在提高作物产量方面的直接效益，还敏锐地指出了其机械化施用和维护的潜力，这对于现代农业的规模化、高效化生产具有重要意义。随后的研究，如Bu等（2013）、Schmithals和Kühn（2017）以及Parihar等（2017）的工作，均通过实证数据证实了农田覆盖技术在提升总生物量和作物产量方面的显著效果，这些研究成果共同绘制了一幅农田覆盖技术促进农业生产的宏伟蓝图。

我们的研究结果与这些发现一致（图4-11）。并得出了与先前研究相一致的结论。各种研究已证实农田覆盖可显著提高总生物量和作物产量（Bu等，2013；Schmithals和Kühn，2017；Parihar等，2017）。我们观察到，生物量和作物产量的提升与不同生长阶段土壤温度和土壤水分状况的精细调控密切相关（Nachtergaele等，1998；Zhang等，2009；Zhou等，2011；Bu等，2013；Lü等，2013；Schmithals和Kühn，2017）。具体而言，土壤水分和温度作为影响作物生长的关键环境因素，它们不仅直接关系到日照的捕获与转换效率、蒸发的截留以及水分的渗透能力（Yuan 等，2009；Cerda，2011；Kemper 等，1994；Mukherjee 等，2010），还通过调节作物生理活动来间接影响生物量的积累和最终产量。此外，田间覆盖措施还将额外的碳引入土壤，减少土壤容重并能改善土壤结构，这一过程虽然缓慢却持续影响着土壤的生产力（Johnston，1986；Poesen 和 Lavee，1994；Christensen，2001；Li 等，2009；Qiu 等，2015）。农田覆盖处理 GM4 导致土壤有机质 SOM 的平均值比对照提高了 18.79%。土壤容重 BD 则下降了 2.27%，这些变化为作物生长提供了更加肥沃、疏松的土壤环境。最终，农田覆盖技术通过优化土壤环境、调节作物生长条件，实现了 LAI（叶面积指数）和株高的显著增加，进而促进了小麦和玉米在生长季节内的健康生长和生物量的有效积累。与未覆盖的对照处理相比，覆盖处理更有效地保持了土壤水分和适宜的温度范围，为作物生长提供了理想的条件，不仅促进了作物的快速生长，还显著提高了最终产量，为实现农业生产的可持续发展目标提供了有力支持。

研究农田覆盖对作物生长及产量的影响时，我们需细致考量几个关键维度：首先是叶片生长速度的具体表现，即叶面积指数（LAI）的变化，它直接反映了作物光合作用的潜力和生长活力；其次是植株整体生长状况，包括株高这一直观指标以及生物量增长率，后者是衡量作物生长累积效应的重要参数；最后，也是最核心的部分，即这些生长参数的变化如何最终作用于作物产量，揭示农田覆盖技术的实际效果（马树庆等，2015）。已有研究表明，覆盖处理下的作物普遍展现出更为挺拔、茂盛的生长态势，根系发达，叶面积显著增大，这是作物健康生长的重要标志。在不同生育阶段，无论是冬小麦还是夏玉米，其株高和叶面积指数均随着农田覆盖度的提升而呈现出正相关增长趋势。然而，值得注意的是，冬小麦由于生长习性和季节差异，其株高变化在各处理间差异相对较小，而夏玉米则因生长速度快、对环境变化敏感，株高差异显著。

叶面积指数的动态变化在整个生育周期内尤为引人关注，对于冬小麦—夏玉米轮作系统而言，这一指标普遍经历了从播种后的迅速增长到生长后期的逐渐下降过程，这反映了作物生长周期中光合作用能力的先增强后减弱。特别是在冬小麦的拔节至灌浆期，地上部分干物质积累迅速，达到峰值后略有回落，这一现象与余坤等（2015）及何立谦等（2016）的研究结果相吻合，进一步验证了作物生长规律的普遍性。对冬小麦—夏玉米不同生育阶段株高、叶面积和地上部分生物量与产量之间的关系进行显著性分析，可以发现，株高与产量无显著相关性，冬小麦分蘖期和灌浆期叶面积指数与产量的相关系数分别为 0.70（$P<$ 0.01）和 0.62（$P<0.05$），夏玉米拔节期和成熟期叶面积指数与产量相关系数分别为 0.77（$P<0.01$）和 0.57（$P<0.05$）；冬小麦各生育期生物量与产量极显著相关，夏玉米拔节期和灌浆期生物量与产量显著相关。综上所述，本研究通过系统分析农田覆盖对作物生长各项指标（株高、叶面积、生物量）及产量的影响，得出明确结论：农田覆盖度的提升能够显著促进作物生长，优化生长指标，并最终实现产量的增加。特别地，100%农田覆盖处理在连续 2 年的实验中均表现出最佳的增产效果，且第 2 季冬小麦和夏玉米产量均高于第 1 季产量，这充分证明了农田覆盖技术在促进作物生长和提高产量方面的优越性。这一发现与冯浩、赵丹等前人的研究成果相呼应，为农业生产中合理应用农田覆盖技术提供了有力的科学依据。

4.4 气候变化与产量经济性分析

4.4.1 产量经济性分析的意义

农田覆盖技术，作为一种备受推崇的环境友好型且高效的农业管理措施，其在全球范围内因其减少土壤水分无效蒸发、精细调控土壤水热环境以及显著提升作物产量的卓越成效，赢得了科研界与实践领域的广泛认可与高度评价。这项技术通过改善土壤表层的微气候环境，显著促进了作物根系的发育与养分吸收效率，进而实现了生物量及作物产量的显著增加。同时，它还能够大幅降低灌溉需求，显著提升水分利用效率，并有效减少化肥与农药的流失，这一系列正面效应不仅为农民带来了显著的经济效益，减少了生产成本，还促进了农业生态系统的健康稳定，为实现农业能源资源的可持续利用与环境保护目标奠定了坚实基础。

然而，值得注意的是，农田覆盖技术的成功应用并非无差别地适用于所有土壤类型或农业区域，而是呈现出显著的区域特异性与材料选择性。例如，表面砾石等覆盖材料，尽管在某些情境下展现出独特的优势，但其易于与土壤混合且后续清理难度较大的特性，在非农田覆盖的特定环境中可能引发土壤结构破坏、管理成本增加等一系列管理难题。因此，对于此类覆盖材料的应用，必须进行谨慎的评估与试点，避免在非适宜区域盲目推广，以免造成不必要的资源浪费与环境风险（Gale et al.，1993）。在当今全球范围内，随着人们环境保护意识的增强和对可持续发展目标的追求，农业领域的转型与创新已成为时代赋予的迫切使命。在此背景下，积极探索并广泛推广高效、环保的田间管理技术，不仅标志着对传统农业生产模式的一次深刻反思与根本性变革，更是推动农业向绿色、低碳、可持续发展方向迈进的关键举措。这些创新技术与实践，不仅能够有效提升农业生产效率与资源利用效率，减少环境污染与生态破坏，还为实现全球农业绿色发展、积极应对气候变化带来的挑战提供了强有力的支撑与保障（Pratibha 等，2016；Zhang 等，2015）。已有多项研究成果充分展示了免耕农业（No‐Tillage Farming）在维护并优化土壤物理性质方面所展现出的独特优势。免耕技术通过显著减少对土壤的机械性扰动，有效维护了土壤结构的自然稳定性，促进了土壤颗粒间的紧密排列与良好架构的保持。这一过程中，土壤孔隙度得到增加，进而为水分与空气的顺畅渗透与循环创造了有利条件（Bergamaschi et al.，2010；Parihar 等，2016）。相较于传统的耕作模式，遵循保护性农业原则的免耕实践在农场运营层面展现出了显著的能源节约优势，有效降低了燃料消耗与机械部件的磨损程度，从而显著降低了农场运营过程中的能源投入成本。此外，免耕实践还通过其独特的土壤管理方式，有效遏制了化肥与农药的流失现象，进一步减少了农业生产对外部化学品的依赖（Lichter 等，2008）。

进一步地，当免耕技术与适当的覆盖措施相结合，如覆盖砾石等，其协同效应更为显著。这种复合技术不仅促进了土壤颗粒间的紧密团聚，显著增强了土壤结构的稳定性与抗侵蚀能力，而且表层覆盖的砾石层作为一道天然屏障，有效抑制了土壤表面的无效水分蒸发，显著提升了土壤—作物系统的保水能力。这一环境条件的改善，为作物根系创造了一个更加湿润、稳定的生长环境，促进了根系的健康发育与养分的有效吸收，进而推动了作物的苗壮成长与生物量产量的显著提升。同时，由于水分利用效率的提高，该复合技术还显著优化了生物质的水分利用模式，减少了不必要的资源浪费（Gong 等，2017；Wang 等，2018）。特别是在小麦、玉米等大宗粮食作物种植体系中，该免耕与覆盖技术的综合应用策略展现出了非凡的成效，不仅显著提升了生物量产量，还优化了水分在土壤—作物系统中的多级利用效率，为农业生产带来了显著的经济效益与环境效益。然而，尽管免耕覆盖技术在推动农业向可持续发展道路迈进的过程中展现出了巨大的潜力与广阔的应用前景，但目前对于不同覆盖方式（如砾石覆盖、秸秆覆盖、生物降解材料等）在能源使用效率、经济成本效益以及长期生态环境影响等方面的具体作用机制与综合效应，仍存在着一定的认知盲区与研究空白。

基于国家统计局权威发布的统计数据，近年来，伴随着中国农业产业的蓬勃发展与迅猛增长，一系列关键的农业投入要素，包括但不限于化肥施用量、电力消耗量、农业机械总功率、柴油使用量以及农药消耗量，均呈现出显著的上升态势（Zhang et al.，2015）。这一现象反映了农业现代化进程中，为追求更高的作物产量与经济效益，农业生产对外部资源的依赖日益加深。然而，这些农业供应品的广泛使用，虽然有效提升了农田的生产力，增强了作物对病虫害的抵抗力，减少了杂草竞争，从而提高了经济效益比（Huang et al.，2016；Huang and Zou，2018），但这一成就的背后，却伴随着不容忽视的能源消耗问题。大规模的农业资源投入不仅加剧了全球能源供应的压力，还可能进一步恶化已趋严峻的全球能源危机，对农业乃至整个社会的可持续发展构成了潜在威胁（Saad et al.，2016）。农业实践的集约化，在显著提升农业生产效率与产量的同时，也愈发凸显出能源过度消耗这一严峻问题，从而揭示了农业可持续发展所面临的重大挑战。能源，作为支撑工业、农业乃至整个社会经济发展的核心要素与基石，其高效利用与环境保护已成为国际社会普遍关注的焦点与共识。在此背景下，提高能源利用效率与加强环境保护措施，被视为应对全球能源危机、推动经济社会向可持续发展模式转型的关键策略（Fei and Lin，2017）。随着全球经济的持续增长，能源结构的优化与利用方式的转型升级已成为一股不可逆转的时代潮流。这一趋势不仅深刻影响着工业与服务业的发展路径，也对农业领域提出了全新的要求与挑战。在此背景下，农业领域亟需积极探索并实践更加绿色、高效的生产模式，以顺应全球能源转型的大势，推动农业可持续发展目标的实现（Arabatzis and Malesios，2011；Hosier et al.，1987；Gyamfi et al.，2018）。砾石覆盖作为一种备受瞩目的农业管理策略，其潜力在多项研究中得到了充分验证，这些研究一致表明，砾石覆盖能够显著提升作物产量（Ali et al.，2017；Chaudhary et al.，2017），优化土壤物理结构（Mousavi－Avval et al.，2011），并有效减少土壤水分蒸发，从而促进了农业资源的高效利用。然而，当前对于砾石覆盖在能源消耗层面及经济投入产出比方面的系统性探究仍显匮乏，这一现状构成了其在更广阔农业领域内广泛推广与应用的主要障碍。鉴于此，对砾石覆盖技术进行全面而科学的经济与环境效益评估显得尤为重要。此类评估不仅直接关系到农业生产的长期可持续发展能力，即通过优化资源配置、提高生产效率来保障粮食安全与生态安全；同时，它也对全球能源战略的调整与优化具有深远意义，有助于在应对能源危机、促进绿

色低碳转型的宏观背景下，探索出一条更加环保、经济的农业发展
路径。

在本研究聚焦于黄土高原这一典型雨养农业区的小麦种植系统，通过
深入分析砾石覆盖对小麦水分利用效率、作物生长状况、经济投入产出
以及能源利用效率的影响，旨在探索一种既能保障农民经济收益，又能
促进农业资源高效利用的覆盖管理模式。具体而言，本研究旨在回答以
下问题：旱地农民在采用砾石覆盖技术后，是否能从投资中获得满意的
回报？生产系统的哪些环节可以通过优化覆盖管理来实现经济与能源性
能的双重提升？这些问题的解答，将为推动农业绿色转型、实现可持续
发展目标提供重要的科学依据和实践指导。

4.4.2 产量经济性分析方法

在本研究中，我们构建了一个全面审视冬小麦生命周期管理的分析
框架，并在该框架下深度挖掘与利用了初步数据集合。这些数据集合详
尽地覆盖了冬小麦从播种至成熟这一完整农业生产周期内的各个关键环
节，包括但不限于各类投入物资的详细记录、能量需求量的精确估算，
以及具体管理实践活动的实施细节。通过精细化的数据处理与统计分
析，我们成功地确定了冬小麦生产过程中的能量消耗，并对其进行了精
确量化。这一过程不仅揭示了农业生态系统内部复杂的能量流动关系，
也为优化农业生产模式、提升资源利用效率提供了坚实的数据支撑。具
体而言，输入项目被细致划分为直接能源使用和间接能源使用两大类
别。直接能源使用直接关联于田间作业，包括但不限于柴油消耗（用于
耕作、播种、收获等机械作业）、水资源利用（灌溉作业）以及人力投
入（在土地准备、灌溉管理、病虫害防控等各个环节中所需的）。这些
直接能源的使用量直接反映了农业生产活动的物理强度和资源消耗水
平。而间接能源使用则更为隐蔽，它涵盖了那些在生产农业机械、化
肥、农药及种子等农业生产资料过程中所消耗的能源。这些间接投入虽
然不直接作用于农田，但它们是维持现代农业高效运转不可或缺的一

环，其能源消耗同样不容忽视（Zhang et al.，2015）。在输出端，我们主要考虑的是冬小麦的生物量产出，具体分为经济产量（即小麦籽粒）和副产品（如麦秸）。这些产出物不仅代表了农业生产的经济价值，也是能量转换与积累的最终体现。值得注意的是，在计算过程中，我们假设自然灾害和虫害造成的损失或浪费已被有效控制，因此其影响可忽略不计，以确保分析结果的准确性和可靠性。

为了精确量化能量输入与输出之间的关联，本研究引用 Yuan 与 Peng（2017）以及 Zhang 等人（2015）权威研究文献中提出的能量当量转换系数作为基准。这些系数作为科学的度量标尺，为我们将多样化的能源形式与物质资源统一转换至同一能量单位下进行比较分析提供了坚实的理论基础与实证支持，从而确保了能量评估过程的准确性与可靠性。根据 Mittal 和 Dhawan（1988）和 Parihar 等人（2013）的建议，使用以下公式计算。

$$Net\ energy\,(\mathrm{MJ/hm^2}) = Energy\ output\,(\mathrm{MJ/hm^2}) - Energy\ output\,(\mathrm{MJ/hm^2}) \qquad (4-14)$$

$$Energy\ productivity\,(\mathrm{kg/MJ}) = Biomass\ yield\,(\mathrm{kg/hm^2}) / Energy\ inputs\,(\mathrm{MJ/hm^2}) \qquad (4-15)$$

$$Energy\ efficiency = Energy\ output\,(\mathrm{MJ/hm^2}) / Energy\ input\,(\mathrm{MJ/hm^2}) \qquad (4-16)$$

$$WUE_{ene} = Net\ energy\,(\mathrm{MJ/hm^2}) / ET\,(\mathrm{mm}) \qquad (4-17)$$

我们在分析小麦生产流程时，全面审视了可变生产成本，这些成本构成了一个复杂而多样的网络，紧密关联着农业生产的每一个环节，具体涵盖以下几个关键方面：首先，人力投入成本，包括播种、田间管理、病虫害防治及收获等各阶段所需的人工费用，体现了劳动力在农业生产中的不可或缺性；其次，机械作业成本，随着农业现代化进程的推进，拖拉机耕作、犁地、播种、收割等机械化作业已成为小麦生产的重要组成部分，其费用涉及机械购置、维护、燃油消耗及操作员薪酬等；

再者，种子购置成本，优质种子的选择直接影响到小麦的产量与品质，是农业生产投入的重要一环；此外，化肥与化学农药的使用成本也占据了相当大的比例，这些化学投入品对于防治病虫害、提高土壤肥力及促进作物生长至关重要；同时，柴油消耗成本，特别是在机械化作业日益普及的背景下，成为不可忽视的经济负担；最后，灌溉费用，尤其是在水资源日益紧张的地区，合理的灌溉管理对于小麦产量与品质的保障具有决定性作用。在此基础上，我们进一步拓宽了经济评估的视野，不仅关注生产成本的直接控制，还深入探讨了生物量生产力提升所带来的间接经济效益。这些间接经济效益可能包括土壤肥力的长期改善、病虫害抗性的增强，以及对环境压力的减轻等，它们虽不直接体现为即时的经济收益，但对农业生产的可持续性和整体经济效能具有深远的影响。我们将这些间接经济效益与粮食产量增加所直接贡献的经济效益相结合，通过构建综合性的经济产出评估模型，旨在全面、准确地反映小麦生产的经济绩效。值得特别指出的是，在进行上述财务统计与成本效益分析时，我们遵循了严谨的科学方法和研究规范，力求确保评估结果的客观性与准确性。同时，我们也明确界定了研究的范畴与目的，即聚焦于可变生产成本的考察与经济效益的评估。而土地本身的价值，作为一个相对固定且复杂的影响因素，在本次研究中并未被纳入经济评估的直接考量范畴之内。这一决策是基于研究设计的特定需求与限制，旨在更加集中地探讨生产过程中的可变因素及其对经济产出的影响。

$$Net\ returns(\text{US\$}/\text{hm}^2) = Economic\ output(\text{US\$}/\text{hm}^2) -$$
$$Economic\ input(\text{US\$}/\text{hm}^2) \quad (4-18)$$

$$BC\ ratio = Net\ returns(\text{US\$}/\text{hm}^2)/Economic\ input(\text{US\$}/\text{hm}^2)$$
$$(4-19)$$

$$WUE_{nre} = Net\ returns(\text{US\$}/\text{hm}^2)/ET(\text{mm}) \quad (4-20)$$

方程中，所有经济数据（种植成本和净收益）均以人民币（RMB）兑换为美元，汇率（RMBUS\$-1）分别为 6.14（2013—2014 年）、6.23（2014—2015 年）和 6.64（2015—2016 年）。

4.4.3 分析方法

利用 MATLAB 7.0 对作物生长指标（即高度、株高、LAI 和生物量）的动态特征值进行了分析。从而揭示这些生长指标随时间演变的内在规律与趋势，为深入理解作物生长发育过程中复杂的生理生态机制提供了坚实的数据支撑与深入的理论分析基础。随后，为了更直观地展示这些生长指标的变化趋势，借助 Origin 9.0 这一专业的数据可视化工具，对收集到的数据进行了 Logistic 和 Richard 生长模型的曲线拟合。这两种模型不仅直观地描绘了作物生长指标的变化趋势，还通过数学模型的拟合进一步量化了生长过程中的关键参数，为作物生长模型的验证与优化提供了重要的实证基础。为了探究不同覆盖处理对作物生长状况及生物量生产力的具体影响，我们采用了单因素方差分析（ANOVA）方法。这一统计方法能够有效地比较不同处理组之间的差异，并判断这些差异是否具有统计学意义。通过 SPSS 20.0 这一功能全面的统计分析软件，我们完成了这一分析过程，有效地比较了不同覆盖处理组之间的差异，为优化覆盖处理方案提供了科学依据。

此外，为了更全面地评估砾石覆盖对作物生物量水分利用效率的影响，并探索其与四个主要生长期（如播种期、分蘖期、拔节期和灌浆期）相关指标之间的潜在关系，我们在 R（3.3.2 版本）环境中实施了附加主成分分析（PCA）。PCA 作为一种降维技术，能够帮助我们识别数据中的主要变异来源，并提取出少数几个互不相关的主成分，从而简化复杂的数据集并揭示其内在结构。这一分析不仅加深了我们对砾石覆盖效应的理解，还为制定更加精准的农业管理措施提供了参考。

最后，为了确定五种试验处理中的最佳实践方案，以实现更高的经济效益和能源效率，我们对 2013—2014 年、2014—2015 年和 2015—2016 年连续三年的试验数据进行了综合分析。这些数据涵盖了生物量、生物量产量、能源利用以及经济投入等多个方面，为我们评估不同处理方案的长期效果提供了坚实的基础。通过综合比较各处理组的生物量产量、能源利用效率以及经济效益，我们最终确定了最优的覆盖处理策略，为农业生产实践提供了有力的指导。本研究在统计分析过程中不仅使用了 Origin 和 R 这两种强大的数据分析工具，还充分利用了 SPSS 20.0 的丰富功能，确保了分析结果的准确性和可靠性。同时，在比较不同处理的主要效果时，我们采用了 5% 的显著性水平进行最小显著差异（LSD）检验，以确保所发现的差异具有统计学上的意义。

4.5　主要结果

4.5.1　土壤水分

土壤体积含水量的季节动态变化模式与空气温度和土壤温度的变化趋势呈现出高度的相似性，共同受到季节更迭及气候条件变化的影响。特别是在降雨事件之后，土壤体积含水量的变化表现出显著的响应。降雨作为土壤水分最为直接且显著的补给来源，能够迅速渗透并增加土壤中的水分含量，从而引发土壤体积含水量的显著波动。这种增加在 20cm 深度的土壤中尤为明显，其体积含水量会根据之前降雨的强度和持续时间展现出不同程度的提升，但随后随着时间的推移，由于蒸发、植物吸收及土壤内部的水分运动，这种增加效应会逐渐减弱，直至达到新的平衡状态。值得注意的是，土壤含水量的变化不仅仅受限于自然气候条件，还受到人为管理措施的影响，其中砾石覆盖作为一种有效的土壤管理方式，对小麦生长周期内各生育期的土壤体积含水量产生了显著的影响。不同重量的砾石覆盖显著改变了土壤的水文特性，随着覆盖重量的增加，土壤平均体积含水量呈现出显著增加的趋势。这主要是因为砾石覆盖能够有效减少土壤表面的水分蒸发，提高土壤的保水能力，从而为小麦的生长提供更加稳定且充足的水分环境。鉴于小麦根系主要集中分布在 0 至 40cm 深度的土壤中以吸收土壤中的水分和养分，我们进一步深入分析了砾石覆盖对不同深度（20cm、40cm 和 80cm）土壤体

183

积含水量的具体影响。研究结果表明，在 20cm 和 40cm 这两个根系密集分布的土层中，土壤体积含水量的变化最为显著，这直接关联到小麦的生长发育状况。相比之下，80cm 深处的土壤由于远离根系主要分布区，且受到土壤水分垂直运动限制，其体积含水量的变化相对较小，显示出较为稳定的水文特性。这一发现不仅加深了我们对土壤水分动态变化机制的理解，还为后续计算储水量变化（ΔW）和蒸散发（ET）等关键水文过程提供了宝贵的前提数据。

4.5.2 作物生长与生物质水分利用效率

本研究针对 2013—2014 年、2014—2015 年及 2015—2016 年三个连续小麦生长周期，系统量化了株高、LAI 及生物量等关键生长特征值，并实施了方差分析以探究其变异性。分析所依据的数据集为上述各指标在三年间小麦生长周期内的平均值。结果显示，碎石覆盖对 Hxinf 和 Hx1 有显著影响，但对株高的其他参数影响不显著。GM4 处理下的 H 比 CK 高 4cm，GM3 处理下的 Hxinf 和 Hx1 远低于其他 4 个处理。5 个覆盖处理下，LRmax 显著增加，在 GM4 处理下达到最大值，LAI 在 GM4 处理下比 CK 处理大 1.6。与砾石覆盖相似，年份对 LRmax 也有显著影响。砾石覆盖下 Bxinf 显著降低，在 GM4 下达到最小值，而 BRmax 和 Bx1 显著增加。总体而言，砾石覆盖显著缩短了全株高、生物量积累过程和 LAI 生长速率所需的热时间。

砾石覆盖对热时间有影响，从而影响不同生育期的日数。因此，我们计算了拔节期、抽穗期、灌浆期和收获期的生物量水分利用效率，并考虑了小麦四个主要生育期土壤性质和作物生长相关变量，进行了主成分分析。轴 1（43.19%）和轴 2（21.86%）分别占拔节、抽穗期、灌浆期和收获期变异量的 65.05%、57.71%、71.78% 和 73.78%。土壤水分可持续性（Ew）、降雨利用能力（Ep）、生物量水分利用效率（Δbio）和作物生长 3 个指数（H、LAI 和 bio）的分布与 GM4 处理非常接近，其次是 GM3、GM2、GM1，与 CK 的分布最接近。砾石覆盖对拔节期土壤水分和作物生长诱导的变量有正向贡献，而在抽穗期和灌浆期由于降雨充足，影响不显著。收获时，除 Δbio 和 WUE 外，其他有利变量都更适合砾石覆盖，特别是在 GM4 下。由此可见，砾石覆盖对拔节期土壤水分可持续性、作物生长和生物量生产力的影响大于抽穗期、灌浆期和收获期。随着砾石覆盖量的增加，这种有益效果更加明显。

4.5.3　生物量产量和能源利用分析

在为期 3 年的小麦研究中，由地上生物量产量和籽粒产量组成的生物量产量估计在 $12.7 \sim 15.7 \text{t/hm}^2$。GM4 处理的总平均生物量产量比不覆盖处理（CK）高 2.2t/hm^2。结果还表明，砾石用量越大，生物量产量的增量越大。与对照相比，GM4、GM3、GM2 和 GM1 处理的生物量产量分别提高了 17%、13.4%、8.7% 和 4.9%。砾石覆盖的额外产量效应导致评估年度农业净收入和能源产出的增加。化肥是小麦栽培总能源投入的主要贡献者，在 5 个处理中占 $52\% \sim 56\%$。总能源投入的第二大贡献者是化学品（农药和除草剂），占 $20\% \sim 22\%$。在这个雨养研究中，由于没有灌溉和耕作，人类劳动的占比并不大（$4\% \sim 11\%$）。结果还表明，由于这些处理的机械化水平较低，机械是小麦生产所需能量最少的投入。在小麦生产过程中，喷施、覆盖和收割均采用人工操作。小麦产量（$5.50 \sim 8.36 \text{t/hm}^2$）在 GM4、GM3、GM2 和 GM1 处理下分别比对照显著提高 52%、37.64%、22.54% 和 12.18%。小麦生物量和籽粒产量产生的总能量为 $16.97 \, 104 \sim 20.14 \, 104 \text{MJ/hm}^2$，存在显著差异。

对能源分析的相关指标，包括能源生产率、能源效率、净能源和净能源用水效率（WUE_{ene}），进行了评估。不同处理的能量生产力和能量效率与生物量产量生产力具有相似的趋势。与对照相比，4 个覆盖砾石处理均显著提高了土壤的总平均能量生产力，其中 GM4 处理最高（0.76kg/MJ）。然而，这四个处理组的差异很小。小麦生产的 3 年平均能量效率在 $9.3 \sim 10.2 \text{kg/MJ}$，表明能量输出约为总能量输入的 10 倍，

GM4 处理比 CK 处理高 9.3%。砾石覆盖对土壤净能量和水分利用效率的影响显著（$P<0.05$）。与对照相比，GM4、GM3、GM2 和 GM1 处理的净能量分别增加了 19.8%、17.5%、16.7% 和 5.7%。5 个试验处理中，GM4 处理的小麦产量综合平均最大 WUE_{ene} [6.8×10^2 MJ/（hm^2 · mm）]，GM4、GM3、GM2、GM1 比 CK 分别高出 20.9%、14.3%、10.2% 和 7.1%。表 4-12 为不同处理下冬小麦 3 年生育期籽粒生物量产量、能源投入、能源生产力、能源利用效率和净能源水分利用效率。

表 4-12　不同处理下冬小麦 3 年生育期籽粒生物量产量、能源投入、能源
生产力、能源利用效率和净能源水分利用效率（WUE_{ene}）

年度	处理	生物量产量（t/hm²）	能源投入（10⁴MJ/hm²）	能源生产力（Kg/MJ）	能源利用效率[10⁴MJ/（hm²·mm）]	净能源投入（10²MJ/hm²）	净能源水分利用效率 WUE_{ene}[10²MJ/（hm²·mm）]
2013—2014	CK	12.8b	1.82b	0.70b	9.2c	14.9c	4.7c
	GM1	13.4b	1.86b	0.72ab	9.4b	15.7b	5.1b
	GM2	13.8b	1.90a	0.73a	9.6b	16.3b	5.2b
	GM3	14.5ab	1.94a	0.75a	9.9a	17.2a	5.4ab
	GM4	14.7a	1.97a	0.74a	9.9a	17.5a	5.7a
2014—2015	CK	12.7b	1.82b	0.70b	9.2c	14.9c	4.7c
	GM1	13.4b	1.86b	0.72ab	9.5b	15.8c	5.0b
	GM2	14.0a	1.90a	0.74a	9.8a	16.6b	5.3a
	GM3	14.4a	1.94a	0.74a	9.9a	17.2a	5.5a
	GM4	15.0a	1.97a	0.76a	10.1a	18.0a	5.8a
2015—2016	CK	13.3b	1.82b	0.73b	9.6b	15.7c	7.4b
	GM1	13.9b	1.86b	0.75ab	9.9ab	16.6b	7.8b
	GM2	14.4ab	1.90a	0.76a	10.1ab	17.2b	8.0ab
	GM3	15.1ab	1.94a	0.78a	10.4a	18.2a	8.3a
	GM4	15.7a	1.97a	0.79a	10.6a	19.0a	8.8a

4.5.4　经济分析

在 3 年的研究中，砾石覆盖对农业经济行为、农业净收益及其水分利用效率有显著（$P < 0.05$）影响。3 年小麦种植和田间管理的综合平均经济投入的显著差异主要取决于人工劳动和试验田砾石使用量。然而，CK 的人力、机械和肥料占总经济投入的比例远高于其他 4 个砾石覆盖处理。GM4 处理的综合平均经济产出（4 323US\$/hm²）、净收益（2 607US\$/hm²）、WUE_{nre}［9.77US\$/（hm² · mm）］和效益成本（BC）比（1.61）最大。与对照相比，GM4、GM3、GM2 和 GM1 处理 3 年平均经济产出分别提高了 52.21%、37.87%、22.8% 和 12.23%，与 3 年平均净收益的 53.8%、38.20%、21.45% 和 12.1% 非常接近，因为经济投入没有显著差异。砾石覆盖显著降低了土壤的蒸散量（ET），特别是 100% 覆盖的 GM4 处理，其耗水量最少（平均为 277mm）。砾石覆盖对土壤水分利用效率净收益的影响显著（$P < 0.05$）。由于 ET 在 2015—2016 年急剧下降，所有治疗的 WUE_{nre} 和 WUE_{ene} 在 2015—2016 年都急剧增加。然而，在 3 年的研究中，不同使用量的砾石覆盖对 WUE_{ene} 和 WUE_{nre} 都有显著的影响，砾石覆盖量越大，两种水利用效率越高。

如表 4 - 13 所示，净经济效益 WUE_{nre} 的范围为 6.37～9.77US\$/（hm² · mm），GM4、GM3、GM2 和 GM1 处理下的 WUE_{nre} 分别比 CK 处理高 53.4%、35.2%、19.9% 和 12.0%。砾石覆盖影响下，GM4 处理的 BC 比显著增加（1.61），其次是 GM3 处理（1.58）、GM1 处理（1.57）和 CK 处理（1.57），而 GM2 处理的 BC 比最小，为 3 年综合平均值。表 4 - 13 为不同处理下冬小麦 3 年生长期的总蒸散量（ET）、净收益水分利用效率（WUE_{nre}）和经济性。

表 4 – 13　不同处理下冬小麦 3 年生长期的总蒸散量（ET）、
净收益水分利用效率（WUE_{nre}）和经济性

年度	处理	ET (mm)	WUE_{nre} [US$ / (hm² · mm)]	经济投入 (US$ /hm²)	经济产出 (US$ /hm²)	净收益 (US$ /hm²)	效益成本利用率
	CK	317. 2a	4. 6c	1 115c	2 561c	1 446b	1. 30b
	GM1	309. 9b	5. 0c	1 261c	2 797c	1 536b	1. 22c
2013—2014	GM2	316. 4a	6. 0b	1 408b	3 296b	1 888ab	1. 34a
	GM3	316. 2a	6. 5a	1 555b	3 611a	2 057a	1. 32a
	GM4	307. 5b	7. 2a	1 701a	3 903a	2 202a	1. 29b
	CK	316. 1a	5. 5c	1 099c	2 833c	1 734c	1. 58b
	GM1	315. 8a	6. 5c	1 244bc	3 303b	2 060b	1. 66a
2014—2015	GM2	313. 9a	6. 5c	1 388b	3 423b	2 034b	1. 47c
	GM3	311. 4ab	7. 8b	1 533ab	3 974ab	2 442b	1. 59b
	GM4	309. 6b	9. 0a	1 677a	4 462a	2 785a	1. 66a
	CK	211. 8b	9. 0b	1 042c	2 948bc	1 906b	1. 83b
	GM1	213. 5ab	9. 9a	1 156c	3 262b	2 106b	1. 82b
2015—2016	GM2	216. 1a	10. 4b	1 270b	3 525b	2 255ab	1. 78c
	GM3	219. 1a	11. 5b	1 384b	3 914ab	2 531ab	1. 83b
	GM4	216. 2a	13. 1a	1 498a	4 333a	2 836a	1. 89a

4. 6　小结

（1）表层土壤温度（0～30cm）的季节性和年际变化规律及趋势是一致的。日平均土壤温差对土壤温度有很大影响，不同农田覆盖方式对土壤温度也有不同的影响。两季小麦—玉米轮作的年际平均土壤温度，WCK、GM、WGM 处理分别比对照平均高 0.46℃、0.49℃、0.63℃。尽管在灌溉条件下土壤温度会有所降低，但整个生长期的平均土壤温度呈升高趋势。生态系统 CO_2 通量与土壤含水量之间的关系可以用多项式函数很好地模拟，而指数函数可以给出可接受的拟合优度来描述生态系统 CO_2 通量与土壤温度之间的相互关系。当土壤温度大于 18℃ 和湿度大于 17.5% 时，CO_2 排放通量显著增加；对照处理的 CO_2 通量值高于农田覆盖处理。生态系统净交换（NEE）的结果与 NPP 和 CO_2 排放总量相关，受到不同处理的影响显著。

（2）通过两季小麦—玉米轮作系统在不同试验处理下水分利用效率（WUE）的比较可以发现：①WUE_{veg}：第 1 季各处理间差异不大，但第 2 季受生物量和年净初级生产力（NPP）影响显著，特别是 WCK、GM 和 WGM 处理较对照分别提升了 5.40%、24.32% 和 29.73%；②WUE_{eco}：在两个小麦—玉米周期内变化较小，第 1 季和第 2 季的处理间差异范围分别为 (6.4 ± 2.8) kg $CO_2/(hm^2 \cdot mm)$ 至 (8.9 ± 1.8) kg $CO_2/(hm^2 \cdot mm)$ 和 (6.5 ± 1.4) kg $CO_2/(hm^2 \cdot mm)$ 至 (10.0 ± 2.4) kg $CO_2/(hm^2 \cdot mm)$；③WUE_{bio}：表现出与农田覆盖正相关、与灌溉处理负相关的趋势。GM 处理较 CK 处理在两个季节均有所提升（第 1 季 11.36%，第 2 季 24.27%），但 WGM 处理相对于 GM 处理在两个季节均有所下降（第 1 季 14.63%，第 2 季 9.98%）；④WUE_{yield}：在所有处理中均有所提高，尤其是在第 2 季，农田覆盖显著提升了 WUE_{yield}。第 1 季的变化范围为 (11.8 ± 2.5) kg/$(hm^2 \cdot mm)$ 至 (18.6 ± 0.9) kg/$(hm^2 \cdot mm)$，第 2 季为 (13.8 ± 1.1) kg/$(hm^2 \cdot mm)$ 至 (20.9 ± 2.7) kg/$(hm^2 \cdot mm)$。

（3）在试验的过程中，温室气体排放量与土壤温度及土壤充水孔隙度（$WFPS$）之间展现出了显著的相关性，这一发现为土壤温室气体（包括 CO_2、N_2O 和 CH_4）的季节性排放变化提供了有力解释，即这些变化是由土壤温度和 $WFPS$ 的波动所驱动的。相较于未覆盖的对照处理，实施农田覆盖不仅能够提升作物产量，还显著减少了土壤中的 CO_2 排放，促进了 CH_4 的吸收，而 N_2O 的排放情况则表现为在小麦生长期内变化不大，但在夏玉米生长期内有所增加。这一系列的效应直接导致了 GWP 结果的差异性。尽管 GWP 值有所波动，但由于农田覆盖系统的高产量特性，$GHGI$ 仍实现了显著降低。此外，农田覆盖措施在减少 $GHGI$ 和 CI 方面也发挥了积极作用。具体而言，在第一生长季，WCK、GM 和 WGM 处理相较于 CK 处理，$GHGI$ 分别降低了 35.1%、53.7% 和 55.9%；而在第二生长季，这些降低幅度分别为 16.7%、19.6% 和 37.2%。同时，从两年的平均数据来看，WCK、GM 和 WGM 处理的 CF 值分别比 CK 处理低了 69.5%、45.5% 和 11.2%。这充分表明，在小麦—玉米轮作系统中，农田覆盖对于降低农业生产的 CF 具有显著效果。然而，也需注意到，农田覆盖的这一积极效应随着时间的推移而有所减弱。

第5章

黄土高原冬小麦生产力时空变化及其驱动因素

5.1 冬小麦播种面积提取

　　基于 GLASS LAI 数据，本研究首先采用拐点法和阈值法精确识别出 *LAI* 特征曲线的关键拐点和峰值，这些特征点对于遥感技术而言，是提取作物物候参数（如生长开始期、生长高峰期及生长结束期）不可或缺的核心信息，它们直接反映了作物生长周期的阶段性变化。接着，为了聚焦于旱地农业生态系统，特别是小麦这一重要粮食作物的种植状况，我们借助了中国土地利用现状遥感监测数据库中的旱地层信息，通过空间叠加分析与属性筛选技术，专门提取了旱地作物的种植区域。此过程确保了研究区域的准确性与数据处理的精确性，为后续物候参数的提取奠定了坚实基础。为了准确界定小麦的种植格点，我们基于作物生长发育的生物学特性，设定了三种对小麦生长具有显著指示意义的物候期，并确保了这些物候期在 *LAI* 时间序列中均能被清晰识别与同步匹配。这一步骤不仅加深了我们对小麦生长节律的理解，也极大地提高了作物种植区域识别的准确性。为了进一步剔除可能因噪声、数据异常或作物类型误判导致的错误种植格点，我们创新性地引入了 *LAI* 最大值阈值法。通过设定合理的 *LAI* 阈值上限，我们有效排除了那些 *LAI* 值不符合小麦生长特性的异常点，从而进一步提升了作物分布数据的纯净度与可靠性。

　　基于上述一系列精细化的数据处理与分析流程，我们最终成功构建了黄土高原地区从 2004 年至 2022 年间冬小麦分布的动态数据集。揭示了冬小麦在该区域分布的广泛性与集中性特征，主要集中趋势显现于南部与东部地带。例如甘肃省平凉、庆阳两市的多个县区，位于黄土高原腹地，气候温和，四季分明，降水适中且多集中在冬小麦生长的关键期，为冬小麦的优质生长提供了得天独厚的自然环境。同样，陕西省的渭南市及其周边区县，坐落于关中平原东部，得益于其优越的灌溉系统，确保了冬小麦生长期间所需水分的稳定供应。此外，该地区深厚的农业底蕴、悠久的冬小麦种植历史以及成熟的技术体系，共同构成了冬小麦高产稳产的坚实基础。山西省的南部与中部区域，特别是运城等地，地处暖温带半湿润大陆性季风气候区，其温和的气候、充足的光照资源不仅促进了小麦的光合作用效率与干物质积累，还通过肥沃的土壤与良好的灌溉条件，进一步保障了小麦的高产潜力。然而，值得注意的是，黄土高原内部亦存在不适宜冬小麦种植的区域，如宁夏回族自治区固原市与陕西省榆林市等地。这些区域由于独特的自然地理条件与气候特征，构成了冬小麦种植的显著障碍。干旱气候是制约这些地区小麦生长的首要因素，降水量不仅总量稀少，且时空分布极不均匀，难以稳定保障冬小麦整个生长周期所需的基本水分供应。这种水资源匮乏的状况，直接限制了小麦的根系发育、光合作用效率及最终的产量形成，使得这些区域难以成为稳定的冬小麦种植区。此外，土壤条件同样构成了不可忽视的制约因素。这些地区的土壤往往表现出贫瘠、土层浅薄或盐碱化严重的特征，土壤中有机质含量低，养分贫乏，加之土壤结构不良，难以提供小麦生长所需的充足养分与良好的根系生长环境。土壤盐碱化问题则进一步加剧了土壤环境的恶化，影响了小麦对水分和养分的吸收利用，导致小麦生长受阻，产量低下。再者，地形因素也是限制冬小麦在这些区域种植的重要因素之一。较大的地形坡度不仅增加了农业机械化操作的难度和成本，限制了现代农业技术的有效应用，不利于冬小麦的规模化、标准化种植，还直接加剧了水土流失与土壤侵蚀的风险。水土流失不仅导致土壤肥力下降，影响小麦生长，还可能引发一系

列生态环境问题，如河道淤积、洪水泛滥等，对区域生态安全构成
威胁。

5.2　冬小麦实际产量时空分布特征

　　山西省作为我国北方的一个重要农业省份，其农业生产的稳定性与
产量变化对于国家粮食安全具有重要意义。Wang 等（2024）展示了山
西省内 11 个地级市下辖的 50 个小麦连作县在 2008 年至 2018 年这一时
间跨度内小麦实际产量的动态变化情况。这一数据不仅反映了各区域小
麦生产的年度波动，还深刻揭示了全省小麦产量在空间分布上的显著特
征。从空间分布格局来看，山西省小麦产量呈现出鲜明的地域差异，主
要可以概括为"西南丰饶，东北贫瘠"。具体来说，西南部地区，包括
长治市、晋城市以及运城市东部，凭借其优越的自然条件——充足的日
照、适宜的温度和土壤条件，以及相对完善的农田水利设施，成为全省
乃至全国知名的冬小麦高产区。这些地区的小麦产量连续多年保持稳定
增长，为山西省乃至全国的粮食供应做出了重要贡献。相反，在东北
部，特别是吕梁市和朔州市的部分县域，由于地形复杂、气候干旱、水
资源匮乏以及农业基础设施相对薄弱等多重因素制约，小麦产量普遍较
低，形成了较为明显的低产区。这些地区在保障自身粮食安全的同时，
也面临着提升农业生产条件、促进农业转型升级的紧迫任务。

5.3　冬小麦气候产量时空分布特征

　　Wang 等（2024）揭示了 2008 年至 2018 年，山西省 50 个小麦主产
县的气候产量的时空分布特征及其变异系数的动态变化规律。不仅为我
们提供了一个直观了解山西省冬小麦生产受气候因素影响的视角，还深

刻揭示了不同地理区域间气候产量稳定性的显著差异。

从整体趋势的宏观角度来看，山西省的冬小麦气候产量变异系数呈现出一种相对稳定的态势，其波动范围在 1.45%～4.5%。这一数据范围不仅揭示了气候因素在年际的自然波动，更凸显了山西省冬小麦生产体系所具备的强大适应性和内在韧性。这种适应性使得该地区的农业生产系统能够在面对气候变化带来的诸多不确定性和挑战时，依然能够维持相对稳定的生产水平，有效减轻了极端天气事件对粮食安全的潜在威胁。然而，当我们深入剖析这一整体稳定性背后的微观差异时，不难发现，并非所有地区都能均等地享受到这份"稳定红利"。特别是在研究区域的西南部，诸如吕梁市的石楼县等特定县区，其冬小麦的气候产量变异系数表现出更为显著的波动性，多次突破并远超全省平均水平的上限，最高值甚至一度飙升至 3.91% 以上，远超平均波动范围的顶端。这一地区性的显著差异，其根源可追溯到多方面因素的交织影响。首先，西南部县区复杂多变的气候条件，包括极端天气事件的频发、降水分布不均以及温度波动大等，直接加剧了农业生产环境的不确定性。其次，这些地区的农业生态系统相对脆弱，土壤质量、水资源管理以及生物多样性保护等方面可能存在短板，导致生态系统自我调节和恢复能力有限。最后，农业基础设施的相对薄弱也是不可忽视的因素，灌溉系统、排水设施及病虫害防治体系的不足，进一步削弱了农业生产对气候变化的抵御能力。

相比之下，位于山西省的长治市、沁水县等县区，凭借其得天独厚的地理位置与气候条件，在冬小麦的整个生育周期内，能够享受到相对更为充沛且分布均匀的降水，以及恰到好处的积温条件。这些自然恩赐为小麦的生长提供了近乎完美的环境，确保了小麦从播种到收获的各个阶段都能得到充足的水分滋养和适宜温度支持，从而促进了小麦的健康生长和高产稳产。因此，长治市、沁水县等县区的冬小麦生产展现出了令人瞩目的稳定性，其气候产量变异系数被牢牢控制在了一个相对较低且稳定的区间内，具体数值介于 1.45%～2.08%。这一数据不仅直观反映了这些地区小麦生产受气候波动影响较小,更彰显了其农业生产系统强大的自我调节能力和抗风险能力。即便是在面对不利的气候条件时,这些县区的小麦产量也能保持相对平稳,为粮食安全提供了坚实的保障。这一成就的背后,除了得益于优越的自然条件外,更离不开当地农业部门长期以来对农业生产的科学管理和有效投入。农业部门通过精准的气象预测、合理的灌溉制度、科学的施肥指导以及病虫害的综合防控等一系列措施,不断优化农业生产结构,提升农业生产效率,确保了小麦生产的持续稳定发展。同时,加大对农业基础设施的投入,改善农田水利条件,提高农业机械化水平,也为小麦的高产稳产奠定了坚实的基础。

综上所述,以上研究不仅揭示了山西省冬小麦气候产量变异系数的总体特征,还通过对比不同地区之间的差异,为我们深入理解气候变化对农业生产的影响提供了宝贵的数据支持。同时,它也提示我们,在推进农业现代化、力求农业生产稳定性持续提升的征途上,必须采取一种更加精细化、差异化的管理策略。具体而言,就是要深入研究并准确把握各地区独特的气候特点和农业生态系统状况,包括但不限于降水分布、温度模式、极端天气事件频率、土壤肥力及病虫害发生规律等,以此为依据,量身定制符合当地实际的农业生产技术指导和政策措施。这样的精准施策,不仅能有效缓解气候变化带来的不利影响,还能充分挖掘和利用地区优势资源,促进农业生产的可持续发展。

深入观察并分析图5-1所呈现的数据趋势,可以清晰地洞察到气候变化对山西省冬小麦产量影响的显著变化轨迹。在2006年这一时间节点之前,气候变化对冬小麦产量的影响显得尤为突出且复杂多变,表现为产量波动较大,且持续减产的年份占据了相当比例。这一时期,极端天气事件的频发,如干旱、洪涝、霜冻等,直接导致了小麦生长环境的恶化,进而影响了其生长发育过程,最终体现在产量的显著下降上。这些极端事件直接干扰了小麦生长周期中的关键阶段,如播种后的萌芽期、分蘖期的生长速度、抽穗期的授粉成功率以及灌浆期的籽粒形成,最终导致了产量的剧烈波动和持续减产的现象。对于依赖小麦为生的农民而言，这不仅意味着经济收入的锐减，更关乎家庭生计与区域粮食安全的稳定性，形成了巨大的社会与心理压力。然而，自 2006 年以后，情况发生了积极的转变。图 5-1 明确显示，气候产量出现负值的年份明显减少，这意味着小麦产量受气候不利因素影响的程度有所减轻。同时，这些负值年份的产量下降幅度也相较于 2006 年之前有所缩小，表明小麦生产系统对气候变化的适应能力有所提升。此外，从更宏观的层面来看，2006 年后的产量波动幅度相对减小，整体呈现出一种更为稳定的生产态势。这种稳定性不仅体现在年际的产量变化上，也反映了小麦生产系统内部各要素之间的协调与平衡。

这一转变的背后，是多方面因素共同作用的结果。基因改良技术培育出的新品种小麦，不仅具备更强的耐旱、抗病能力，还能在不良气候条件下保持相对稳定的产量。同时，精准农业、智能灌溉系统等现代农业技术的应用，使得农民能够更精确地管理农田，减少资源浪费，提高生产效率。政策层面的支持也起到了至关重要的作用。政府加大了对农业基础设施的投资，如建设灌溉系统、改善排水设施、推广土壤改良技术等，这些措施显著提升了农田的抗逆能力和生产潜力。此外，通过设立农业保险、提供补贴等方式，政府还减轻了农民因气候灾害遭受的经济损失，增强了他们的生产信心。再者，社会各界对农业可持续发展的关注日益增强，形成了政府、科研机构、企业、非政府组织及农民自身等多方参与的良好局面。知识共享、技术交流、市场对接等合作机制的建立，促进了农业生产模式的创新与升级，为小麦生产注入了新的活力。

综上所述，图 5-1 不仅揭示了气候变化对冬小麦产量的历史影响规律，回顾了农业生产与环境变迁之间的紧密联系，还深刻启示了未来农业向可持续发展转型的必经之路。这一气候产量图清晰地指出，在迎战气候变化所带来的诸多挑战时，我们必须依靠三大坚固支柱：科技创新，作为推动农业进步的不竭动力；科学管理，确保农业生产适应环境变化的高效手段；社会支持，为农业可持续发展提供坚实的后盾。这三者相互支撑，共同构建起一个稳健的框架，使我们在保障全球粮食安全、促进农业生产持续稳定增长的道路上，能够迈出更加坚定而有力的步伐。

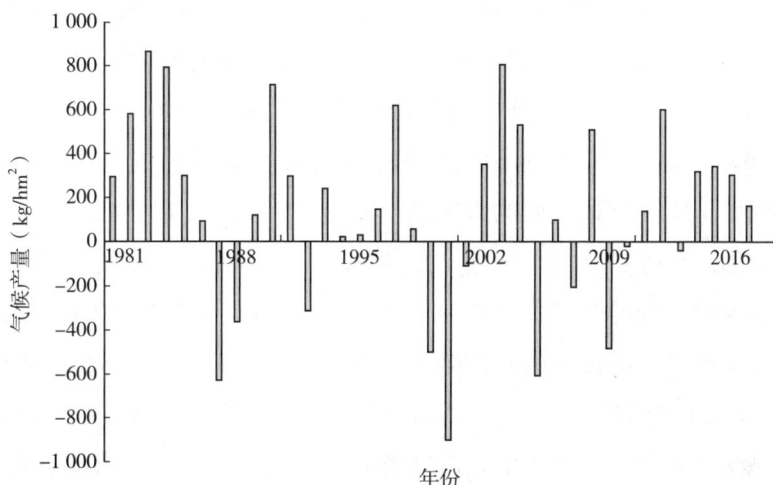

图 5-1 多年气候产量图

5.4 主要气象因子与冬小麦历史统计产量的相关分析

相关性分析，作为一种强大的统计工具，能够深入探索并直观展现不同因素之间潜在的关联性与依赖程度。在农业气象学领域，这一方法尤为重要，它帮助科学家们理解并预测气候变化如何影响作物产量，进而为农业生产提供科学依据。本次研究中，我们特别针对影响冬小麦产量的主要气象因子，与跨越半个多世纪（1961年至2015年）的冬小麦历史统计产量进行了相关性分析，结果如图 5-2 所示。

分析结果显示，日照时数（ssd）与太阳总辐射（ra）之间存在着显著的正相关关系。这意味着，随着日照时间的延长，太阳总辐射量也相应增加，这一变化对于依赖光合作用进行能量积累和物质生产的冬小麦而言，无疑是极为有利的条件。光合作用的增强促进了小麦叶片中叶绿素的合成与光合产物的积累，为小麦的生长发育提供了充足的能量和物质基础，最终直接促进了其产量的显著提升。另外，年积温（T_A）和年平均气温（T_mean）则与太阳总辐射（ra）呈现出负相关关系。其背后的原因可能在于，随着全球气候变暖，地表及大气温度逐渐升高，大气中的水蒸气含量以及其他悬浮微粒也随之增加。这些物质的存在增强了大气对太阳辐射的吸收和散射作用，即所谓的"温室效应"，从而减少了实际到达地面的太阳总辐射量。特别是，在高温环境下，太阳辐射的波长分布会发生变化，短波辐射（如紫外线）比例增加，而这部分辐射对植物的光合作用贡献较小，甚至可能对植物细胞造成损害，进一步降低了太阳辐射的利用效率。年降水量（Pre_1）与生长期降水量（Pre_2）则与蒸发量（vep）形成了负相关关系。这表明，适量的降水是冬小麦生长所必需的，它能够有效补充土壤水分，满足小麦生长发育过程中对水分的需求。然而，当降水量过高时，尤其是在土壤保水能力较差或气候干燥的地区，过多的水分反而会成为负担。这些多余的水分不仅会通过蒸发作用散失到大气中，造成水资源的浪费，还可能引发土壤盐碱化、作物根系缺氧等一系列问题，对小麦的生长产生不利影响。因此，科学合理地管理土壤水分，确保小麦生长所需的水分平衡，是保障其高产稳产的关键措施之一。

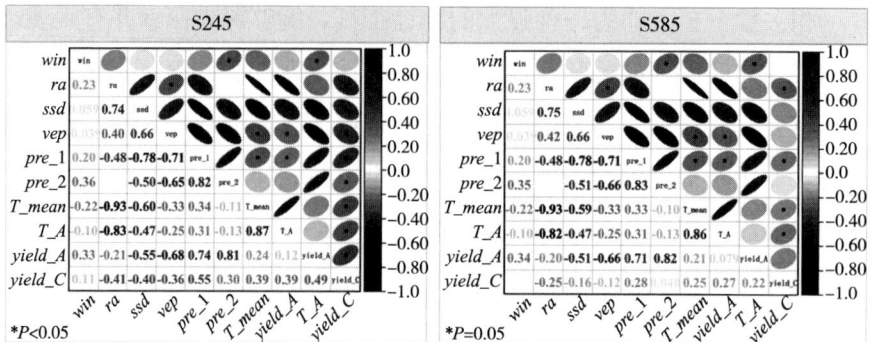

图 5-2　1961—2015 年主要气象因子与冬小麦历史统计产量的相关性分析

尤为值得关注的是，冬小麦实际收获产量（*Yield_A*）与年降水量（*Pre*_1）和生长期降水量（*Pre*_2）均展现出显著的正相关，且与生长期降水量的相关性更为显著。这一发现深刻揭示了，在冬小麦的整个生长周期内，充足且适时的水分供应是其产量形成的关键因素。生长期内的有效降水不仅能够满足小麦生长发育过程中的水分需求，促进根系发育、提高光合作用效率，还能增强小麦对干旱、病虫害等逆境的抵抗能力，从而显著提升了最终的实际收获产量。相比之下，年积温和年平均气温对实际产量的直接影响并不显著，这一结果可能源于冬小麦生长周期内的特殊温度需求特性：即在一定的温度范围内，小麦的生长和产量形成较为稳定，超出或低于这一范围则可能产生不利影响。此外，孤立气候趋势产量（*Yield_C*），即排除人为管理因素后仅由气候变化导致的产量变化，与年降水量、生长期降水量、年积温和年平均气温均呈现出极显著的相关性。这一发现不仅强调了气候变化对农业生产系统稳定性和可持续性的深远影响，也进一步凸显了制定适应气候变化农业策略的重要性和紧迫性。未来，农业科学家和政策制定者需要更加深入地理解气候变化与农业生产之间的复杂关系，开发出更加科学、合理的农业适应技术和策略，以应对日益严峻的气候挑战，保障全球粮食安全和农业生产的可持续发展。

5.5 小结

（1）黄土高原冬小麦种植区域主要集中于南部与东部地带。适宜种植冬小麦的市县应具备良好的气候、土壤和灌溉条件，以及稳定的市场需求。而不适宜种植的市县则往往受到干旱、土壤贫瘠或市场需求不足等因素的限制。山西省冬小麦实际产量的空间差异较为明显。总体而言，呈现出西南部较高、东北部较低的空间分布趋势。高产区主要位于长治市、晋城市、运城市东部，以及忻州市和临汾市的一些冬小麦种植县区，全区平均实际产量随时间呈显著增加的趋势，实际产量上升趋势为 47.827kg/hm²/年。冬小麦气候产量的变异系数相对稳定，为 1.45%～4.5%。从时间上看，2006 年以前，气候变化对冬小麦产量的影响较大，且持续减产的年份较多。而自 2006 年以后，气候产量出现负值的年份逐渐减少，而且其数量和影响程度均较 2006 年以前小。

（2）日照时数（ssd）的增加显著地促进了太阳总辐射（ra）的增强，显示出明显的正相关关系。另外，年积温（T_A）和年平均气温（T_mean）的上升却导致太阳总辐射（ra）的减少，这种负相关的原因在于温度越高，太阳辐射的波长变得越短，从而影响了辐射的总量。年降水量（Pre_1）和生育期降水量 Pre_2 的增多与蒸发量（vep）之间存在显著的负相关，即降水量的增加通常会减少蒸发量。冬小麦的实际收获产量（$Yield\_A$）与年降水量（Pre_1）和生育期降水量（Pre_2）均显示出强烈的正相关，尤其是与生育期降水量（Pre_2）的相关性最为显著，而与年积温（T_A）和年平均气温（T_mean）的关联则不那么明显。进一步地，孤立气候趋势下的冬小麦产量（$Yield\_C$）与年降水量（Pre_1）、生育期降水量（Pre_2）、年积温（T_A）以及年平均气温（T_mean）均存在极显著的相关性，这表明这些气候因素的综合作用对冬小麦的长期产量趋势具有决定性的影响。

第6章

基于APSIM模型的冬小麦增产潜力及其对气候年型的响应

6.1 黄土高原地区七省份50年历史气候降水年型划分

　　降水年型的分类作为气候分析领域及水资源管理中的核心组成部分，其方法的多样性与创新性深刻体现了科学界在该领域的持续深入探索与深刻理解。Zhao等（2018）与Wang等（2023）杰出学者的研究成果，为降水年型划分这一复杂议题构筑了坚实的理论基础，并通过丰富的实践案例展示了多样化的划分策略。他们的工作不仅拓宽了降水年型分类的视角，还从多维度深入剖析了不同划分方法的适用性与局限性，为后续科研工作者在这一领域内的进一步探索提供了极具价值的参考与启示。

　　本文在全面考察并综合评估了多种降水年型划分方法的基础上，选取了降水保证率（P）这一在我国广泛被认可并应用的核心指标，旨在针对黄土高原这一独特且重要的地理区域，开展降水年型的精细化分类研究。通过该方法的应用，本文力求实现对黄土高原地区降水特征更为精准、深入的刻画，为后续的气候变化分析、水资源管理及农业生产规划等提供科学依据。黄土高原，作为中国乃至世界上水土流失最为严重的地区之一，其降水特征对于生态环境治理、农业生产布局及水资源调配具有至关重要的影响。因此，本文聚焦于该区域，基于七省长达51年的详尽历史气象资料，确保了分析结果的代表性和可靠性。P为某一极限降水出现的概率。将25%保证率的降水年份划分为丰水年，将

50%保证率的降水年份划分为平水年，将75%保证率的降水年份划分为枯水年。

以陕西省为例，利用EXCEL对Ⅲ型皮尔逊（P-Ⅲ）分布频率曲线进行拟合和分析，进一步地，依据拟合所得的频数分布曲线，我们界定了三种不同的降水年型：年降水量超过675mm的年份被定义为丰水年，这一标准反映了该地区降水相对丰沛的年份特征；年降水量落在565～575mm内的年份则被归类为平水年，为该地区降水量的典型水平；而年降水量低于495mm的年份则被判定为枯水年，凸显了该地区降水显著不足的状况。

（1）内蒙古自治区黄土高原地区不同降水年型

丰水年：1990年、1998年、2012年。

平水年：1981年、2010年。

枯水年：1965年、1965年、1972年、1980年、1982年、1999年、2000年、2001年、2005年、2007年、2009年、2011年。

（2）宁夏回族自治区黄土高原地区不同降水年型

丰水年：1964年、1967年、1968年、1973年、1977年、1978年、1979年、1985年、1990年、1992年、1995年、1998年、2002年、2003年、2012年。

平水年：1970年、1976年、1989年、2010年。

枯水年：1965年、1969年、1972年、1974年、1980年、1982年、1986年、1987年、1997年、2000年、2005年、2009年。

（3）陕西省黄土高原地区不同降水年型

丰水年：1964年、1967年、1968年、1975年、1981年、1983年、1984年、1988年、2003年、2010年、2011年。

平水年：2000年。

枯水年：1986年、1995年、1997年。

（4）山西省黄土高原地区不同降水年型

丰水年：1963年、1964年、1966年、1967年、1969年、1971年、

1973 年、1976 年、1977 年、1983 年、1985 年、1988 年、1996 年、2003 年、2011 年。

平水年：1963 年、1979 年、1998 年。

枯水年：1965 年、1972 年、1974 年、1986 年、1997 年、1999 年、2001 年。

（5）青海省黄土高原地区不同降水年型

丰水年：1963 年、1964 年、1967 年、1975 年、1981 年、1983 年、1985 年、1989 年、2005 年、2007 年、2008 年、2009 年、2011 年、2012 年。

平水年：1963 年、1992 年、1998 年。

枯水年：1963 年、1965 年、1966 年、1969 年、1972 年、1977 年、1984 年、1986 年、1990 年、1991 年、1996 年、2000 年、2001 年、2002 年。

（6）甘肃省黄土高原地区不同降水年型

丰水年：1964 年、1967 年、1968 年、1970 年、1973 年、1978 年、1979 年、1983 年、1984 年、1985 年、1988 年、1990 年、2003 年、2007 年、2012 年。

平水年：1981 年、1996 年、1998 年、2005 年。

枯水年：1965 年、1969 年、1972 年、1980 年、1982 年、1986 年、1987 年、1991 年、1997 年、2004 年、2009 年。

（7）河南省黄土高原地区不同降水年型

丰水年：1963 年、1968 年、1970 年、1972 年、1978 年、1979 年、1989 年、1990 年、1992 年、1993 年、1997 年、2003 年、2006 年。

平水年：1973 年、1974 年、1977 年、1983 年、1995 年、1988 年。

枯水年：1964 年、1967 年、1969 年、1971 年、1976 年、年 1980 年、1981 年、1985 年、1987 年、1991 年、1998 年、2005 年、2010 年。

6.2 未来气候情景下不同气候年型冬小麦产量时空分布

6.2.1 冬小麦雨养潜在产量和灌溉潜在产量及其变异系数

Wang 等（2024）基于 1961 年至 2014 年间的统计数据，对未来近一个世纪（即从 2015 年直至 2100 年）内，不同气候情景下冬小麦在雨养条件下的潜在产量进行了科学预测。不仅呈现了年均产量的预估值，还深入分析了产量的变异性，通过变异系数这一关键指标，直观地展示了不同气候场景下产量稳定性的差异。在文章中，冬小麦的潜在产量以千克每公顷（kg/hm^2）为单位进行量化，这一标准化的计量方式使得不同年份、不同区域间的产量数据能够直接比较，为农业政策制定者、科研人员及农民提供了宝贵的参考依据。特别值得注意的是，文中明确指出了在雨养条件下，相较于当前气候条件，未来两种代表性的气候情景——S245 和 S585，其预测的产量表现有所不同。具体而言，雨养条件下的年均产量在多数地区高于 S245 和 S585 情景，这可能意味着在更为严峻的气候变化背景下，自然降水对冬小麦生长的支持作用显得尤为重要，也提示了气候变化对农业生产系统可能带来的复杂影响。同时，还揭示了另一个重要信息：尽管不同气候情景下的产量水平存在差异，但这三种方案在变异系数上却未展现出显著的差异。变异系数作为衡量产量波动性的指标，其稳定性意味着无论气候条件如何变化，冬小麦产量的年度间波动性可能保持相对稳定，这对于农业风险管理和决策制定具有重要意义。进一步观察，可以发现：从南至北，雨养潜在产量的分布与变异系数的分布呈现出反向关系。具体而言，在南方地区，尽管潜在产量可能相对较低，但其变异系数也较小，表明产量相对稳定；而在北方地区，虽然潜在产量可能更高，但变异系数也相应增大，揭示了产量更易受到气候条件变化的影响，存在更大的波动性。这一发现对于理解气候变化对农业生产的区域性影响，以及制定针对性的适应和缓解策略具有重要意义。

　　文中还显示了与 1961—2014 年基期相比，2015 年至 2100 年冬小麦雨养年平均潜在产量的变化量和变异系数。不仅深刻揭示了未来近一个世纪内气候变化对冬小麦生产潜力的潜在影响，即预测了气候因素变动如何作用于冬小麦的生产能力，而且通过引入变异系数的分析手段，直观地展示了冬小麦产量波动性的变化趋势。冬小麦雨养条件下的产量差异分布与 2015—2100 年黄土高原旱作条件下冬小麦平均潜在产量预测基本一致。分析表明，与当前情景和 S245 情景相比，S585 情景下的冬小麦雨养潜在产量展现出最为显著的增长趋势。而且，S585 情景下产量的增加并非均匀分布，而是呈现出由北向南递增的趋势。这一趋势可能与未来气候变化导致的降水格局变化有关，特别是在预测中更为频繁的极端天气事件和降水模式的改变，可能使得南部地区在雨养条件下获得更多有利于作物生长的水分资源，从而提升了潜在产量。

　　文中显示了与 1961—2014 年基期相比，2015—2100 年不同气候情景下预测的灌溉条件下冬小麦潜在产量的年均值和变异系数。与当前情景相比，S245 和 S585 两种情景下雨水灌溉条件下的产量更高。进一步观察，三种气候情景下灌溉产量变异系数相差不大。这意味着，尽管气候条件和产量水平有所不同，但灌溉措施在一定程度上稳定了产量的年度间波动，使得变异系数保持在相对较小的范围内。这一发现为农业风险管理提供了新的视角，即灌溉不仅提升了产量，还增强了农业系统的抗风险能力。这一发现为农业风险管理策略的制定提供了新的思路，强调了灌溉是稳定农业生产、保障粮食安全的重要手段。同时还指出，在灌溉管理中，当土壤可用水量降至田间持水量的 80% 以下时启动灌溉，能够显著提高冬小麦的模拟产量，这一结论为精准灌溉实践提供了科学依据。进一步地深化了对灌溉条件下冬小麦产量变化的理解，它具体展示了从 2015 年至 2100 年间灌溉条件下冬小麦年平均潜在产量的变化量及其变异系数。与 1961—2100 年黄土高原灌溉条件下冬小麦平均潜在产量预测相呼应，与 1961—2014 年相比，2015—2100 年灌溉条件下的产量差异分布也呈现出与灌溉条件下潜在产量分布相似的趋势，进一步验证了灌溉措施在稳定和提升农业生产中的重要作用。

6.2.2 不同气候情景下的产量变化

如表6-1所示，比较了三种气候情景下雨水灌溉和灌溉条件下的潜在产量平均值，结果如下：S585＞S245＞当前。在S585情景下，河南、陕西两省冬小麦预测产量高于其他省份，甘肃省产量变化最大，这可能是由于当地气候干旱缺水造成的，甘肃当地作物产量受气候变化影响明显。进一步分析表明，无论在当前、S245还是S585气候情景下，灌溉措施均显著提升了冬小麦的平均潜在产量，相较于雨养条件，其增产幅度分别为6.1％、3.3％和2.6％。值得注意的是，本研究发现灌溉措施不仅显著促进了农作物产量的提升，更在减少潜在产量年度间波动方面展现出重要作用。在灌溉条件下，产量的变异系数（CV）明显低于雨养条件，这一结果清晰地揭示了灌溉在稳定农业生产、降低由气候变化引发的产量波动方面的显著效应。这一发现强有力地支持了灌溉措施作为有效手段，在抵御气候变化对农业生产造成的负面影响中扮演着关键角色的论断，为农业水资源管理和气候适应性策略的制定提供了重要依据。

表6-1 1961—2100年黄土高原七省（72个监测点）雨养（产量—雨养）和
充分水热条件下（产量—灌溉）潜在产量的平均值和变异系数（CV）

省（地点数量）	SSP	产量—雨水灌溉				灌溉产量			
		平均产量	yield-CV	产量差异	CV差异	平均产量	yield-CV	产量差异	CV差异
内蒙古（8）	当前	2 813.14	0.21	250.54	0.05	2 902.80	0.14	308.71	0.02
	S245	3 452.01	0.20	413.96	0.02	3 632.78	0.17	308.81	0.03
	S585	3 516.58	0.21	390.23	0.02	3 720.73	0.18	286.11	0.03
宁夏（10）	当前	3 339.34	0.17	695.91	0.01	3 571.88	0.14	795.60	0.03
	S245	4 381.35	0.18	986.17	0.03	4 566.72	0.15	886.10	0.02
	S585	4 441.20	0.20	952.33	0.03	4 670.78	0.16	830.22	0.02

（续）

省 （地点数量）	SSP	产量—雨水灌溉				灌溉产量			
		平均产量	*yield-CV*	产量差异	CV差异	平均产量	*yield-CV*	产量差异	CV差异
陕西 （13）	当前	4 087.19	0.14	1 456.48	0.03	4 342.35	0.13	1 264.60	0.04
	S245	5 153.72	0.14	1 335.19	0.05	5 216.95	0.13	1 303.20	0.04
	S585	5 062.22	0.14	1 270.13	0.05	5 125.46	0.13	1 233.58	0.04
山西 （18）	当前	3 275.60	0.16	568.16	0.04	3 584.42	0.15	723.09	0.03
	S245	4 382.86	0.17	764.25	0.03	4 479.67	0.16	801.39	0.03
	S585	4 382.45	0.17	688.77	0.03	4 474.67	0.16	716.31	0.03
青海 （4）	当前	4 230.67	0.16	529.25	0.02	4 428.34	0.15	458.50	0.02
	S245	4 878.51	0.14	460.99	0.01	4 907.29	0.13	437.76	0.01
	S585	4 984.50	0.14	451.66	0.00	5 037.96	0.13	410.25	0.01
甘肃 （18）	当前	4 033.72	0.14	1 517.55	0.03	4 317.64	0.14	1 619.06	0.04
	S245	4 908.87	0.14	1 717.08	0.02	5 008.40	0.12	1 635.00	0.02
	S585	4 929.57	0.15	1 595.06	0.03	5 041.31	0.13	1 506.75	0.02
河南 （1）	当前	4 672.99	0.10	554.57	0.03	4 913.43	0.09	450.40	0.04
	S245	5 331.26	0.09	1 005.51	0.00	5 728.38	0.10	814.94	0.01
	S585	5 428.96	0.11	755.97	0.01	5 462.51	0.11	549.07	0.03

图6-1直观地揭示了潜在产量与变异系数之间的分散性特征。具体而言，在不同气候情景（包括当前情景、S245及S585方案）的预测下，潜在产量的波动均呈现出显著的差异性，其中S245和S585方案所预测的潜在产量波动幅度明显超出当前方案，显示出未来气候变化对农业生产可能带来的较大不确定性。然而，与之相对的是，这三种方案下的变异系数波动却较为平缓，其分布趋近于正态分布形态，这表明尽管潜在产量存在显著波动，但产量变异系数却保持在一个相对稳定的范围内。

图6-2进一步展示了产量差异与变异系数之间的动态关系。从图中可以清晰观察到，两者在总体上的波动幅度均较小，且其离散分布状态相对集中，这再次印证了灌溉措施或不同气候条件下，农业生产虽面临产量水平上的变化，但其稳定性的维持（以变异系数衡量）却是一个相对可控的过程。这一发现对于理解农业生产系统的响应机制及制定有效的风险管理策略具有重要意义。

207

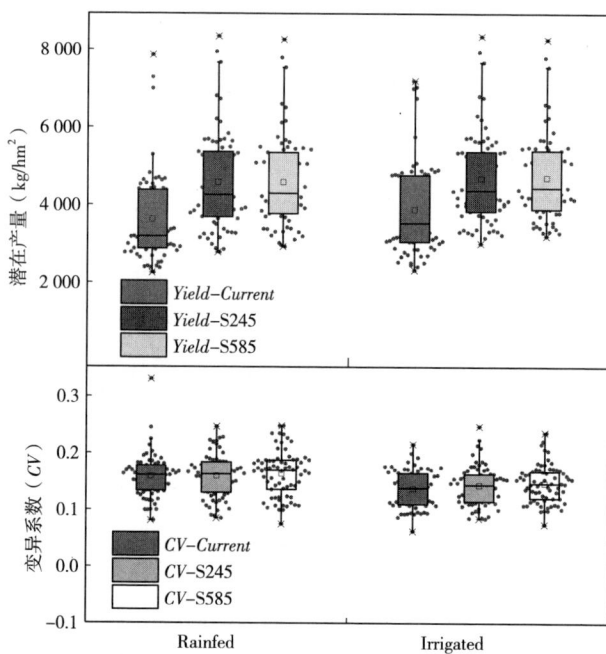

图 6-1　潜在产量平均值和变异系数的变化

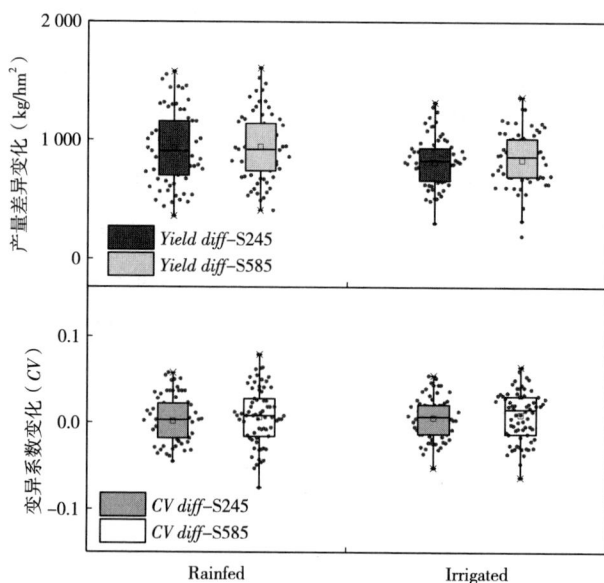

图 6-2　产量差异和变异系数的变化

6.3 不同降水年份的产量预测

6.3.1 产量分布

从以上分析可以看出，气候变化直接影响产量，分析不同降水年份冬小麦的潜在产量和变异系数，对研究降水作为气候变化因素在农业生产中的作用具有重要意义。Wang 等（2024）所展示的数据直观揭示了冬小麦年平均潜在产量与降水量之间的紧密联系。在自然状态下，缺乏气候适应措施干预的情况下，冬小麦的产量表现出显著的"水丰则高产，水少则减产"的趋势。丰水年份得益于充足的水分供应，冬小麦的平均潜在产量显著高于平水年和枯水年，而后两者则依次递减，这一规律深刻揭示了水分在农作物生长周期中的关键地位及其对最终产量的决定性影响。进一步分析发现，在降水充沛的年份，S245 情景下的潜在产量达到了顶峰，相较于常规种植条件，实现了高达 855.9kg/hm^2 的增产，这一显著成就充分证明了充足的水分条件对作物生长潜力的巨大激发作用。相反，在干旱年份，尽管 S585 方案面临极端的水分短缺挑战，但通过作物自身的抗逆机制或环境的适应性调整（如土壤良好的保水性能、作物品种的耐旱特性等），该方案仍实现了相对于当前情景 758.4kg/hm^2 的增产，展现了作物在逆境中求生存、谋发展的非凡能力。这一增产数据不仅凸显了作物对不利环境的适应能力，也为农业生产应对气候变化提供了宝贵的实践经验和理论依据。

冬小麦的潜在产量在空间分布上依然保持着明显的南高北低特征。根据表 6-2 的数据分析，我们可以观察到，在丰水年，青海与甘肃的冬小麦潜在单产脱颖而出，领先于全国其他省份；然而，当气候条件转变为平水年或枯水年时，陕西与河南则成为潜在单产最高的地区。这一现象间接反映了降水因素对黄土高原西北部地区，特别是青海、甘肃等省份冬小麦潜在产量的显著影响。这些地区由于地处内陆，降水稀缺且时空分布不均，农业生产系统往往对降水量的微小变化表现出极强的响应性。因此，降水量的多少直接决定了土壤水分的充足程度，进而影响冬小麦的生长发育过程，包括种子萌发、分蘖生长、抽穗灌浆等关键阶段，最终决定了作物的产量水平。

表 6-2　1961—2100 年黄土高原 7 个省（72 个监测点）3 种降水年
类型下的平均产量值及其变化（产量差异）

省（地点数量）	SSP	丰收年		平均年份		贫困年份	
		平均产量	产量差异	平均产量	产量差异	平均产量	产量差异
内蒙古（8）	当前	3 595.11	477.92	2 643.51	274.49	2 394.79	295.96
	S245	4 170.75	495.14	3 485.13	341.61	2 784.83	385.76
	S585	4 238.08	458.81	3 465.21	435.43	2 902.03	370.71
宁夏（10）	当前	3 889.47	533.06	3 315.02	757.77	2 878.98	644.85
	S245	5 011.89	919.16	4 458.10	1 067.45	3 516.02	1 008.14
	S585	5 175.56	917.48	4 495.61	1 048.62	3 485.29	842.17
陕西（13）	当前	4 462.19	1 201.72	4 180.96	1 541.31	3 827.13	1 475.32
	S245	5 313.89	1 048.73	5 213.10	1 422.98	4 762.13	1 658.99
	S585	5 209.19	913.25	5 059.66	1 295.29	4 796.53	1 576.11
山西（18）	当前	3 892.69	592.89	3 276.74	638.41	2 927.79	608.37
	S245	4 873.80	684.57	4 397.35	796.82	3 759.19	786.17
	S585	4 696.55	558.72	4 436.25	736.99	3 820.47	719.92
青海（4）	当前	4 897.47	790.05	4 262.55	504.38	3 697.45	413.84
	S245	5 393.73	532.71	4 946.27	491.76	4 272.77	374.79
	S585	5 363.13	514.46	5 072.17	561.30	4 306.54	469.26
甘肃（18）	当前	4 519.81	1 697.87	4 108.67	1 566.14	3 636.68	1 405.09
	S245	5 270.32	1 612.21	5 000.49	1 695.86	4 258.36	1 628.20
	S585	5 306.26	1 524.22	5 005.11	1 593.81	4 232.29	1 546.47
河南（1）	当前	4 600.47	588.65	4 198.92	596.67	3 785.34	719.90
	S245	5 331.34	356.42	5 282.43	191.88	4 945.71	700.23
	S585	4 972.00	227.08	5 005.11	1 593.81	4 922.47	1 235.21

　　从图 6-3 可以看出，在不同气候情景下，S245 情景预测的冬小麦潜在产量高于 S585 情景和当前情景。在 S585 情景下，三种降水年类型

的潜在产量波动相对稳定。在三种降水年类型下，在丰水年，由于降水量的充沛，冬小麦的生长条件得到优化，潜在产量波动相对较小，显示出较强的稳定性；而转入平水年，尽管降水量有所减少，但仍在一定程度上保障了作物的正常生长需求，因此潜在产量波动虽有所增加，但仍保持在可控范围内；最为显著的是枯水年，降水量的显著减少直接导致了土壤水分的匮乏，严重制约了冬小麦的生长发育，使得潜在产量波动显著增大，反映了干旱条件对农业生产造成的巨大冲击。这一现象直接揭示了干旱年份下，降水量的减少对冬小麦潜在产量的显著影响，与表6-2中反映的黄土高原西北部地区冬小麦产量受降水波动影响较大的结论相吻合，进一步强调了降水作为关键气候要素在农业生产中的重要作用。

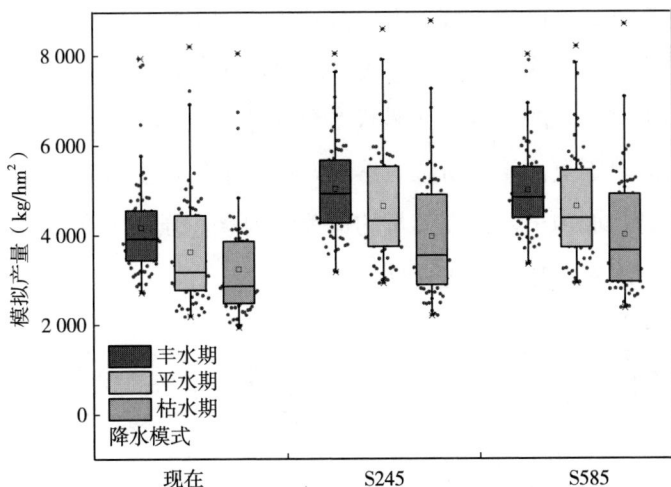

图6-3　现在和未来2种气候情景下不同气候年型冬小麦产量变化

6.3.2　相关性分析

结合丰水年、平水年、枯水年等不同降水年类型，对2015—2100年冬小麦潜在产量与主要气象因子的相关性进行分析（图6-4）。可以看到在S245情境下，生育期的降水量与潜在产量之间呈现出高度显著的正相关关系，这意味着在作物生长的关键阶段，充足的降水能够显著提升冬小麦的潜在产量。紧随其后的是年降水量，其正面影响虽不及生育期降水直接，但仍是影响产量的重要因素之一。相反，蒸发量和日照时间则与潜在产量形成了鲜明的负相关，表明过高的蒸发量和不适宜的光照条件可能对作物生长产生不利影响，限制其产量提升。值得注意的是，年降水量在所有气象因子中与潜在产量的相关性最为强烈，其次是积温和年平均气温，这进一步强调了水资源管理对于保障未来粮食安全的重要性。在不同降水年型间，气象因子对潜在产量影响的差异显著。特别是在枯水年，气象因子与潜在产量之间的相关性显著增强，这表明在干旱条件下，作物对气象条件的变化更为敏感，任何微小的波动都可能对产量造成显著影响。在 S585 情境下，丰水年时，尽管年降水量、积温和平均气温等因子在理论上应有利于作物生长，但图中却显示这些因子与潜在产量的相关性并不显著。这可能是其他非气象因素（如土壤质量、病虫害等）的干扰，或是极端降水事件导致的土壤湿度过饱和、根系呼吸受阻等负面影响所致。然而，在枯水年，生育期降水的关键作用再次凸显，成为决定潜在产量的最关键因素，强调了在干旱条件下精准灌溉和节水农业技术的重要性。

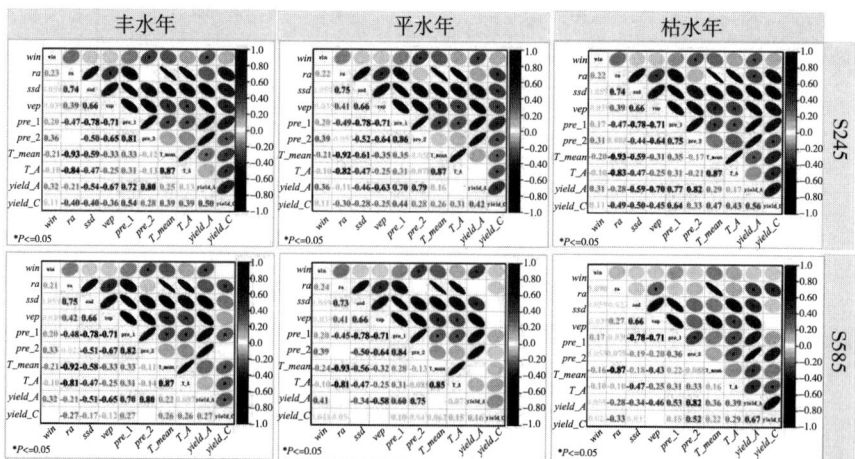

图 6-4 2015—2100 年主要气象因子与冬小麦潜在产量的相关分析

6.4　小结

（1）黄土高原的农业气候资源在 1961—2014 年和 2015—2100 年发生了显著变化，这一变化不可避免地对该区域的农业生产布局与作物种植模式产生了深远影响。相关分析表明，冬小麦生长期的降水以及温度与实际产量和气候产量均呈正相关关系。此外，在没有补充灌溉的情况下，降水量的年际波动成为决定特定生长周期内冬小麦产量变化的主导因素。

（2）在雨水灌溉和灌溉条件下，冬小麦的潜在产量空间分布特征显著，表现为随海拔高度的递增而呈现递减趋势。此外，还比较了三种气候情景下的平均潜在产量，结果如下：S585＞S245＞当前。预测的潜在产量波动较大，S245 和 S585 情景下的潜在产量都明显大于当前情景。结果还表明，限水地区冬小麦的潜在产量受降水的影响比其他地区更大。

（3）年际降水量差异对产量影响的定量研究表明，在不采取适应措施的情况下，冬小麦年平均潜在产量一般为：丰水年＞平水年＞枯水年。从地域上看，青海省和甘肃省在丰水年的潜在产量较高，而陕西省和河南省在平水年和枯水年的潜在产量均高于其他省份。总体而言，干旱年份的潜在产量受降水影响较大。

（4）结合丰水年、平水年、枯水年等不同降水年类型，对 2015—2100 年冬小麦潜在产量与主要气象因子的相关性进行分析。生育期降水量与潜在产量在多数情境下呈高度正相关，特别是在 S245 情境下显著，表明关键生长期内的充足降水对提升冬小麦潜在产量至关重要。年降水量对产量的正面影响虽次于生育期降水，但仍是重要因素。年降水量与潜在产量的相关性在所有气象因子中最为强烈，凸显了水资源管理对未来粮食安全的重要性。蒸发量和日照时间与潜在产量呈负相关，表明高蒸发量和不适宜的光照条件可能抑制作物生长，降低产量。在不同降水年型间，气象因子对产量的影响存在显著差异。枯水年时，气象因子与产量的相关性显著增强，作物对气象条件变化更为敏感。S585 情境下，丰水年时年降水量、积温和平均气温等因子理论上应促进作物生长，但实际与产量的相关性不显著，可能受非气象因素（如土壤质量、病虫害）或极端降水事件的负面影响。枯水年中，生育期降水的关键作用尤为突出，成为决定潜在产量的最关键因素，强调了干旱条件下精准灌溉和节水农业技术的重要性。

第7章

结论与展望

本研究聚焦于黄土高原区域冬小麦的生产潜力，通过构建模拟场景，全面预测了不同条件下冬小麦的产量潜力。研究范围覆盖了黄土高原的主要冬小麦种植区，包括山西、陕西、甘肃、青海、宁夏、内蒙古及河南部分地区。鉴于黄土高原气候与地形的显著差异，研究基于关键气象参数和地形特征，将区域细化为多个农业气候区。在同一气候区内，冬小麦因面临相似的生长环境而展现出相似的生长特性和管理需求，这为采用统一的作物品种和管理参数进行产量潜力模拟提供了依据。

基于以上研究，所得出的结论如下：

（1）"单因子探测器"的结果表明，对于山西省冬小麦实际产量和气候产量影响较大的均为生育期降水、生育期积温、生育期风速、生育期日照时间这四项要素因子。"多因子探测"的结果表明大部分两两因子交互作用后对产量的影响都大于它们自身对产量的影响，即对产量的影响都具有双因子增强的作用，进而导致它们各自的影响力增大。冬小麦实际产量与生育期降水、生育期积温的相关性最高，达到 0.465；气象产量与生育期降水、生育期积温的相关性也是最高，达到 0.376。可见，降水、积温是主要限制因子。

（2）山西省冬小麦生育期内降水呈现由西北向东南递增的趋势，范围为 120～191mm。降水量高值区集中在研究区南部和东部的运城市、阳泉市大部分地区以及长治市、大同市的少数几个县市。研究区全区冬小麦生育期内总降水量平均值为 157.45mm。生育期内年均降水量以 0.129 9mm/年的速率上升，存在 6 年、10 年、23 年、42 年、56 年的变化周期。冬小麦生育期内积温呈现由东北向西南逐渐递增的趋势，范围为 464~2 282℃，各地分布不均。最低值出现在五台县、灵丘县等地，范围为 464.42~828.34℃。西南地区积温最高，范围在 1 985.52~2 282.64℃。生育期内年均积温以 6.768 8℃/年的速率逐渐增加，存在 12 年、26 年、36 年和 56 年的变化周期。冬小麦生育期内风速呈东南向西北递增的趋势，范围为 440~616m/s。冬小麦生育期内日照时间由西南向东北方向逐渐递增，范围为 1 382~1 863h。

（3）农田覆盖度与土壤水分呈显著正相关，100%农田覆盖处理土壤贮水量最高；干旱胁迫条件下农田覆盖度越高土壤的保水性越好，降雨条件下农田覆盖度越高土壤截留雨水的能力越强。农田覆盖具有明显的增温效应，4 个农田覆盖处理的土壤平均温度大于 CK 处理，GM4 处理土壤平均温度最大；农田覆盖处理可以认为是一种有效的温度调节方式，具体表现在低温（−5~0℃）条件下 GM4 处理较 CK 处理土壤温度增加 5℃，高温（40~45℃）条件下 GM4 处理较 CK 处理土壤温度降低 3.7℃；在寒冷气候和水分亏缺的情况下 4 个农田覆盖处理增温能力均大于对照。各处理冬小麦株高差异不明显，叶面积指数随着农田覆盖度的增加而显著增加，夏玉米株高和叶面积均随农田覆盖度的增加而增大。与对照相比，农田覆盖处理的冬小麦和夏玉米产量显著提高，100%农田覆盖处理的两季冬小麦和夏玉米平均产量较对照处理分别增加了 58.55%和 22.50%。

（4）土壤温度随季节和年际变化一致，受日温差和农田覆盖影响。小麦—玉米轮作中，WGM 处理平均增温最多。灌溉降低土壤温度，但生长期总体呈升温趋势。CO_2 通量与土壤温湿度关系显著，高温高湿促进 CO_2 排放，对照处理高于覆盖处理。*NEE* 受 *NPP* 和 CO_2 排放影响显著。两季小麦—玉米轮作系统中，WUE_{veg} 第 2 季受生物量和 NPP 影响大，WGM 处理提升最显著。WUE_{eco} 两季变化小，但处理间存在差异。WUE_{bio} 与覆盖正相关，与灌溉负相关。WUE_{yield} 两季均提升，尤其第 2 季覆盖处理效果显著。温室气体排放与土壤温度和 WFPS 显著相关，覆盖减少 CO_2 排放，促进 CH_4 吸收，N_2O 排放小麦期稳定，玉米期增加。覆盖降低 GWP 和 $GHGI$，第 1 季效果更显著，但随时间减弱。同时，覆盖显著降低 CI，有利于环境可持续性。

（5）山西省冬小麦实际产量的空间差异较为明显。总体而言，呈现西南部较高、东北部较低的空间分布趋势。高产区主要位于长治市、晋城市、运城市东部，以及忻州市和临汾市的一些冬小麦种植县区，全区平均实际产量随时间呈显著增加的趋势，实际产量上升趋势为 $47.827\text{kg}/(\text{hm}^2 \cdot \text{年})$。黄土高原七省冬小麦气候产量的变异系数相对稳定，在 $1.45\% \sim 4.5\%$。从时间上看，2006 年以前，气候变化对冬小麦产量的影响较大，且持续减产的年份较多。而自 2006 年以后，气候产量出现负值的年份逐渐减少，而且其数量和影响程度均较 2006 年以前小。ssd 增加促进 ra 增强，呈正相关；因高温缩短辐射波长，T_A 和 T_mean 上升致 ra 减少。Pre_1 和 Pre_2 增多与 vep 负相关，减少蒸发。$Yield\_A$ 与 Pre_1 和 Pre_2 正相关，尤与 Pre_2 显著相关；与 T_A 和 T_mean 关联较弱。$Yield\_C$ 与 Pre_1、Pre_2、T_A、T_mean 均极显著相关，表明气候因素综合影响冬小麦长期产量趋势。

（6）黄土高原冬小麦潜在产量随海拔升高而减小，S585 情景下产量最高，S245 次之，均高于当前情景。年降水量差异显著影响冬小麦产量，丰水年最佳，枯水年最差。青海、甘肃丰水年高产，陕西、河南平水年、枯水年优于其他省。枯水年降水对产量影响大。2015—2100 年，冬小麦潜在产量与降水量正相关性强，生育期降水尤甚。年降水量次之，蒸发量和日照时间负相关。枯水年气象因子对产量影响更显著，S585 情景下非气象因素可能抑制产量增长。干旱条件下，精准灌溉和节水农业技术至关重要。

7.2 本书创新点

（1）探明不同覆盖对降水变化的响应与适应机制。农田覆盖技术作为一种有效的农业管理措施，其广泛应用从根本上重构了降水与土壤之间的传统交互界面，这一根本性变革深刻影响着土壤水分的动态平衡，包括其消耗（通过蒸腾、蒸发作用）与补充（主要通过降水入渗）过程，进而对冬小麦这一关键粮食作物的生长发育周期及最终产量产生了复杂而深远的影响。尽管过往研究已初步揭示了覆盖技术在提高土壤保水能力、促进作物生长方面的积极作用，并进行了初步的实验效果定性评估，但受限于研究深度、广度及系统性不足，对于覆盖技术如何精确调控土壤水分动态进而影响作物生长及产量的具体机制，以及其在长期尺度上的生态经济效益，仍缺乏全面而深入的理解。

鉴于此，本项目旨在填补这一研究空白，特设专项研究聚焦于不同覆盖材料下降水入渗过程的精细化解析。通过精心设计的试验方案，我们将降水特性（涵盖降水量、降水强度、降水时空分布等）与土壤条件（土壤类型、土壤结构、土壤初始湿度等）视为影响降水入渗过程的关键控制变量。通过系统地调控这些变量，利用先进的土壤水文学方法和精密的监测技术，我们旨在深入探究它们如何协同作用，共同塑造降水入渗过程，并进而影响土壤水分的储存与分配。

为增强研究的科学性和可靠性，本项目还充分利用了连续三年的田间试验数据，这些数据不仅覆盖了不同年份的气候波动，还详细记录了作物生长周期内的关键生理指标、土壤水分变化及最终产量信息。基于这些宝贵的数据资源，我们致力于构建一套创新的变式水分生产函数模型，该模型能够精准地刻画"降水—土壤—作物"三者之间复杂且动态的相互作用关系。该模型不仅将量化分析覆盖处理对土壤水分动态的具体影响，包括水分利用效率的提升、土壤水分胁迫的缓解等方面，还将进一步揭示在不同降水模式下，冬小麦如何通过调整其生长策略（如根系分布、叶片气孔导度等）来灵活适应环境变化，从而维持或提高生产潜力的内在机制。

（2）评估气候变化对冬小麦生产潜力的影响。当前，气象因子如何具体作用于冬小麦生产的过程尚属未知领域，特别是气温上升与降水模式变化的多重影响，进一步加剧了这一领域的不确定性。现有的模型研究普遍缺乏对气象要素如何切实影响作物生长机制的全面审视和整合分析。鉴于此，本项目依托长期积累的降水数据与产量记录，初步构建了降水与产量之间的关联曲线，旨在揭示其内在联系。随后，我们引入并训练了 APSIM 模型，该模型具备强大的情景模拟能力，能够模拟不同气候和农业管理条件下的作物生长情况。通过该模型，我们设置了多样化的气候情景，这些情景不仅涵盖了未来可能的气候变化趋势，还充分考虑了历史气象数据的变异性，以确保模拟结果的全面性和可靠性。通过模拟不同气候情景下的作物生长情况，我们深入评估了不同覆盖策略（如秸秆覆盖、地膜覆盖等）在黄土高原这一特定区域内的应用效果与适用性。这一过程不仅使我们能够预测在不同降水情境下冬小麦的生产潜力，还揭示了覆盖策略在缓解气候压力、提高作物抗逆性和促进资源高效利用方面的具体作用机制。

7.3 展望

尽管本书在研究工作上取得了诸多丰硕成果，然而受限于研究时限和作者个人视野的局限，书中难免存在若干不足之处，这些领域有待在未来的学习与实践中进行更深入的探索与完善。

（1）气候变化影响作物发育、产量与分布，作物生长模型是主要研究工具。本研究探讨黄土高原冬小麦生产潜力对气候变化的响应，忽略轮作系统影响。未来研究需考虑轮作系统，并扩大气候类型范围以深入分析适应性措施对潜在产量不确定性的影响。

（2）气候变化下作物产量模拟不确定性源于模型结构差异及验证空间尺度限制，而且受限于样本量及模型不确定性。卫星遥感技术发展迅速，虽已用于大区域估产，但尚缺乏基于遥感数据的大区域模型验证。未来结合遥感、站点等多源数据，或可降低产量预测不确定性。

（3）作物品种的优化改良是应对气候变化的核心策略。未来的研究应聚焦于通过调控气象因子关键参数来推动作物品种的适应性改良，并结合多样化的地点、气候模拟情景及管理实践策略，构建综合生产评估框架。这一框架旨在深入分析新品种作物在生产条件变动后的表现潜力及其适宜种植区域，从而为研究区域内主要作物的品种改良方向提供详尽的数据支撑与科学依据。

参 考 文 献

毕华兴，张建军，张学培，2003. 山西吉县 2010 年水土资源承载力预测 [J]. 北京林业大学学报（1）：69-73.

蔡芸瞳，戚超，阿迪拉，2021. 基于 ArcGIS 平台的农业气象灾害监控与农作物干旱脆弱性研究 [J]. 农业灾害研究，11（4）：48-49.

曹卫星，李存东，李旭，严美春，1998. 基于作物模型的专家系统预测和决策功能的结合 [J]. 计算机与农业，2（2）：8-10.

曹卫星，罗卫红，2003. 作物系统模拟及智能管理 [M]. 北京：高等教育出版社.

车少静，智利辉，冯立辉，等，2005. 气候变暖对石家庄冬小麦主要生育期的影响及对策 [J]. 中国农业气象，26（3）：180-183.

陈笑笑，黄治勇，姚瑶，等，2022. 近 40 年来华中地区农业气象灾害损失变化特征及影响 [J]. 江西农业学报，34（11）：149-154.

陈学君，曹广才，贾银锁，等，2009. 玉米生育期的海拔效应研究 [J]. 中国生态农业学报，17（3）：527-532.

陈彦芳，丁美萍，2024. 信丰县气象要素变化对农业生产的影响及对策 [J]. 现代农机（3）：72-74.

程瑛，吴晶，李红，等，2019.1961—2017 年甘肃省霜冻演变特征及其对农业的影响 [J]. 自然灾害学报，28（6）：37-46.

崔读昌，1992. 气候变暖对我国农业生产的影响与对策 [J]. 中国农业气象（2）：16-20.

戴声佩，易小平，罗红霞，等，2021. 基于 GEE 和 Landsat 时间序列数据的海南岛土地利用分类研究 [J]. 热带作物学报，42（11）：3351-3357.

邓荣鑫，王文娟，魏义长，等，2019. 河南省冬小麦种植面积遥感监测及其时空特征研究 [J]. 灌溉排水学报，38（9）：49-54.

邓振镛，张强，刘德祥，等，2007. 气候变暖对甘肃种植业结构和农作物生长的影响

[J]. 中国沙漠，27（4）：627 - 632.

丁奠元，2016. 基于 RZWQM2 模拟的黄土高原冬小麦栽培措施评价及优化 [D]. 杨陵：西北农林科技大学.

丁奠元，严惠敏，王乃江，等，2018. 基于 RZWQM2 的黄土高原旱地冬小麦生长关键气象因子分析 [J]. 扬州大学学报（农业与生命科学版），39（4）：91 - 99.

丁潇，2014. 黑龙江省农作物种植结构布局研究 [D]. 哈尔滨：东北农业大学.

丁永康，叶婷，陈康，2022. 基于地理探测器的滹沱河流域植被覆盖时空变化与驱动力分析 [J]. 中国生态农业学报（中英文），30（11）：1737 - 1749.

段观照，2017. 互联网视野下我国粮食供给侧改革问题研究 [J]. 时代农机，44（7）：137 - 138.

段建军，王小利，高照良，2009. 黄土高原地区 50 年降水时空动态与趋势分析 [J]. 水土保持学报，23（5）：143 - 146.

樊晓春，郭江勇，杨小利，2007. 西峰黄土高原冬季积温变化对作物发育期的影响 [J]. 中国农业气象，28（3）：318 - 321.

方文松，陈怀亮，刘荣花，等，2007. 河南雨养农业区土壤水分与气候变化的关系 [J]. 中国农业气象（3）：250 - 253.

高峰，蔡万园，张玉虎，等，2017.5 种 CMIP5 模拟降水数据在中国的适用性评估 [J]. 水土保持研究，24（6）：122 - 130，138，397.

高峰，刘爽，赵光远，2010. 作物模拟研究进展 [J]. 热带生物学报（1）：95 - 98.

高亮之，2004. 农业模型学基础 [M]. 香港：天马图书有限公司.

高亮之，金之庆，黄耀，等，1992. 水稻栽培计算机模拟优化决策系统 [M]. 北京：中国农业科技出版社.

高爽，丁一民，朱磊，等，2023. 基于 AquaCrop 模型的玉米需水和降水匹配度变化特征研究 [J]. 节水灌溉（6）：51 - 59.

葛玉琴，2015. 浅议东北地区大田作物苗期病虫草害防治 [J]. 农业与技术，35（20）：137.

弓开元，何亮，邬定荣，等，2020. 青藏高原高寒区青稞光温生产潜力和产量差时空分布特征及其对气候变化的响应 [J]. 中国农业科学，53（4）：720 - 733.

顾朝军，穆兴民，高鹏，等，2017.1961—2014 年黄土高原地区降水和气温时间变化特征研究 [J]. 干旱区资源与环境，31（3）：136 - 143.

郭佳，张宝林，高聚林，等，2019. 气候变化对中国农业气候资源及农业生产影响的

研究进展 [J]. 北方农业学报，47（1）：105-113.

郭新，王乃江，张玲玲，等，2020. 基于 Google Earth Engine 平台的关中冬小麦面积时空变化监测 [J]. 干旱地区农业研究，38（3）：275-280.

韩熠哲，马伟强，王炳赟，等，2017. 青藏高原近 30 年降水变化特征分析 [J]. 高原气象，36（6）：1477-1486.

何进勤，雷金银，赵营，等，2018. 施肥对马铃薯淀粉废水灌溉农田的培肥效应 [J]. 中国农学通报，34（36）：18-24.

何苏红，龚志强，叶芳，等，2017. 复杂网络方法在东亚地区夏季极端降水研究中的应用 [J]. 气象学报，75（6）：894-902.

侯琼，乌兰巴特尔，2006. 内蒙古典型草原区近 40 年气候变化及其对土壤水分的影响 [J]. 气象科技（1）：102-106.

黄少辉，杨云马，刘克桐，等，2018. 河北省小麦产量潜力、产量差与效率差分析 [J]. 作物杂志（2）：118-122.

黄钰涵，蒋友严，郭天亭，等，2023. 甘肃黄土高原植被覆盖时空变化及驱动因素 [J]. 西部资源（6）：105-110，122.

姬梦飞，2022. 基于多指标的伊犁河谷生态质量评价与驱动因素分析 [D]. 武汉：长江大学.

吉曹翔，李崇，陈鹏心，等，2018. 沈阳市降水量正态分布检验及其时空变化特征 [J]. 干旱气象，36（6）：954-962，989.

蒋志云，彭红涛，方唐福，等，2010. 农田覆盖层截留降雨的模拟实验研究 [J]. 中国农学通报，26（18）：410-414.

焦鹏程，王振会，楚志刚，等，2016. 基于傅里叶谱分析的天气雷达图像插值方法 [J]. 高原气象，35（6）：1683-1693.

焦文慧，2021. 甘肃省河东地区冬小麦主要农业气象灾害变化特征及风险区划 [D]. 兰州：西北师范大学.

金之庆，葛道阔，郑喜莲，等，1996. 评价全球气候变化对我国玉米生产的可能影响 [J]. 作物学报，22（5）：513-524.

李恩慧，王玉慧，杨慎骄，等，2020. 晋西南褐土上小麦苜蓿套作对土壤氮素及植物吸氮的影响 [J]. 中国土壤与肥料（6）：114-121.

李菲菲，汤军，高贤君，等，2022. 基于 GEE 的气候变化对豫北地区冬小麦播种面积与产量影响研究 [J]. 河南农业科学，51（8）：150-165.

李宏伟，李秀华，夏雪莲，等，2016. 包头市固阳县近 50 余年气候变化及其对土壤水分的影响 [J]. 北方农业学报，44（4）：90-93，108.

李静，厉见波，2024. 乡村振兴视域下农村经济的发展探索 [J]. 中国集体经济（19）：9-12.

李军，王立群，邵明安，等，2001. 黄土高原地区小麦生产潜力模拟研究 [J]. 自然资源学报，16（2）：161-165.

李萌，申双和，褚荣浩，等，2016. 近 30 年中国农业气候资源分布及其变化趋势分析 [J]. 科学技术与工程，16（21）：1-11.

李升东，韩伟，王丹，等，2021. 不同耕作方式对小麦叶片净光合速率的影响 [J]. 华北农学报，36（1）：102-107.

李晓航，马华平，2019. 不同播期和播量对冬小麦品种'新麦 29'产量形成的影响 [J]. 中国农学通报，35（29）：14-19.

李迎春，谢国辉，王润元，等，2011. 北疆棉区棉花生长期气候变化特征及其对棉花发育的影响 [J]. 干旱地区农业研究，29（2）：253-258.

李志，赵西宁，2013.1961—2009 年黄土高原气象要素的时空变化分析 [J]. 自然资源学报：287-299.

林而达，谢立勇，2014.《气候变化 2014：影响、适应和脆弱性》对农业气象学科发展的启示 [J]. 中国农业气象，4（1）：359-364.

林而达，许吟隆，蒋金荷，等，2006. 气候变化国家评估报告（Ⅱ）：气候变化的影响与适应 [J]. 气候变化研究进展（2）：51-56.

刘冲，贾永红，张金汕，等，2020. 播种方式和施磷对冬小麦群体结构、光合特性和产量的影响 [J]. 应用生态学报，31（3）：919-928.

刘继龙，张舜凯，任高奇，等，2019. 降雨对秸秆还田玉米地土壤水分空间变异性的影响 [J]. 应用基础与工程科学学报，27（4）：768-779.

刘佳，王利民，滕飞，等，2015. 玉米大豆轮作遥感监测技术研究 [J]. 中国农学通报，33（8）：144-153.

刘荔昀，鲁瑞洁，丁之勇，王磊鑫，刘小槺，2021. 黄土高原气候变化特征及原因分析 [J]. 地球环境学报，12（6）：615-631.

刘勤，严昌荣，何文清，等，2009. 山西寿阳县旱作农业土地生产潜力 [J]. 农业工程学报，25（1）：55-59.

刘文茹，陈国庆，刘恩科，等，2018. 基于 DSSAT 模型的长江中下游冬小麦潜在产量

224

模拟研究 [J]. 生态学报，38 (9)：3219-3229.

刘小平，2019. 马铃薯覆膜栽培不同揭膜时期的综合效应分析 [J]. 现代农业科技 (23)：69-70.

刘战东，高阳，巩文军，等，2011. 模拟降雨条件下覆盖方式对冬小麦降水利用的影响 [J]. 水土保持学报 [J]. 25 (6)：153-158，197.

刘志娟，杨晓光，王文峰，等，2009. 气候变化背景下我国东北三省农业气候资源变化特征 [J]. 应用生态学报，20 (9)：2199-2206.

娄诚，2019. 长江中游地区耕地利用效率时空演变特征及影响因素研究 [D]. 南昌：江西财经大学.

吕凯，段颖丹，吴伯志，2020. 降雨强度和秸秆覆盖对坡耕地烤烟降雨入渗特征的影响 [J]. 覆盖排水学报，39 (1)：91-97.

马武光，2019. 关中地区不同降水年型下冬小麦生长及根区土壤水分利用特征 [D]. 杨凌：西北农林科技大学.

倪盼盼，朱元骏，巩铁雄，2017. 黄土塬区降水变化对冬小麦土壤耗水特性及水分利用效率的影响 [J]. 干旱地区农业研究，35 (4)：80-87.

裴杰，牛铮，王力，等，2018. 基于 Google Earth Engine 云平台的植被覆盖度变化长时间序列遥感监测 [J]. 中国岩溶，37 (4)：608-616.

彭红涛，2016. 砂砾覆盖层截留降雨的机理研究 [D]. 北京：中国科学院大学.

浦玉朋，2019. 邯郸市永年区水肥一体化技术在冬小麦上应用效果评价 [J]. 农业科技通讯 (12)：94-96，247.

祁皓天，董永利，李川，等，2021. 播种方式和播量对冬小麦'西农 20'产量及品质的影响 [J]. 西北农业学报，30 (1)：32-40.

钱海燕，陈玲，孙波，2015. 不同水文年气候和施肥对红壤剖面水分变化的相对影响 [J]. 土壤，47 (2)：378-386.

茹振钢，冯素伟，李淦，2015. 黄淮麦区小麦品种的高产潜力与实现途径. 中国农业科学，48 (17)：3388-3393.

尚艳，赵鸿，柴守玺，2017. 气候变化与品种更新对黄土高原半干旱雨养农业区冬小麦的影响 [J]. 干旱地区农业研究，35 (5)：65-72.

邵清军，张俊红，徐科展，等，2024. 甘肃白银农作物生长期降水量时空变化及干旱风险评估 [J]. 成都信息工程大学学报，39 (2)：216-222.

史晓芳，仇松英，史忠良，等，2017. 播期和播量对冬小麦尧麦 16 群体性状和产量的

影响 [J]. 麦类作物学报，37（3）：357-365.

宋春晓，2018. 气候变化背景下农户粮食生产适应性行为研究 [D]. 郑州：河南农业大学.

宋莉莉，王秀东，2013. 美国世纪大旱引发的思考——农业生产中如何应对极端气候变化 [J]. 中国农业信息（6）：13-14.

孙昊蔚，马靖涵，王力，2021. 未来气候变化情景下基于 APSIM 模型的黄土高原冬小麦适宜种植区域模拟 [J]. 麦类作物学报，41（6）：12.

孙中伟，2011. 不同播种方式下播期与播量对小麦籽粒产量和品质形成的影响 [D]. 南京：南京农业大学.

檀艳静，杨慧洁，李辉，2020.1981—2019年气候变化对河南省冬小麦生育期的影响分析 [J]. 山东农业科学，52（12）：30-38.

唐红艳，么文，尹肖飞，2009. 气候变化对内蒙古兴安盟半干旱农区土壤水分的影响 [J]. 干旱地区农业研究，27（1）：130-134，139.

唐华俊，吴文斌，杨鹏，等，2010. 农作物空间格局遥感监测研究进展 [J]. 中国农业科学，43（14）：2879-2888.

陶鑫庆，2024. 气候变化对我国农业全要素生产率的影响研究 [D]. 烟台：烟台大学.

田海峰，2019. 基于 Sentinel-1&2 卫星影像的中国主产区冬小麦遥感识别研究 [D]. 北京：中国科学院大学（中国科学院遥感与数字地球研究所）.

田欣，孙敏，高志强，等，2019. 播期播量对旱地小麦土壤水分消耗和植株氮素运转的影响 [J]. 应用生态学报，30（10）：3443-3451.

王斌，顾蕴倩，刘雪，等，2012. 中国冬小麦种植区光热资源及其配比的时空演变特征分析 [J]. 中国农业科学，45（2）：228-238.

王淳一，赵明月，赵运成，等，2023. 气候变化对农业生态系统服务的影响及适应对策 [J]. 生态学杂志，42（5）：1214-1224.

王冬林，冯浩，李毅，2017. 农田覆盖对土壤水热过程及旱作小麦玉米产量的影响 [J]. 农业工程学报，33（7）：132-139.

王宏宇，温红梅，杜磊，2020. 化肥投入量对粮食产量的空间溢出效应分析——基于1978—2016省级面板数据 [J]. 农业经济与管理（4）：52-64.

王静静，蒿呈龙，张鹏，等，2021. 不同机械整地方式对苏北黏土地稻茬小麦出苗质量、根系及产量的影响 [J]. 大麦与谷类科学，38（4）：9-13.

王利军，郭燕，贺佳，等，2021. 基于地块单元的冬小麦遥感估产方法研究 [J]. 中国农业资源与区划，42（7）：243-253.

王利民，刘佳，杨福刚，等，2018. 基于 GF-1 卫星遥感数据识别京津冀冬小麦面积 [J]. 作物学报，44（5）：762-773.

王万瑞，2018. 基于 TRMM 数据的中国西北降水时空变化研究 [D]. 兰州：兰州大学.

王晓喆，2012. 河南省淮河以北气候变化与棉花生产适宜度评价 [D]. 陕西：陕西师范大学.

王学，李秀彬，谈明洪，等，2015. 华北平原 2001—2011 年冬小麦播种面积变化遥感监测 [J]. 农业工程学报，31（8）：190-199.

王学强，贾志宽，李轶冰，2008. 基于 AEZ 模型的河南小麦生产潜力研究 [J]. 西北农林科技大学学报（自然科学版）（7）：85-90.

王之杰，郭天财，王化岑，等，2001. 种植密度对超高产小麦生育后期光合特性及产量的影响 [J]. 麦类作物学报（3）：64-67.

文倩，李小弯，郧雨旱，等，2019. 河南省农业水土资源承载力的时空分异 [J]. 中国水土保持科学，17（3）：104-112.

文新亚，陈阜，2011. 基于 DSSAT 模型模拟气候变化对不同品种冬小麦产量潜力的影响 [J]. 农业工程学报，27（S2）：74-79.

吴鹏，李福建，于倩倩，等，2021. 耕作与播种方式、密度和施氮量对稻茬小麦幼苗质量的影响 [J]. 麦类作物学报，41（1）：72-80.

吴乾慧，张勃，马彬，等，2017. 气候变暖对黄土高原冬小麦种植区的影响 [J]. 生态环境学报（3）：429-436.

吴文斌，杨鹏，唐华俊，等，2009. 过去 20 年中国耕地生长季起始期的时空变化 [J]. 生态学报，29（4）：1777-1786.

吴宇哲，谷晨焯，2023. 城市不透水表面的梯度格局、演变驱动与景观优化 [J]. 水土保持学报，37（1）：168-175.

吴泽棉，邱建秀，刘苏峡，等，2020. 基于土壤水分的农业干旱监测研究进展 [J]. 地理科学进展，39（10）：1758-1769.

肖晶晶，姚益平，金志凤，等，2017. 基于 WebGIS 的农业气象业务平台的设计与实现 [J]. 气象与环境科学，40（4）：132-139.

徐娜，党廷辉，2017. 基于 DSSAT 模型的冬小麦氮肥效应预测——以黄土高原沟壑区渭北旱塬为例 [J]. 灌溉排水学报，36（S2）：147-154.

薛翀，刘莉，高炜，等，2023. 抗旱冬小麦新品种晋麦 105 号选育报告 [J]. 寒旱农业
科学，2 (6)：521 - 524.

薛林，郑国清，戴廷波，2011. 作物生长模拟模型研究进展 [J]. 河南农业科学，40
(3)：19 - 24.

闫书波，李玉鹏，周冉，等，2017. 播种期和密度对小麦品种宛麦 18 产量形成的影响
[J]. 农业科技通讯 (3)：46 - 50.

严美春，曹卫星，罗卫红，等，2000. 小麦发育过程及生育期机理模型的研究 I. 建模
的基本设想与模型的描述 [J]. 应用生态学报，11 (2)：1 - 9.

晏利斌，2015.1961—2014 年黄土高原气温和降水变化趋势 [J]. 地球环境学报，6
(5)：276 - 282.

杨斌环，崔宁博，何清燕，等，2022. 西南湿润区微灌猕猴桃果园不同尺度光利用效
率与驱动因子 [J]. 排灌机械工程学报，40 (9)：936 - 944.

杨俊峰，龚月桦，等，2005. 旱地覆膜对小麦干物质积累及转运特性的影响 [J]. 麦类
作物学报，25 (6)：96 - 99.

杨晓光，李勇，代姝玮，等，2011. 气候变化背景下中国农业气候资源变化 IX. 中国农
业气候资源时空变化特征 [J]. 应用生态学报，22 (12)：3177 - 3188.

杨轩，王自奎，曹铨，等，2016. 陇东地区几种旱作作物产量对降水与气温变化的响
应 [J]. 农业工程学报，32 (9)：106 - 114.

杨永安，2010. 播期和密度对春小麦产量和品质的影响 [D]. 大庆：黑龙江八一农垦
大学.

姚玉璧，王润元，杨金虎，张谋草，岳平，肖国举，2011. 黄土高原半湿润区气候变化
对冬小麦生育及水分利用效率的影响 [J]. 西北植物学报，31 (11)：2290 - 2297.

姚玉璧，王润元，杨金虎，张谋草，岳平，肖国举，2012. 黄土高原半湿润区气候变化
对冬小麦生长发育及产量的影响 [J]. 生态学报，32 (16)：5154 - 5163.

尹家波，郭生练，顾磊，等，2021. 中国极端降水对气候变化的热力学响应机理及洪
水效应 [J]. 科学通报，66 (33)：4315 - 4325.

于振文，2003. 新世纪作物栽培学与作物生产的关系 [J]. 作物杂志 (1)：11 - 12.

余新华，赵维清，朱再春，等，2021. 基于遥感和作物生长模型的多尺度冬小麦估产
研究 [J]. 光谱学与光谱分析，41 (7)：2205 - 2211.

袁佩贤，2019. 变化环境下径流动因分析与 VLP 预测研究 [D]. 天津：天津大学.

翟治芬，胡玮，严昌荣，等，2012. 中国玉米生育期变化及其影响因子研究 [J]. 中国

农业科学，45（22）：4587-4603.

张方亮，刘文英，田俊，等，2024.基于DSSAT模型模拟气候变化对江西双季稻生长期和产量的影响［J/OL］.作物学报，50（10）：2614-2624.

张福春，1995.气候变化对中国木本植物物候的可能影响［J］.地理学报，50（9）：402-410.

张国宏，王志伟，郭慕萍，等，2010.山西省作物气候生产力变化特征［J］.干旱区资源与环境，24（9）：84-87.

张洁，丁志强，李俊红，等，2020.半湿润偏旱区长期定位小麦水肥耦合效应研究——平水年小麦产量及土壤水分变化研究［J］.中国农学通报，36（17）：84-88.

张菁，张珂，王晟，等，2021.陕甘宁三河源区1971—2017年极端降水时空变化分析［J］.河海大学学报（自然科学版），49（3）：288-294.

张玲玲，冯浩，董勤各，2019.黄土高原冬小麦产量潜力时空分布特征及其影响因素［J］.干旱地区农业研究，37（3）：267-274.

张荣荣，宁晓菊，秦耀辰，等，2018.1980年以来河南省主要粮食作物产量对气候变化的敏感性分析［J］.资源科学，40（1）：137-149.

张朔川，汤军，高贤君，2021.秦皇岛市2001—2020年植被覆盖动态变化及预测［J］.科学技术与工程，21（31）：13254-13261.

张滔，唐宏，2018.基于Google Earth Engine的京津冀2001—2015年植被覆盖变化与城镇扩张研究［J］.遥感技术与应用，33（4）：593-599.

张欣雅，胡枫，徐建辉，等，2024.安徽省气候变化对粮食作物种植结构的影响［J］.黑龙江工程学院学报，38（3）：39-47.

张悦，胡琦，骈芸，等，2019.气候变化背景下黄土高原冬小麦冬前生育期与节气对应及偏移分析［J］.中国农业气象，40（7）：411-421.

张志良，2023.气候变化对东北地区马铃薯生长和产量的影响［D］.杨凌：西北农林科技大学.

赵红香，2021.耕作措施与秸秆还田对农田土壤质量和冬小麦根系生长与代谢的调控［D］.泰安：山东农业大学.

赵丽华，柳青，王文鑫，等，2023.面向绿色农业的农业技术推广策略［J］.天津农林科技（6）：35-38.

赵鹏，2019.福州高盖山马尾松树轮宽度对气候变化的响应［J］.台湾农业探索（6）：76-82.

赵荣荣，丛楠，赵闯，2023. 基于 Landsat 8 影像提取豫中地区冬小麦和夏玉米分布信息的最佳时相选择 [J/OL]. 作物学报，50（3）：721 - 733.

郑飞娜，初金鹏，张秀，等，2020. 播种方式与种植密度互作对大穗型小麦品种产量和氮素利用率的调控效应 [J]. 作物学报，46（3）：423 - 431.

周犇，2021. 木霉生物有机肥对设施蔬菜连作障碍的影响 [D]. 南京：南京农业大学.

周少平，2018. 基于 apsim 模型的黄土高原玉米-小麦-大豆轮作系统产量、土壤水分动态 [D]. 兰州：兰州大学.

周正萍，田宝庚，陈婉华，等，2021. 不同耕作方式与秸秆还田对土壤养分及小麦产量和品质的影响 [J]. 作物杂志（3）：78 - 83.

朱秀红，2019. 基于 GIS 的鲁东南山区小麦精细化综合农业区划分析与编制 [J]. 农学学报，9（4）：84 - 87.

庄晓辉，2018. 强降雨秸秆覆盖黄土坡耕地土壤侵蚀过程及动力机制 [D]. 北京：中国农业大学.

Aggarwal, P. K.；Banerjee, B.；Daryaei, M. G.；et al.，2006. InfoCrop：A dynamic simulation model for the assessment of crop yields, losses due to pests, and environmental impact of agro - ecosystems in tropical environments. Ⅱ. Performance of the model [J]. Agricultural Systems，89（1）：47 - 67.

AghaAlikhani, M.，Kazemi - Poshtmasari, H.，Habibzadeh, F.，2013. Energy use pattern in rice production：A case study from Mazandaran province, Iran [J]. *Energy Convers Manage*，69：157 - 62.

Ali, Mohammadi.，Annette L. Cowie.，Oscar, Cacho.，Paul, Kristiansen.，Thi Lan Anh Mai.，Stephen, Joseph.，2017. Biochar addition in rice farming systems：economic and energy benefits [J]. *Energy*，140，1（1）：415 - 425.

Ali, S.，Xu, Y.，Jia, Q.，et al.，2018. Interactive effects of plastic film mulching with supplemental irrigation on winter wheat photosynthesis, chlorophyll fluorescence and yield under simulated precipitation conditions [J]. *Agricultural Water Management*，207：1 - 14.

Allen, R. G, Pereira, L. S, Raes, D, Smith, M.，1998. Crop evapotranspiration - Guidelines for computing crop water requirements [M]. Rome：FAO Irrigation and Drainage.

Alluvione, F.，Moretti, B.，Sacco, D.，Grignani, C.，2011. EUE（energy use

efficiency) of cropping systems for a sustainable agriculture [J]. *Energy*, 36: 4468 -
4481.

Arabatzis, G., Malesios, C., 2011. An econometric analysis of residential consumption
of fuelwood in a mountainous prefecture of Northern Greece [J]. *Energy Policy*, 39
(2): 8088 - 8097.

Arriaga H, Núñez - Zofio M, Larregla S, et al., 2011. Gaseous emissions from soil
biodisinfestation by animal manure on a greenhouse pepper crop [J]. *Crop Protection*,
30: 412 - 419.

Asseng S, Ewert F, Martre P, et al., 2015. Rising temperatures reduce global wheat
production [J]. *Nature Climate Change*, 5 (2): 143 - 147.

Aydi., Abdelwaheb., Abichou., et al., 2016. Assessment of land suitability for olive
mill wastewater disposal site selection by integrating fuzzy logic, AHP, and WLC in
aGIS [J]. *Environmental Monitoring and Assessment: AnInternational Journal*,
188 (1): 1 - 15.

Bahri, Haithem., Annabi, Mohamed., M'Hamed, H. C., et al., 2019. Assessing
the long - term impact of conservation agriculture on wheat - based systems in Tunisia
using APSIM simulations under a climate change context [J]. *Science of The Total
Environment*, 692 (20): 1223 - 1033.

Barlow KM, Christy BP, O'Leary GJ, 2015. Simulating the impact of extreme heat and
frost events on wheat crop production: A review [J]. *Field Crops Research*, 171:
109 - 119.

Basso, Bruno., Sartori, Luigi., Bertocco, Matteo., Cammarano, Davide., Grace,
P. R., 2011. Economic and environmental evaluation of site - specific tillage in a maize
crop in NE Italy [J]. *European Journal of Agronomy*, 35 (2): 83 - 92.

Bastianoni, S., Marchettini, N., Panzieri, M., Tiezzi, E., 2001. Sustainability
assessment of a farm in the Chianti area (Italy) [J]. *Journal of Clearner Production*,
9: 365 - 373.

Bergamaschi H, Dalmago GA, Bergonci JI, Krüger CAMB, Heckler BMM, Comiran
F., 2010. Intercepted solar radiation by maize crops subjected to different tillage systems and
water availability levels [J]. *Pesq Agropec Bras*, 45 (12): 1331 - 1341.

Bi, H. X.; Zhang, J. J.; Zhang, X. P. Prediction of soil and water resources carrying capacity of Jixian County, Shanxi, 2010. Journal of Beijing Forestry University, 2003 (1): 69 - 73.

Bouroncle, C., Müller, A., Giraldo, D., et al., 2019. A systematic approach to assess climate information products applied to agriculture and food security in Guatemala and Colombia [J]. *Climate Services*, 16: 1 - 17.

Breiman LEO, 2001. Random Forests [J]. *Machine Learning*, 45 (1): 5 - 32.

Brown, M. T., Herendeen, R. A., 1996. Embodied energy analysis and emergy analysis: a comparative view [J]. *Ecological Economics*, 19: 219 - 235.

Bu, L. D., Liu, J. L., Zhu, L., et al., 2013. The effects of mulching on maize growth, yield and water use in a semi - arid region [J]. *Agricultural Water Management*, 123: 71 - 78.

Cai, Y. T., Qi, C., Adila, 2021. Research on agrometeorological disaster monitoring and crop drought vulnerability based on ArcGIS platform [J]. *Journal of Agricultural Catastrophology*, 11 (4): 48 - 49.

Cao, W, Moss, D, N, 1997. Modeling phasic development in wheat: a conceptual integration of physiological components [J]. *Journal of Agricultural Science*, 129: 163 - 172.

Castellini, C., Bastianoni, S., Granai, C., Dal Bosco, A., Brunetti, M., 2006. Sustainability of poultry production using emergy approach: compareison of conventional and organic rearing systems. Agriculture [J]. *Ecosystems and Environment*, 114 (2/3/4): 343 - 350.

Cerdà, A., 2001. Effects of rock fragment cover on soil infiltration, interrill runoff and erosion [J]. *European Journal of Soil Science*, 52 (1): 59 - 68.

Chaudhary VP, Singh KK, Pratibha G, Bhattacharyya R, Shamim M, Srinivas I, Patel A., 2017. Energy conservation and greenhouse gas mitigation under different production systems in rice cultivation [J]. *Energy*, 130: 307 - 317.

Chaves MM, Pereira JS, Maroco J, Rodrigues ML, Ricardo CPP, OSÓRIO ML, CARVALHO I, FARIA T, PINHEIRO C., 2002. How Plants Cope with Water Stress in the Field. Photosynthesis and Growth [J]. *Annals of Botany*, 89 (7): 907 - 916.

Chen, S., Zhang, X., Sun, H., Ren, T., Wang, Y., 2010. Effects of winter wheat row spacing on evapotranpsiration, grain yield and water use efficiency [J]. *Agricultural Water Management*, 97 (8): 1126 – 1132.

Cheng Yiben., Zhan Hongbin., Yang Wenbin., et al., 2018. Deep soil water recharge response to precipitation in Mu Us Sandy Land of China [J]. *Water Science and Engineering*, 11 (2): 139 – 146.

Chimonyo, V. G. P., Modi, A. T., Mabhaudhi, T., 2016. Simulating yield and water use of a sorghum – cowpea intercrop using APSIM [J]. *Agricultural Water Management*, 177 (8): 317 – 328.

Chitawo, M. L., Annie, F. A., Chimphango, A. F. A., 2017. A synergetic integration of bioenergy and rice production in rice farms [J]. *Renewable and Sustainable Energy Reviews*, 75: 58 – 67.

Christensen, B. T., 2001. Physical fractionation of soil and structural and functional complexity in organic matter turnover [J]. *European Journal of Soil Science*, 52 (3): 345 – 353.

Dang, L., Wei, W., Wang, J. P., et al., 2024. Characteristics of spatial and temporal evolution of drought in important ecological function areas and its impact on key resources: a case study of the Yellow River Basin [J/OL]. *Acta Scientiae Circumstantiae*, 45 (6): 3352 – 3362.

Darro, B. A., Baker, R. J., 1990. Grain filling in three spring wheat genotypes: statistical analysis [J]. *Crop Science*, 30 (3): 525 – 529.

De Barros, I., Blazy, J. M., Rodrigues, G. S., Tournebize, R., 2009. Emergy evaluation and economic performance of banana cropping systems in Guadeloupe (French West Indies) [J]. *Agriculture, Ecosystems and Environment*, 129: 437 – 449.

Dettori, M., Cesaraccio, C., Duce, P, 2017. Simulation of climate change impacts on production and phenology of durum wheat in Mediterranean environments using CERES – Wheat model [J]. *Field Crops Research*, 206: 43 – 53.

Ding, Y. K.; Ye, T.; Chen, K., 2022. Analysis of spatial and temporal changes and driving forces of vegetation cover in Hutuo River Basin based on geodetector [J]. *Chinese Journal of Eco – Agriculture*, 30 (11): 1737 – 1749.

Doolittle, W. E., 1998. Innovation and diffusion of sand – and gravel – mulch agriculture in the American southwest: a product of the eruption of Sunset Crater [J].

Quaternaire，9（1）：61 - 69.

Dowswell C R，R. L.，Paliwal，R. P. Cantrell，1996. Maize in the Third Word [M]. Boulder：West view Press.

Du，Z. Y.，Cao，F. Q.，Yang，R，2021. Temporal and spatial evolution characteristics of 100 - year temperature in Shanxi based on CRU data [J]. *Plateau Meteorology*，40（1）：123 - 132.

Döring Thomas F，Michael Brandt，Jürgen Heß，et al.，2005. Effects of straw mulch on soil nitrate dynamics，weeds，yield and soil erosion in organically grown potatoes [J]. *Field Crops Research*，94（2）：238 - 249.

E Yuesheng，Xinsheng Wang，2012. Research on remote sensing monitoring methods of single - crop rice planting area [J]. *International Conference on Remote Sensing，Environment and Transportation Engineering*：664 - 667.

Emmendorfer，L.，Dimuro，G，2021. A point interpolation algorithm resulting from weighted linear regression [J]. *Journal of Computational Science*，50（3）：101304.

Eric，B. ；Yiadom.，Raymond，K.，et al.，2023. Exploring the Relationship between Extreme Weather Events，Urbanization，and Food Insecurity：Institutional Quality Perspective [J]. *Environmental Challenges*：100775.

Eyshi Rezaei E，Webber H，Gaiser T，Naab J，Ewert F，2015. Heat stress in cereals：Mechanisms and modelling [J]. *European Journal of Agronomy*，64：98 - 113.

Fairbourn，M. L.，1973. Effect of Gravel Mulch on Crop Yield [J]. *Agronomy Journal*，65（6）：925 - 928.

Fang，Dan，Huang，Jingyao，Sun，Weiwei，et al.，2013. Characteristics of historical precipitation for winter wheat cropping in the semi - arid and semi - humid area [J]. *FRONTIERS IN PLANT SCIENCE*：14.

Farrell，A D.，Deryng，Delphine.，Neufeldt，Henry，2023. Modelling adaptation and transformative adaptation in cropping systems：recent advances and future directions [J]. *Current Opinion in Environmental Sustainability*，61：101265.

Fattah，Md.，Morshed，S.，Kafy，A.，et al.，2023. Wavelet coherence analysis of PM2. 5 variability in response to meteorological changes in South Asian cities [J]. *Atmospheric Pollution Research*，14（5）：101737.

Fei，Rilong.，Lin，Boqiang.，2017. The integrated efficiency of inputs - outputs and energy - CO$_2$ emissions performance of China's agricultural sector [J]. *Renewable and Sustainable Energy Reviews*, 75: 668 - 676.

Feng, S. F. , Hao, Z. C. , Zhang, X. , et al. , 2021. Changes in climate - crop yield relationships affect risks of crop yield reduction [J]. *Agricultural and Forest Meteorology*, 304 - 305: 108401.

Feng, Yu. , Gong, Daozhi. , Mei, Xurong. , Hao, Weiping. , Tang, Dahua. , Cui, Ningbo. , 2017. Energy balance and partitioning in partial plastic mulched and non - mulched maize fields on the Loess Plateau of China [J]. *Agricultural Water Management*, 191: 193 - 206.

Feng - rong y u GUO - MING - D - U - XUE - J - QUAN - FENG - L - I. A Remote Sensing Monitoring Research on Continuous and Alternate Cropping of Soybeans and Corn in Heilongjiang Reclamation Region with Friendship Farm as an Example. [J]. *Research of Agricultural Modernization*.

Fließbach, A. , Martens, R. , Reber, H. , 1994. Soil microbial biomass and microbial activity in soils treated with heavy metal contaminated sewage sludge [J]. *Soil Biology and Biochemistry*, 26 (9): 1201 - 1205.

Franzese, P. P. , Rydberg, T. , Russo, G. F. , Ulgiati, S. , 2009. Sustainable biomass production: a comparison between gross energy requirement and emergy synthesis methods [J]. *Ecological Indicators*, 9: 959 - 970.

Freedman, S. M. , 1980. Modifications of traditional rice production practices in the developing world: an energy efficiency analysis [J]. *Agro - Ecosystems*, 6 (2): 129 - 146.

Fuller MP, Fuller AM, Kaniouras S, Christophers J, Fredericks T. , 2007. The freezing characteristics of wheat at ear emergence [J]. *European Journal of Agronomy*, 26 (4): 435 - 441.

Gale, W. J. , McColl, R. , Fang, X. , 1993. Sandy fields traditional farming for water conservation in China [J]. *Journal of soil and water conservation*, 48 (6): 474 - 477.

Gao Zhenzhen. , Wang Chong. , Zhao Jiongchao, 2022. Adopting different irrigation and nitrogen management based on precipitation year types balances winter wheat yields and greenhouse gas emissions [J]. *Field Crops Research*, 280 (1): 108484.

Gao, R. P. , Pan, Z. H. , Zhang, J. , et al. , 2023. Optimal cooperative application solutions of irrigation and nitrogen fertilization for high crop yield and friendly environment in the semi – arid region of North China [J]. *Agricultural Water Management*, 283: 108326.

Gaydon, D. S., Singh, Balwinder, 2017. Evaluation of the APSIM model in cropping systems of Asia [J]. *Field Crops Research*, 204 (15): 52 – 75.

Ghaderpour, E., Mazzanti, P., Mugnozza, G., et al., 2023. Coherency and phase delay analyses between land cover and climate across Italy via the least – squares wavelet software [J]. *International Journal of Applied Earth Observation and Geoinformation*, 118: 103241.

Gong, D., Mei, X., Hao, W., Wang, H., Caylor, K. K., 2017. Comparison of multi – level water use efficiency between plastic film partially mulched and non – mulched croplands at eastern Loess Plateau of China [J]. *Agricultural Water Management*, 179: 215 – 226.

Gong, K. Y., He L., Wu, D. R., et al., 2020. Characteristics of spatial and temporal distribution of barley light and temperature production potential and yield difference in the alpine zone of the Tibetan Plateau and its response to climate change [J]. *Scientia Agricultura Sinica*, 53 (4): 720 – 733.

Gong, S, 2022. Evaluation of resource and environmental impacts of the whole process of maize growth under different precipitation year types in Shanxi Province [D]. Xian: Shanxi Agricultural University.

Guo Mingming., Zhang, Yuandong., Liu Shirong., et al., 2019. Divergent growth between spruce and fir at alpine treelines on the east edge of the Tibetan Plateau in response to recent climate warming [J]. *Agricultural and Forest Meteorology*, 442: 34 – 45.

Guo Tailong., Wang Quanjiu, Li Dingqiang, 2010. Effect of surface stone cover on sediment and solute transport on the slope of fallow land in the semi – arid loess region of northwestern China [J]. *Soil Sediments* (10): 1200 – 1208.

Guo, J., Liu, X., Zhang, Y., Shen, J., Han, W., Zhang, W., Christie, P., Goulding, K., Vitousek, P., Zhang, F., 2010. Significant acidification in major Chinese croplands [J]. *Science*, 327: 1008 – 1010.

Guo, S. D., Wang, X. J., Wang, N., et al., 2023. Evaluation of ecological composite index and temporal and spatial changes in the area along the Yellow River in Shanxi Province [J/OL]. *Chinese Journal of AppliedEcology*, 34 (12): 3385 – 3392.

Gyamfi, S., Amankwah D, F., Nyarko Kumi, Ebenezer., Sika, Frank., Modjinou, Mawufemo., 2018. The energy efficiency situation in Ghana [J]. *Renewable and Sustainable Energy Reviews*, 82 (1): 1415 – 1423.

Hartmann, T. E., Yue, S., Schulz, R., Chen, X., Zhang, F., Muller, T., 2014. Nitrogen dynamics, apparent mineralization and balance calculations in a maize – wheat double cropping system of the Northwest China Plain [J]. *Field Crops Res* (160): 22 – 30.

Hasan, Md., Kumar, L, 2021. Yield trends and variabilities explained by climatic change in coastal and non – coastal areas of Bangladesh [J]. *Science of The Total Environment*, 795: 148814.

He, Liang., Asseng, Senthold., Zhao, Gang., et al., 2015. Impacts of recent climate warming, cultivar changes, and crop management on winter wheat phenology across the Loess Plateau of China [J]. *Agricultural and Forest Meteorology*, 200 (15): 135 – 143.

Hiltbrunner, J., Streit, B., Liedgens, M, 2007. Are seeding densities an opportunity to increase grain yield of winter wheat in a living mulch of white clover? [J]. *Field Crops Research*, 102 (3): 163 – 171.

Holzkämper, A., Calanca, P., Fuhrer, J, 2013. Identifying climatic limitations to grain maize yield potentials using a suitability evaluation approach [J]. *Agricultural and Forest Meteorology*, 168: 149 – 159.

Hosier, R. H., Dowd, J., 1987. Household fuel choice in Zimbabwe: an empirical test of the energy ladder hypothesis [J]. *Journal of Resources and Energy*, 9: 347 – 361.

Huang, Min., Zou, Yingbin., 2018. Integrating mechanization with agronomy and breeding to ensure food security in China [J]. *Field Crops Research*, 224 (1): 22 – 27.

Huang, M., Shan, S., Zhou, X., Chen, J., Cao, F., Jiang, L., Zou, Y., 2016. Leaf photosynthetic performance related to radiation use efficiency and grain yield in hybrid rice [J]. *Field Crops Research*, 193: 87 – 93.

Huang, S. H., Yang, Y. M., Liu, K. T., et al., 2018. Yield potential, yield differential and efficiency differential analysis of wheat in Hebei province [J]. *Crops* (2): 118 – 122.

Huang, S. L., Odum, H. T., 1991. Ecology and economy: emergy synthesis and public policy in Taiwan [J]. *Journal of Environmental Management*, 32 (4): 313 –333.

Hwang, S., Kim, B., Han, D. W, 2020. Comparison of methods to estimate areal means of short duration rainfalls in small catchments, using rain gauge and radar data [J]. *Journal of Hydrology*, 588: 125084.

Innes PJ, Tan DKY, Van Ogtrop F, Amthor JS. 2015. Effects of high – temperature episodes on wheat yields in New South Wales, Australia [J]. *Agricultural and Forest Meteorology*, 208: 95 – 107.

Innes, P. J., Tan, D. K. Y., Van, F., et al., 2015. Effects of high – temperature episodes on wheat yields in New South Wales, Australia [J]. *Agricultural and Forest Meteorology*, 208 (15): 95 – 107.

Jalota, S. K., Jalota., Kaur, H., Vashisht, B. B., et al., 2013. Impact of climate change scenarios on yield, water and nitrogen – balance and – use efficiency of rice – wheat cropping system [J]. *Agricultural Water Management*, 116: 29 – 38.

Jiao, W. H, 2021. Changing Characteristics of Major Agrometeorological Hazards and Risk Zoning of Winter Wheat in Hedong Area of Gansu Province [D]. Lanzhou: Northwest Normal University.

Johnen T, Bottcher U and Kage H., 2012. A variable thermal time of double ridge to flag leaf emergence phase improves the predictive quality of a CERES – wheat type phenology model [J]. *Computers and Electronics in Agriculture*, 89: 62 – 69.

Johnston, A., 1986. Soil organic matter, effects on soils and crops [J]. *Soil use and management*, 2 (3): 97 – 105.

Jonas, S., Frank, O., Mareike, S., et al., 2022. Extreme weather events cause significant crop yield losses at the farm level in German agriculture [J]. *Food Policy*, 112: 102359.

Josie, D., Peter, K., Sweby., et al., 2023. A multiscale mathematical model describing the growth and development of bambara groundnut [J]. *Journal of Theoretical Biology*, 560: 111373.

238

Juez, C., Garijo, N., Nadal-Romero E., et al., 2022. Wavelet analysis of hydro-climatic time-series and vegetation trends of the Upper Aragón catchment (Central SpanishPyrenees) [J]. *Journal of Hydrology*, 614: 128584.

Kannah, R. Y., Kavitha, S., Sivashanmugham, P., Kumar, Gopalakrishnan., DucNguyen, Dinh., Chang, S. W., Banu, J. R., 2018. Biohydrogen production from rice straw: Effect of combinative pretreatment, modelling assessment and energy balance consideration [J]. *International Journal of Hydrogen Energy*, 43 (24): 11188-11206.

Kemper, W., Nicks, A., Corey, A, 1994. Accumulation of water in soils under gravel and sand mulches [J]. *Soil Science Society of America Journal*, 58 (1): 56-63.

Khan, M. A., Awan, I. U., & Zafar, J., 2009. Energy requirement and economic analysis of rice production in western part of Pakistan [J]. *Soil Environ*, 28: 60-67.

Li R W, Chen Y, et al., 2021. A GIS-based framework for local agricultural decision-making and regional crop yield simulation [J]. *Agricultural Systems*, 193 (3): 103213.

Li Xiaoyan, Shi Peijun, Liu Lianyou, et al., 2005. Influence of pebble size and cover on rainfall interception by gravel mulch [J]. *Journal of Hydrology*, 312 (1): 70-78.

Li X., Gong J., Gao Q., Wei X., 2000. Rainfall interception loss by pebble mulch in the semiarid region of China [J]. *Journal of Hydrology*, 228 (3): 165-173.

Li, F. M., Wang, P., Wang, J., Xu, J. Z., 2004. Effects of irrigation before sowing and plastic film mulching on yield and water uptake of spring wheat in semiarid Loess Plateau of China [J]. *Agricultural Water Management*, 67: 77-88.

Li, M. Y., Zhao, J., Yang, X. J, 2021. Building a new machine learning-based model to estimate county-level climatic yield variation for maize in Northeast China [J]. *Computers and Electronics in Agriculture*, 191: 106557.

Li, N. S., Hu, H. M, 1993. Distribution characteristics of meteorological yield index and its relationship with climatic conditions in Shanxi Province from 1949 to 1988 [J]. *China Agricultural Meteorology* (4): 19-23.

Li, R. W., Chen, Y., et al., 2021. A GIS-based framework for local agricultural decision-making and regional crop yield simulation [J]. *Agricultural Systems*: 193.

Li, Siyi., Li, Yi., Lin, Haixia., Feng, Hao., Dyck, Miles., 2018. Effects of different mulching technologies on evapotranspiration and summer maize growth [J]. *Agric. Water Manage*, 201 (31): 309 – 318.

Li, T., Zhang, X. P., Liu, Q., et al., 2023. Yield and yield stability of single cropping maize under different sowing dates and the corresponding changing trends of climatic variables [J]. *Field Crops Research*, 285: 108589.

Li, Weiwei., Xiong, Li., Wang Changjiang., et al., 2019. Optimized ridge – furrow with plastic film mulching system to use precipitation efficiently for winter wheat production in dry semi – humid areas [J]. *Agricultural Water Management*, 218 (1): 211 – 221.

Li, X. Y., 2003. Gravel – sand mulch for soil and water conservation in the semiarid loess region of northwest China [J]. *Catena*, 52 (2): 105 – 127.

Li, Zhengpeng., Song, Mingdan., Feng, Hao., 2017. Dynamic characteristics of leaf area index and plant height of winter wheat influenced by irrigation and nitrogen coupling and their relationships with yield [J]. *Transactions of the CSAE* 4: 195 – 202.

Li, Z., Wu, P., Feng, H., Zhao, X., Huang, J., Zhuang, W., 2009. Simulated experiment on effect of soil bulk density on soil infiltration capacity [J]. *Transactions of the Chinese Society of Agricultural Engineering*, 25 (6): 40 – 45.

Liang, C., Zhu, M. H., Peter, K. C., et al., 2024. Combating extreme weather through operations management: Evidence from a natural experiment in China [J]. *International Journal of Production Economics*, 267: 109073.

Lichter K, Govaerts B, Six J, Sayre KD, Deckers J, Dendooven L., 2008. Aggregation and C and N contents of soil organic matter fractions in the permanent raised – bed planting system in the Highlands of Central, Mexico [J]. *Plant Soil*, 305: 237 – 252.

Liu B, Asseng S, Müller C, et al., 2016. Similar estimates of temperature impacts on global wheat yield by three independent methods [J]. *Nature Climate Change*, 6 (12): 1130 – 1136.

Liu, C., Wang, K., Meng, S., et al., 2011. Effects of irrigation, fertilization and crop straw management on nitrous oxide and nitric oxide emissions from a wheat – maize rotation field in northern China [J]. *Agric. Ecosyst. Environ*, 140 (1): 226 – 233.

Liu, Q., Yan, C. G., He, W. Q., et al., 2009. Land production potential of dry farming in Shouyang County, Shanxi, China [J]. *Transactions of the Chinese Society of Agricultural Engineering*, 25 (1): 55 – 59.

Liu, W. R., Chen, G. Q., Liu, E. K., et al., 2018. Simulation of potential yield of winter wheat in the middle and lower reaches of Yangtze River based on DSSAT modeling [J]. *Acta Ecologica Sinica*, 38 (9): 3219 – 3229.

Liu, Y. J., Zhang, A., JIA, J. F., Li, A. Z, 2007. Cloning of Salt Stress Responsive cDNA from Wheat and Resistant Analysis of Differential Fragment SR07 in Transgenic Tobacco [J]. *Journal of Genetics and Genomics*, 34 (9): 842 – 850.

Lobell D B, Schlenker W, Costa – Roberts J. 2011. Climate trends and global crop production since 1980 [J]. *Science*, 333 (6042): 616 – 620.

Lobell D B, Sibley A, Ivan Ortiz – Monasterio J. 2012. Extreme heat effects on wheat senescence in India [J]. *Nature Climate Change*, 2 (3): 186 – 189.

Lobell, B. L., Burke, M. B., Tebaldi, C., et al., 2008. Prioritizing climate change adaptation needs for food security in 2030 [J]. *Science*, 319 (5863): 607 – 610.

Lu C H, Fan L, 2013. Winter wheat yield potentials and yield gaps in the North China Plain [J]. *Field Crops Research*, 143: 98 – 105.

Lu, Hongfang., Bai, Yu., Ren, Hai., Campbell. Daniel E., 2010. Integrated emergy, energy and economic evaluation of rice and vegetable production systems in alluvial paddy fields: Implications for agricultural policy in China [J]. *Journal of Environmental Management*, 91 (12): 2727 – 2735.

Lü, H., Yu, Z., Horton, R., Zhu, Y., Zhang, J., Jia, Y., Yang, C., 2013. Effect of gravel – sand mulch on soil water and temperature in the semiarid loess region of northwest China [J]. *J. Hydrolo. Engine*, 18 (11): 1484 – 1494.

Ma Liwang, Lajpat RAhuja., 2003. Mathematical modeling for system analysis in agricultural research [J]. *Agricultural Systems*, 76 (2): 591 – 614.

Ma, S. S, 2023. Study on the Demand and Practical Measures of Eco – agricultural Meteorological Science and Technology Services [J]. *Hebei Agricultural Journal* (9): 40 – 41.

Ma, X. Q., He, H. Y., Zhao, J. Y., et al., 2023. Spatiotemporal variation of dry – wet climate during wheat growing seasons from 1961 to 2020 in China [J]. *Chinese*

Journal of Eco – Agriculture，31（4）：608 – 618.

Mandal，K. G.，Saha，K. P.，Ghosh，P. K.，Hati，K. M.，Bandyopadhyay，K. K.，2002. Bioenergy and economic analysis of soybean – based crop production systems in central India [J]. *Biomass Bioenergy*，23：337 – 345.

Meisinger，J. J.，Palmer，R. E.，Timlin，D. J.，2015. Effects of tillage practices on drainage and nitrate leaching from winter wheat in the Northern Atlantic Coastal – Plain USA [J]. *Soil and Tillage Research*，151：18 – 27.

Michael，F.，Laporte，LC.，Duchesne，S. Wetzel，2002. Effect of rainfall patterns on soil surface CO_2 efflux，soil moisture，soil temperature and plant growth in a grassland ecosystem of northern Ontario，Canada：implications for climate change [J]. *BMC Ecology*，2：1 – 6.

Mittal，J. P.，Dhawan，K. C.，1988. Research manual on energy requirements in agricultural sector [J]. *ICAR, New Delhi*：20 – 23.

Mohamad，M.，Awad，2019. An innovative intelligent system based on remote sensing and mathematical models for improving crop yield estimation [J]. *Information Processing in Agriculture*，6（3）：316 – 325.

Mousavi – Avval，S. H.，Rafiee，S.，Jafari，A.，Mohammadi，A.，2011. Improving energy use efficiency of canola production using data envelopment analysis（DEA）approach [J]. *Energy*，36：2765 – 2772.

Mukherjee，A.，Kundu，M.，Sarkar，S.，2010. Role of irrigation and mulch on yield，evapotranspiration rate and water use pattern of tomato（Lycopersicon esculentum L.）. *Agricultural Water Management*，98（1）：182 – 189.

Muniandy，J. M.，Yusop，Z.，Askari，M.，2016. Evaluation of reference evapotrans-piration models and determination of crop coefficient for Momordica charantia and Capsicum annuum [J]. *Agricultural Water Management*，169：77 – 89.

M. C. Hansen，P. V. Potapov，R. Moore，et al.，2013. High – Resolution Global Maps of 21st – Century Forest Cover Change [J]. *Science*，342（6160）：850 – 853.

Nachtergaele，J.，Poesen，J.，Van Wesemael，B.，1998. Gravel mulching in vineyards of southern Switzerland [J]. *Soil and Tillage Research*，46（1 – 2）：51 – 59.

Ning，T.，Ma，X. Y.，Liu S. M，2020. Characterization of erosive rainfall in the Yellow River Basin within Shanxi，2000—2016 [J]. *Arid Zone Research*，37（6）：

1513 - 1518.

Noel Gorelick, Matt Hancher, Michael Dixon, et al., 2017. Google Earth Engine: Planetary - scale geospatial analysis for everyone [J]. *Remote Sensing of Environment*, 202: 18 - 27.

Parihar C M, Bhakar R N, Rana K S, Jat, M L, Singh A K, Jat S L, Parihar M D, Sharma S, 2013. Energy scenario, carbon efficiency, nitrogen and phosphorus dynamics of pearlmillet - mustard system under diverse nutrient and tillage management practices [J]. *Afr J Agric Res*, 8 (10): 903 - 915.

Parihar, C., Jat, S., Singh, A., Majumdar, K., Jat, M., Saharawat, Y., Pradhan, S., Kuri, B., 2017. Bio - energy, water - use efficiency and economics of maize - wheat - mungbean system under precision - conservation agriculture in semi - arid agro - ecosystem [J]. *Energy*, 119: 245 - 256.

Parihar, C. M., Parihar, M. D., Sapkota, T. B., et al., 2018. Long - term impact of conservation agriculture and diversified maize rotations on carbon pools and stocks, mineral nitrogen fractions and nitrous oxide fluxes in inceptisol of India [J]. *Science of The Total Environment*, 640 - 641 (1): 1382 - 1392.

Parihar, C. M., Yadav, M. R., 2016. Long term effect of conservation agriculture in maize rotations on total organic carbon, physical and biological properties of a sandy loam soil in north - western Indo Gangetic Plains [J]. *Soil Till Res*, 161: 116 - 128.

Patrick, Laux., Greta, Jäckel., Richard, Munang. Tingem., et al., 2010. Impact of climate change on agricultural productivity under rainfed conditions in Cameroon—A method to improve attainable crop yields by planting date adaptations [J]. *Agricultural and Forest Meteorology*, 150 (9): 1258 - 1271.

Peng. S., Buresh, R. J., Huang, J., Zhong, X., Zou, Y., Yang, J., Wang, G., Liu, Y., Hu, R., Tang, Q., Cui, K., 2010. Improving nitrogen fertilization in rice by site - specific N management [J]. *A review. Agron Sust Dev*, 30: 649 - 656.

Poesen, J., Lavee, H., 1994. Rock fragments in top soils: significance and processes [J]. *Catena*, 23 (1): 1 - 28.

Pradhan, S., Sehgal, V. K., Das, D. K., Jain, A. K., Bandyopadhyay, K. K., Singh, R., Sharma, P. K., 2014. Effect of weather on seed yield and radiation and water - use efficiency of mustard cultivars in a semi - arid environment [J]. *Agric*

Water Manage，139：43‐52.

Pratibha，G.，Srinivas，I.，Rao，K. V.，Shanker，Arun K.，Raju，B. M. K.，Choudhary，Deepak K.，Srinivas Rao，K.，Srinivasarao，Ch.，Maheswari，M.，2016. Net global warming potential and greenhouse gas intensity of conventional and conservation agriculture system in rainfed semi arid tropics of India ［J］. *Atmos. Environ*，145：239‐250.

Prosdocimi，M.，Jordá，N. A.，Tarolli，P.，et al.，2016. The immediate effectiveness of barley straw mulch in reducing soil erodibility and surface runoff generation in Mediterranean vineyards ［J］. *Science of the Total Environment*，547：323‐330.

Qi Zhijuan，Feng Hao，Zhao Ying，et al.，2018. Spatial distribution and simulation of soil moisture and salinity undermulched drip irrigation combined with tillage in an arid salineirrigation district，northwest China ［J］. *Agricultural Water Management*，201：219‐231.

Qiu Yang，Lv Wencong，Wang Xinping，et al.，2020. Long‐term effects of gravel mulching and straw mulching on soil physicochemical properties and bacterial and fungal community composition in the Loess Plateau of China ［J］. *European Journal of Soil Biology*：103188.

Qiu，Yang.，Xie，Zhongkui.，Wang，Yajun，2014. Influence of gravel mulch stratum thickness and gravel grain size on evaporation resistance ［J］. *Journal of Hydrology*，519，PartB（27）：1908‐1913.

Qiu，Y.，Xie，Z.，Wang，Y.，Malhi，S. S.，Ren，J.，2015. Long‐term effects of gravel—sand mulch on soil organic carbon and nitrogen in the Loess Plateau of northwestern China ［J］. *Journal of Arid Land*，7（1）：46‐53.

Ramesh，S. V.，Teegavarapu，V.，Chandramouli，2005. Improved weighting methods，deterministic and stochastic data‐driven models for estimation of missing precipitation records ［J］. *Journal of Hydrology*，312（1‐4）：191‐206.

Rockström，J.，Lannerstad，M.，Falkenmark，M.，2007. Assessing the water challenge of a new green revolution in developing countries. *Proceeding of the National Academy of Science of the United State of America*，104：6253‐6260.

Rogério，J.，Clyde，F.，Mauricio A.，et al.，2020. Effects of the El Niño Southern Oscillation phenomenon and sowing dates on soybean yield and on the occurrence of extreme weather events in southern Brazil [J]. *Agricultural and Forest Meteorology*, 290: 108038.

Ru, Z. G. , Feng, S. W. , Li, G, 2015. High – yield potential and realization of wheat varieties in the Yellow and Huaihai wheat areas [J]. *Scientia Agricultura Sinica*, 48 (17): 3388 – 3393.

Saad AA, Das TK, Rana DS, Sharma AR, Bhattacharyya R, Lal K. , 2016. Energy auditing of a maize – wheat – greengram cropping system under conventional and conservation agriculture in irrigated north – western Indo – Gangetic Plains [J]. *Energy*, 116: 293 – 305.

Saddique Q, Liu D L, Wang B, 2020. Modelling future climate change impacts on winter wheat yield and water use: A case study in Guanzhong Plain, northwestern China [J]. *European Journal of Agronomy*, 119: 126113.

Schmithals, A. , Kühn, N. , 2017. To mulch or not to mulch? Effects of gravel mulch toppings on plant establishment and development in ornamental prairie plantings [J]. *PLoS One*, 12 (2): e0172367.

Shao, Q. J. , Feng, Y. R. , Li, W. G. , et al. , 2023. Analysis of the north – south difference in the climatic characteristics of hail in Baiyin, Gansu province [J]. *Journal of Chengdu University of Information Technology*, 38 (3): 365 – 371.

Shi, W. , Wen, S. M. , Zhang, J. , et al. , 2023. Extreme weather as a window: Exploring the seek and supply of climate change information during meteorological disasters in China [J]. *Advances in Climate Change Research*, 14 (4): 615 – 623.

Song, Y. , Xiaomin Fang, Xiuling Chen, Masayuki Torii, Naoto Ishikawa, Maosheng Zhang, Shengli Yang, Hong Chang. , 2017. Rock magnetic record of late Neogene red clay sediments from the Chinese Loess Plateau and its implications for East Asian monsoon evolution [J]. *Palaeogeography*, *Palaeoclimatology*, 470: 1 – 12.

Song, Z. Z. , Peng, Y. X. , Li, Z. Z. , et al. , 2022. Two irrigation events can achieve relatively high, stable corn yield and water productivity in aeolian sandy soil of northeast China [J]. *Agricultural Water Management*, 260: 107291.

Sun, H. , Shen, Y. , Yu, Q. , Flerchinger, G. N. , Z, bnbbhang, Y. , Liu, C. , Zhang, X. , 2010. Effect of precipitation change on water balance and WUE of the winter wheat – summer maize rotation in the North China Plain [J]. *Agricultural*

Water Management，97（8）：1139 – 1145.

Tao，W.，Chao，S.，Chen X. H，2023. Clarifying the relationship between annual maximum daily precipitation and climate variables by wavelet analysis［J］. *Atmospheric Research*，295：106981.

Taras，E.，Lychuk.，Robert，L.，et al.，2017. Evaluation of climate change impacts and effectiveness of adaptation options on crop yield in the Southeastern United States ［J］. *Field Crops Research*，214：228 – 238.

Tiexi Chen，Jie Dai，Xin Chen，et al.，2024. Agricultural land management extends the duration of the impacts of extreme climate events on vegetation in double – cropping systems in the Yangtze – Huai plain China［J］. Ecological Indicators，158：111488.

Tsutomu，Yamanaka.，Mitsuhiro，Inoue.，Kaihotsu，Ichirow，2004. Effects of gravel mulch on water vapor transfer above and below the soil surface［J］. *Agricultural Water Management*，67（2）：145 – 155.

Veena，B.，Walton，J. R.，Fujiwara，M，2022. A mathematical model to investigate the effects of fishing zone configurations and mass dependent rates on biomass yield：Application to brown shrimp in Gulf of Mexico［J］. *Ecological Modelling*，463：109781.

Vergni，L.，Todisco，F，2011. Spatio – temporal variability of precipitation，temperature and agricultural drought indices in Central Italy［J］. *Agricultural and Forest Meteorology*，151（3）：301 – 313.

Wang，Chenyang.，Liu，Weixing.，Li，Qiuxia.，Ma，Dongyun.，Lu，Hongfang.，Feng，Wei.，Xie，Yingxin.，Zhu，Yunji.，Guo，Tiancai.，2014. Effects of different irrigation and nitrogen regimes on root growth and its correlation with above – ground plant part in high – yielding wheat under field conditions［J］. *Field Crops Research*，165（5）：138 – 149.

Wang，C. Y.，Zhao，M. Y.，Zhao，Y. C.，et al.，2023. Impacts of Climate Change on Agroecosystem Services and Adaptation Countermeasures［J］. *Chinese Journal of Ecology*，42（5）：1214 – 1224.

Wang，Donglin.，Feng，Hao.，Liu，Xiaoqing.，2018. Effects of gravel mulching on yield and multilevel water use efficiency of wheat – maize cropping system in semi – arid region of Northwest China［J］. *Field Crops Res*，218：201 – 212.

Wang, D., Guo, M., Feng, X., Zhang, Y., Dong, Q., Li, Y., Gong, X., Ge, J., Wu, F., & Feng, H., 2024. Analysis of the Spatial – Temporal Distribution Characteristics of Climate and Its Impact on Winter Wheat Production in Shanxi Province, China, 1964—2018 [J]. *Plants (Basel, Switzerland)*, 13 (5): 706.

Wang, D., Guo, M., Liu, S., 2024. Spatiotemporal Evolution of Winter Wheat Planting Area and Meteorology – Driven Effects on Yield under Climate Change in Henan Province of China [J]. *Plants*, 13: 2109.

Wang, H. Y., Wen H. M., Du, L, 2020. Analysis of spatial spillover effect of fertilizer input quantity on grain yield – based on provincial panel data from 1978 to 2016 [J]. *Agricultural Economics and Management*, 2020 (4): 52 – 64.

Wang, Jun., Ghimire, Rajan., Fu, Xin., et al., 2018. Straw mulching increases precipitation storage rather than water useefficiency and dryland winter wheat yield, Contents lists available atScienceDirect [J]. *Agricultural Water Management*, 106: 95 – 101.

Wang, J., Ghimire, Fu, X., et al., 2018. Straw mulching increases precipitation storage rather than water use efficiency and dryland winter wheat yield [J]. *Agricultural Water Management*, 206 (30): 95 – 101.

Wang, Xian'en., Li, Kexin., Song, Junnian., Duan, Haiyan., Wang, Shuo., 2018. Integrated assessment of straw utilization for energy production from views of regional energy, environmental and socioeconomic benefits [J]. *Journal of Cleaner Production*, 190: 787 – 798.

Wang, Xuhui., Philippe, Ciais., Laurent, Li., et al., 2017. Management outweighs climate change on affecting length of rice Growing period for early rice and single rice in China during 1991—2012 [J]. *Agricultural and Forest Meteorology*, 233: 1 – 11.

Wang, X. Q., Jia, Z. K., Li, Y. B, 2008. Research on wheat production potential of Henan based on AEZ modeling [J]. *Journal of Northwest A & F University (Natural Science Edition)* (7): 85 – 90.

Wang, Yunqian, Yang, Jing, Chen, Yaning, et al., 2018. The Spatiotemporal Response of Soil Moisture to Precipitation and Temperature Changes in an Arid Region, China [J]. *REMOTE SENSING*, 10 (3): 420.

Wang, Y., Xie, Z., Malhi, S. S., Vera, C. L., Zhang, Y., Guo, Z., 2011.

Effects of gravel – sand mulch, plastic mulch and ridge and furrow rainfall harvesting system combinations on water use efficiency, soil temperature and watermelon yield in a semi – arid Loess Plateau of northwestern China [J]. *Agricultural Water Management*, 101 (1): 88 – 92.

Wang, Zhaohui., Li, Shengxiu., Vera, Cecil. L., Malhi, Sukhdev. S., 2015. Effects of Water Deficit and Supplemental Irrigation on Winter Wheat Growth, Grain Yield and Quality, Nutrient Uptake, and Residual Mineral Nitrogen in Soil. Communications in Soil [J]. *Science and Plant Analysis*, 36 (11 – 12): 1405 –1419.

Wen, X. Y., Chen, F, 2011. Simulation of climate change effects on yield potential of different varieties of winter wheat based on DSSAT model [J]. *Transactions of the Chinese Society of Agricultural Engineering*, 27 (S2): 74 – 79.

Wu, W. W., Wang, H., Jia, Y, 2023. Characterization of spatial and temporal evolution of water resources in Jinzhong region from 2001 to 2020 [J]. *Water resources development and management*, 9 (9): 12 – 21.

Wu, Y. Z., Gu, C. Z., et al., 2023. Driving Forces and Landscape Optimization of Urban Impervious Surface [J]. *Journal of Soil and Water Conservation*, 37 (1): 168 – 175.

Xie, Z., Wang, Y., Jiang, W., Wei, X., 2006. Evaporation and evapotranspiration in a watermelon field mulched with gravel of different sizes in northwest China [J]. *Agricultural water management*, 81 (2): 173 – 184.

Xin Zhang, Bingfang Wu, Guillermo E. Ponce – Campos, et al., 2018. Mapping up – to – Date Paddy Rice Extent at 10 M Resolution in China through the Integration of Optical and Synthetic Aperture Radar Images [J]. *Remote. Sens.*, 10: 1200.

Xu N, Li F D, Zhang Q Y, Ai Z P, Leng P F, Shu W, Tian C, Li Z, Chen G, Qiao Y F, 2023. Crop yield prediction in Ethiopia based on machine learning under future climate scenarios [J]. *Chinese Journal of Eco – Agriculture*, 31 (0): 1 – 16.

Xu, C. C., Lv, C. J., Chen, Z., et al., 2022. Spatial pattern and influencing factors of natural quality of arable land in provincial perspective [J]. *Chinese Journal of Agricultural Resources and Regional Planning*, 43 (3): 253 – 264.

Xu, N., Li, F. D., Zhang, Q. Y., et al., 2023. Crop yield prediction in Ethiopia based on machine learning under future climate scenarios [J]. *Chinese Journal of*

Eco – Agriculture, 31 (0): 1 – 16.

Xu, Z., Yu, Z., Zhao, J, 2013. Theory and application for the promotion of wheat production in China: past, present and future [J]. *Journal of the Science of Food and Agriculture*, 93 (10): 2339 – 2350.

Xue, C., Liu, L., Gao, W., et al., 2023. Report on the selection and breeding of new drought – resistant winter wheat variety Jinmai 105 [J]. *Journal of Cold – Arid Agricultural Sciences*, 2 (6): 521 – 524.

Xue, Jingyuan., Guan, Huade., Huo, Zailin., Wang, Fengxin., Huang, Guanhua., Jan, Boll., 2017. Water saving practices enhance regional efficiency of water consumption and water productivity in an arid agricultural area with shallow groundwater [J]. *Agricultural Water Management*, 194: 78 – 89.

Yan Changrong, He Wenqing, Liu Enke, Lin, Tao., Pasquale, M., Liu, Shuang., Liu, Qin., 2015. Concept and estimation of crop safety period of plastic film mulching [J]. *Transactions of the CSAE*, 31 (9): 1 – 4.

Yan, L. L, 2021. Research on soil water resources evaluation under organic dry farming conditions in Shanxi Province [D]. Xian: Shanxi Agricultural University.

Yang X, Li Z, Cui S, Cao Q, Deng J, Lai X, Shen Y. 2020. Cropping system productivity and evapotranspiration in the semiarid Loess Plateau of China under future temperature and precipitation changes: An APSIM – based analysis of rotational vs. continuous systems [J]. *Agricultural Water Management*, 229: 105959.

Yang, B. H., Cui, N. B., He, Q. Y., et al., 2022. Light use efficiency and driving factors at different scales in micro – irrigated kiwifruit orchards in the humid zone of Southwest China [J]. *Journal of Drainage and Irrigation Machinery Engineering*, 40 (9): 936 – 944.

Yang, X., Zheng, L., Yang, Q., Wang, Z., Cui, S., Shen, Y, 2018. Modelling the effects of conservation tillage on crop water productivity, soil water dynamics and evapotranspiration of a maize – winter wheat – soybean rotation system on the Loess Plateau of China using APSIM [J]. *Agricultural Systems*, 166: 111 – 123.

YongJun Liu, Aining Zhang, Jingfen JIA, Angzhen Li, 2007. Cloning of Salt Stress Responsive cDNA from Wheat and Resistant Analysis of Differential Fragment SR07 in Transgenic Tobacco [J]. *Journal of Genetics and Genomics*, 34 (9): 842 – 850.

You, Y. L., Song, P., Yang, X. L., et al., 2022. Optimizing irrigation for winter wheat to maximize yield and maintain high‐efficient water use in a semi‐arid environment [J]. *Agricultural Water Management*, 273: 107901.

Yuan, C., Lei, T., Mao, L., Liu, H., Wu, Y., 2009. Soil surface evaporation processes under mulches of different sized gravel [J]. *Catena*, 78 (2): 117–121.

Yuan, Shen., Peng Shaobing., 2017. Input‐output energy analysis of rice production in different crop management practices in central China [J]. *Energy*, 141 (15): 1124–1132.

Yukesh Kannah, R., Kavitha, S., Sivashanmugham, P., Kumar, Gopalakrishnan., DucNguyen, Dinh., WoongChang, Soon., Rajesh Banu, J., 2018. Biohydrogen production from rice straw: Effect of combinative pretreatment, modelling assessment and energy balance consideration [J]. *International Journal of Hydrogen Energy*, 43 (31): 12332–12344.

Zhang, G. H., Wang, Z. W., Guo, M. P., et al., 2010. Characterization of crop climate productivity change in Shanxi Province [J]. *Journal of Arid Land Resources and Environment*, 24 (9): 84–87.

Zhang, Lingling., Feng, Hao., Dong, Qinge., et al., 2019. Mapping irrigated and rainfed wheat areas using high spatial‐temporal resolution data generated by MODIS and Landsat [J]. *Journal of Applied Remote Sensing*, 12 (4): 046023.

Zhang, L. L, 2019. Analysis of poor yield of winter wheat and its water and nitrogen utilization efficiency in the Loess Plateau [D]. Beijing: Institute of Soil and Water Conservation, CAS&MWR.

Zhang, S., Lövdahl, L., Grip, H., Tong, Y., Yang, X., Wang, Q., 2009. Effects of mulching and catch cropping on soil temperature, soil moisture and wheat yield on the Loess Plateau of China [J]. *Soil and Tillage Research*, 102 (1): 78–86.

Zhang, X., Pan, H., Cao, J., Li, J., 2015. Energy consumption of China's crop production system and the related emissions [J]. *Renew Sust Energy Rev*, 43: 111–125.

Zhang, Z. Y., Li, Y., Chen, X. G., et al., 2023. Impact of climate change and planting date shifts on growth and yields of double cropping rice in southeastern China in future [J]. *Agricultural Systems*, 205: 103581.

Zhao C, Liu B, Piao S L, et al., 2017. Temperature increase reduces global yields of major crops in four independent estimates [J]. *Proceedings of the National Academy of Sciences of the United States of America*, 114 (35): 9326 – 9331.

Zhao, C., Liang, Y. Y., Feng, H., et al., 2023. Identification of mulched farmland in Loess Plateau based on Sentinel – 2 remote sensing images [J]. *Transactions of the Chinese Society for Agricultural Machinery*, 54 (8): 180 – 192.

Zhao, R. R., Cong, N., Zhao, G, 2023. Optimal time – phase selection for extracting distribution information of winter wheat and summer maize in central Henan based on Landsat 8 imagery [J/OL]. *Acta Agronomica Sinica*: 1 – 15.

Zheng Z, Cai H, Wang Z, Wang X., 2020. Simulation of Climate Change Impacts on Phenology and Production of Winter Wheat in Northwestern China Using CERES – Wheat Model [J]. *Atmosphere*, 11 (7): 681.

Zhong, R., Ren, Y. K., Wang, P. R., et al., 2022. Characteristics of climate change during the reproductive period of winter wheat and its effect on yield in Jinnan area [J]. *Journal of Ecology*, 41 (1): 81 – 89.

Zhu, X. H, 2019. Analysis and preparation of GIS – based fine integrated agricultural zoning for wheat in the mountainous region of southeast Lu [J]. *Journal of Agriculture*, 9 (4): 84 – 87.

图书在版编目（CIP）数据

黄土高原气候变化与冬小麦生产潜力时空特征研究 /
王冬林著. -- 北京：中国农业出版社，2024.11.
ISBN 978-7-109-32707-8

Ⅰ. P467；S512.1

中国国家版本馆 CIP 数据核字第 20245CA829 号

黄土高原气候变化与冬小麦生产潜力时空特征研究
HUANGTU GAOYUAN QIHOU BIANHUA YU DONGXIAOMAI SHENGCHAN
QIANLI SHIKONG TEZHENG YANJIU

中国农业出版社出版

地址：北京市朝阳区麦子店街 18 号楼
邮编：100125
责任编辑：张楚翘
版式设计：小荷博睿　　责任校对：周丽芳
印刷：北京中兴印刷有限公司
版次：2024 年 11 月第 1 版
印次：2024 年 11 月北京第 1 次印刷
发行：新华书店北京发行所
开本：700mm×1000mm　1/16
印张：16.25
字数：225 千字
定价：88.00 元